国家出版基金项目
NATIONAL PUBLICATION FOUNDATION

"十三五"国家重点出版物出版规划项目

高超声速科学与技术丛书

高超声速冲压发动机热防护技术

秦江 章思龙 鲍文 周伟星 编著

U0232237

国防工业出版社

·北京·

内 容 简 介

本书从高超声速冲压发动机热环境特点分析及参数表征方法出发,通过对各种被动热防护、主动热防护、主被动结合热防护方法的适用性分析,介绍了当前主要热防护方法的原理及特点,并着重分析了有限冷源条件下高超声速冲压发动机的热防护困境。以当前最普遍采用的再生冷却作为介绍的重点,具体包括带有燃料裂解反应的再生冷却过程流动换热基本规律,再生冷却结构设计方法,再生冷却过程对发动机性能的影响规律和高超声速冲压发动机热防护技术后续的发展方向。

本书可供航空航天科学与技术、动力工程及工程热物理学科高年级本科生和研究生阅读,也可供航空航天吸气式推进研究工作的研究人员阅读。

图书在版编目(CIP)数据

高超声速冲压发动机热防护技术 / 秦江等编著. —
北京:国防工业出版社,2019.6
(高超声速科学与技术丛书)
ISBN 978-7-118-11880-3

Ⅰ.①高… Ⅱ.①秦… Ⅲ.①冲压喷气发动机-防热
Ⅳ. ①V235.21

中国版本图书馆 CIP 数据核字(2019)第 128477 号

※

国防工业出版社出版发行
(北京市海淀区紫竹院南路 23 号 邮政编码 100048)
天津嘉恒印务有限公司印刷
新华书店经售

*

开本 710×1000 1/16 印张 16 字数 305 千字
2019 年 6 月第 1 版第 1 次印刷 印数 1—1500 册 定价 88.00 元

(本书如有印装错误,我社负责调换)

国防书店:(010)88540777 发行邮购:(010)88540776
发行传真:(010)88540755 发行业务:(010)88540717

丛书编委会

序

　　高超声速飞行器是指在大气层内或跨大气层以马赫数 5 以上的速度远程巡航的飞行器,其巡航飞行速度、高度数倍于现有的飞机。以超燃冲压发动机为主的高超声速飞行器,其燃料比冲高于传统火箭发动机,能实现水平起降与重复使用,从而大大降低空间运输成本。高超声速飞行器技术将催生高超声速巡航导弹、高超声速飞机和空天飞机等新型飞行器的出现,成为人类继发明飞机、突破音障、进入太空之后又一个划时代的里程碑。

　　在国家空天安全战略需求牵引下,国家自然科学基金委员会分别于 2002 年、2007 年启动了"空天飞行器的若干重大基础问题""近空间飞行器的关键基础科学问题"两个重大研究计划,同时我国通过其他计划(如 863 计划、重大专项等),重点在高超声速技术领域的气动、推进、材料、控制等方面进行前瞻布局,加强中国航天航空科技基础研究,增强高超声速科学技术研究的源头创新能力,这些工作对我国高超声速技术的发展起到了巨大的推动和支持作用。

　　由于航空航天技术涉及国防安全,美国航空航天学会(American Institute of Aeronautics and Astronautics, AIAA)每年举办的近 30 场系列国际会议大都仅限于美国本土举办。近年来,随着我国高超声速技术的崛起,全球高超声速业界都将目光聚焦中国。2017 年 3 月,第 21 届国际航天飞机和高超声速系统与技术大会首次在中国厦门举办,这也标志着我国已成为高超声速科学与技术领域的一支重要力量,受到国际同行高度关注。

　　高超声速技术作为航空和航天技术的结合点,涉及高超声速空气动力学、计算流体力学、高温气动热力学、化学反应动力学、导航与控制、电子信息、材料结构、工艺制造等多门学科,是高超声速推进、机体/推进一体化设计、超声速燃烧、热防护、控制技术、高超声速地面模拟和飞行试验等多项前沿技术的高度综合。高超声速飞行器是当今航空航天领域的前沿技术,是各航空航天强国激烈竞争的热点领域。近年来国内相关科研院所、高校等研究机构广泛开展了高超声速相关技术的研究,取得了一大批基础理论和工程技术研究成果,推动了我国高超声速科学技术的蓬勃发展。

在当前国际重要航空航天强国都在全面急速推进高超声速打击武器实用化发展的时代背景下,我国在老中青几代科研工作者的传承和发展下,形成了具有我国自主特色的高超声速科学技术体系,取得了举世瞩目的成果。从知识传承、人才培养和科技成果展示的视角,急需总结提炼我国在该领域取得的研究成果,"高超声速科学与技术丛书"的诞生恰逢其时。本套丛书的作者均为我国高超声速技术领域的核心专家学者,丛书系统地总结了我国近 20 年高超声速科学技术领域的理论和实践成果,主要包括进排气设计、结构热防护、发动机控制、碳氢燃料、地面试验、组合发动机等主题。

相信该丛书的出版可为广大从事高超声速技术理论和实践研究的科技人员提供重要参考,能够对我国的高超声速科研和教学工作起到较大的促进作用。

"高超声速科学与技术丛书"编委会
2018 年 4 月

　　热防护在航空动力装置发展史上占有重要位置,为克服热障从而为推动航空动力装置的发展发挥了重要作用。热防护技术的换代、革新,使得航空动力装置最高工作温度不断提高,有力促进了航空动力装置性能的提升、飞行速域的拓展、类型的演变,适应了人们对航空动力装置性能要求越来越高、用途要求越来越广的需求。

　　本书以航空动力装置热防护技术的发展为主线,主要聚焦高超声速条件下吸气式航空动力装置所面临的技术问题。本书主要介绍的提升再生冷却效果的新方法、新途径,代表了当前航空动力装置热防护研究的先进水平,且是具有我国自主知识产权和特色的先进热防护方法。

　　第1章从高超声速冲压发动机热环境特点分析角度出发,在介绍发动机热环境特点及表征方法基础上,来探讨热防护技术在发动机应用中的作用及地位,并着重剖析有限冷源条件下高超声速冲压发动机的热防护困境。

　　第2章从热防护方法分类角度出发,在介绍当前主要热防护方法的原理及特点基础上,探究各种热防护方法的适用性。

　　在深入剖析高超声速冲压发动机热防护困境的基础上,本书的第3章以当前最普遍采用的再生冷却作为介绍的重点。首先,剖析带有燃料裂解反应的再生冷却过程流动换热基本特征;其次,通过介绍超临界碳氢燃料传热与热裂解过程研究的试验及计算方法,进而分析碳氢燃料超临界、跨临界过程的流动换热特性,还探讨了超临界条件下传热恶化产生的机制及影响因素;最后,介绍了裂解反应对流动换热过程的影响规律。

　　为了服务于主动冷却高超声速冲压发动机的冷却结构设计,本书在第4章探讨了再生冷却结构优化设计原则,进而介绍了再生冷却结构的一维和三维设计方法,并重点介绍了并联通道冷却结构设计的特殊问题,包括并联通道流量偏差耦合及发展规律、考虑并联通道流量偏差效应的冷却通道结构设计方法。

为了更全面地认识再生冷却过程与超声速燃烧过程的耦合机理,本书第 5 章介绍了考虑冷却过程的高超声速冲压发动机性能分析模型的建模方法,对比剖析了再生冷却过程对发动机性能的影响规律,并从能量梯级利用过程角度进一步揭示了再生冷却过程对发动机性能提升是有益的。

本书第 6 章介绍了高超声速冲压发动机热防护技术后续的发展方向,为更高马赫数高超声速冲压发动机的发展提供必要的方法及技术支撑。

作者在此要感谢国家自然科学基金面上项目(No. 51476044)、国家自然科学基金面上项目(No. 51276047)、国家自然科学基金青年基金项目(No. 51106037)、国家自然科学基金青年基金项目(No. 51006027)和国家自然科学基金青年基金项目(No. 51606051)的资助。感谢博士研究生段艳娟、张聪、张铎、程昆林、姜俞光、熊月飞、李欣、左婧滢、潘鑫、刘禾、姬志行、卢鑫、王聪、郭发福和硕士研究生党朝磊、张舜禹等,他们与作者一起取得了上述成果,发展了相应的理论和方法,并对本书的撰写和校对做出了较大的贡献。感谢国防工业出版社在本书出版过程中的全力支持与帮助。

欢迎读者对本书提出宝贵意见。

作者
2019 年 2 月

目 录

第1章　超燃冲压发动机热防护需求及难点分析

　　高超声速飞行器技术指的是用于飞行马赫数大于 5,在大气层和跨大气层中实现高超声速飞行的飞行器技术,已经成为 21 世纪航空航天研究的一大热点[1-4]。自高超声速的概念提出之后[5],受到世界各国的大力支持,美国[6,7]、俄罗斯[8,9]、法国[10]和澳大利亚[11]等国家制订了各自的高超声速计划,通过近年来不断地研究发展,高超声速技术已经从概念和原理探索的基础研究阶段进入到以高超声速巡航导弹、高超声速飞机、跨大气层飞行器和空天飞机等为应用背景的技术开发阶段。

　　"热障"一直伴随着吸气式空天发动机速度提升的每一个发展历程,速度越高"热障"问题越突出,需要可靠的热防护措施来保证发动机的正常工作。发动机速度不断提升的同时,发动机热端部件所处的热环境也在发生变化,相应的发动机的热防护方式也随之不断变化。对于高超声速飞行条件下的超燃冲压发动机而言,热防护技术已成为其发展瓶颈之一,严重制约了超燃冲压发动机的性能提高和飞行马赫数提升。因此,有必要结合高超声速飞行条件下超燃冲压发动机热环境特征、工作特点、可用冷源情况、可用热防护方法,深入分析高超声速飞行条件下超燃冲压发动机的热防护需求、特点和难点,进而为热防护方法的选择和热防护系统的设计提供必要的理论和方法支撑。

1.1　高超声速飞行器气动热环境特点

　　高超声速飞行器在以极高的马赫数飞行过程中,强烈的气动摩擦使壁面附近的气温非常高。高温空气将不断向飞行器壁面传热,引起很强的气动加热,极有可能致使飞行器结构外壁面发生烧蚀、结构强度及刚度等发生改变,对高超飞行器的正常飞行以及安全带来极为严重的影响[12]。目前,高超声速气动加热问题已经成为制约高超声速飞行器发展的主要因素之一。掌握高超声速飞行器气动热环境特点,对于分析高超声速飞行器的气动热环境水平和进行热防护系统设计,都具有十分重要的意义。

1.1.1 高超声速流动的基本特征

为了掌握高超声速飞行器气动热环境特点,有必要了解高超声速流动的基本特征。判断流动是否是高超声速流动主要还是看流动特性是否有显著的物理化学现象的发生,流动特性是否出现明显变化。Anderson[13]把高超声速流动的物理特征做了几个归纳,认为高超声速流动是这些物理现象比较显著的流动,具体表现为如下几个特点[14-17]:

1. 薄激波层(Thin Shock Layer)

激波与物面之间的流场称为激波层。根据气体动力学的斜激波理论,在气流偏转角给定的情况下,激波波后的密度增量随来流马赫数的增加而迅速增大。波后气体密度越高,对质量流量而言,所需面积越小。这意味着在高超声速流动中激波与物面之间的距离很小,即激波层很薄。

2. 熵层(Entropy Layer)

在高马赫数下,高超声速飞行器钝头上的激波层很薄,激波脱体距离很小。在头部区域,激波强烈弯曲。流体通过激波后引起熵增,激波越强,熵增越大。在流动的中心线附近,弯曲激波几乎与流线垂直,故中心线附近的熵增较大。距流动中心线较远处,激波较弱,相应的熵增也较小。因此,在头部区域存在很大的熵梯度,称为熵层。

3. 黏性干扰(Viscous Interaction)

高速或高超声速流动具有很大的动能,在边界层内,黏性效应使流速变慢时,损失的动能部分转变为气体的内能,称为"黏性耗散",导致边界层内的温度升高。高超声速流动的边界层较厚,相应的位移厚度也较大,由此对边界层外的无黏流动将造成较大的影响,使外部无黏流动发生很大改变,这一改变反过来又影响边界层的增长。这种边界层与外部无黏流动之间的相互作用称为黏性干扰。

4. 高温流动(High-Temperature Flow)

高速或高超声速流动的动能被边界层内的摩擦效应所消耗,极大的黏性耗散使得高超声速边界层内温度非常高,足以激发分子内的振动能,并引发边界层内的气体离解,甚至电离。当气体温度升高时,气体的热力学性质变成"非理想的",使比热变成温度的函数,更高温度下还会出现化学反应。这些现象叫作高温效应,也称为真实气体效应(Real-Gas Effect)。

1.1.2　高超声速气动加热特点

高超声速飞行过程中,高超声速飞行器周围的空气受到强烈的压缩和剧烈的摩擦作用,大部分动能转化为热能,致使飞行器周围的空气温度急剧升高。高温气体和飞行器表面之间产生很大的温差,部分热能迅速以对流传热形式向飞行器表面传递,促使飞行器表面温度升高,这种热能传递方式称为气动加热。气动加热量的大小用单位面积、单位时间内高温气体传递给物面的热量(即热流密度)来衡量。

围绕飞行器前缘的高速流动在飞行器头部一般都会产生一个非常强烈的弓形激波,在激波与物体表面之间有激波层和靠近物体表面的边界层,如图 1-1 所示。来流通过激波被压缩,气流动能转换为热能,来流空气通过激波后被加热到很高的温度,高温下会产生离解甚至电离。

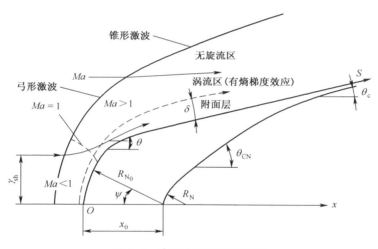

图 1-1　高超声速流场示意图

高超声速飞行器的飞行环境极其复杂,尤其是其气动环境,外流场含有复杂的激波、结构转角处含有复杂的漩涡、结构壁面附近含有复杂的黏性层及剪切层等,而且这些复杂的流场之间还会相互作用、相互影响,从而使气动加热现象变得更复杂。当外部流场的高速气流被激波压缩或黏性阻滞而减速后,流体的大部分动能转化为分子内能,使得气体的温度急剧增加,这些热能成为高超声速飞行器外部结构的热载荷,会对物面进行加热,使得高超声速飞行器的一些部件会经历高达数百、数千甚至上万开尔文的高温,这对飞行器结构,尤其是关键部位的薄壁结构,是一个重大的考验。

随着飞行马赫数的不断提高,来流空气的总温随之增加,当飞行马赫数为4、6和8时,来流空气的滞止温度分别为860K、1640K 和 2580K[18],图 1-2 给出了高超声速飞行器气动加热热环境典型热流密度分布,峰值热流可达 10MW/m^{2}以上。

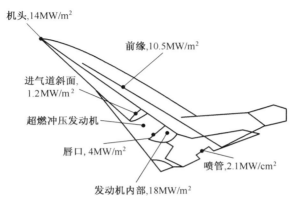

图 1-2   高超声速飞行器气动加热热环境分布特征示意图[19]

随着对高超声速飞行器高速度、远程化的发展要求,其所遇到的气动热问题越发突出。飞行速度越大,高温气流向飞行器表面加热的程度就越严重,气动加热形成的高温,有可能改变飞行器表面外形,并改变飞行器的结构强度和刚度,对飞行器内部设备造成很大威胁,甚至会造成烧蚀、烧毁。这对飞行器的正常飞行有严重的影响,甚至可能导致飞行的失败。气动加热对飞行器结构的影响,可以归结为以下几个方面[20]:

(1)高温条件下,材料的强度极限和弹性模量降低,因此使结构的承载能力降低;

(2)在快速加热条件下,结构中形成较大的热梯度,产生附加热应力,与载荷作用所产生的机械应力叠加,影响结构局部或总体的承载能力;

(3)在高温和热应力的作用下,结构局部或总体产生过大的变形,而破坏部件的气动外形,高温又使结构刚度下降,在几种因素的综合作用下,会降低结构的固有频率,严重时容易导致危险的结构共振,即气动热弹性问题;

(4)飞行器上的运动机构受高温作用,产生不协调变形,会影响机械的正常动作,甚至因机件卡塞而导致飞行事故;

(5)飞行器上仪器舱内,仪器、设备正常的工作环境温度一般不能超过50℃,当舱体外表面受到气动加热时,舱壁温度急剧升高,将会使舱内温度越限,造成元器件性能恶化甚至失效,产生危险的后果。

由上述情况可知,为了保证高超声速飞行器结构的完好性,必须在设计中研究气动加热问题,结合高超声速气动加热特点,为结构设计和对结构采取特殊的防热措施提供必要的依据。

1.2　超燃冲压发动机热环境特点及表征

1.2.1　发动机热环境表征参数

作为发动机热防护系统设计的主要依据和输入条件,超燃冲压发动机热环境参数主要包括燃气总(静)温、总(静)压、马赫数、热流密度和燃烧室壁面温度等,其中,燃气总(静)温、热流密度和燃烧室壁面温度是超燃冲压发动机最直接和最重要的热环境参数。研究表明,燃气总(静)温主要受来流空气、燃烧释热和发动机型面变化的影响;燃气总(静)温和燃烧室壁面温度通过壁面热流密度联系在一起。壁面热流密度主要用来表征燃烧过程中需要热防护系统承担的热载荷水平,热防护系统通过燃烧室壁面温度表征热防护系统的防热能力,壁面热流密度和燃烧室壁面温度是由燃烧状态和热防护系统共同决定的。这些热环境表征参数的共同特点是具有分布参数的特征。

壁面热流密度侧重于反映发动机内壁面的热状态。超燃冲压发动机进气道、隔离段、燃烧室和尾喷管均需要考虑相应的热防护措施,燃烧室是发动机热流密度最高的部件,壁面热流密度越高说明该位置燃烧释热越剧烈,热流密度存在局部峰值,即峰值热流 q_{wmax}。除了峰值热流以外,热流密度分布更能体现超燃冲压发动机的热环境特点:一方面,热流密度分布表明了发动机不同部件、不同位置间的热流差异,是进行发动机热防护系统方案及结构设计的重要热环境参数;另一方面,热流密度是用来评估发动机热防护系统的防热能力是否足够的重要参数。

燃烧室壁面温度更直接地反映了发动机的壁面热状态,也反映了热防护系统的防热能力。燃烧室壁面温度越高说明热防护系统的热防护裕度越小,应对热流密度扰动和突变的能力越差。只要某一位置的燃烧室壁面温度超过材料的许用温度,就会出现壁面超温现象,造成整个热防护系统"失效",燃烧室壁面温度的这种分布参数特征恰恰体现了超燃冲压发动机热防护系统设计的难点。因此,保证燃烧室壁面温度在壁面材料的许用温度范围内是超燃冲压发动机正常运行的必要条件。在超燃冲压发动机热防护系统设计过程中,燃烧室壁面温度的分布和峰值需重点关注。

燃气/空气总温是另一个反映超燃冲压发动机热环境特征的参数,但不如热流密度和燃烧室壁面温度那么直接地反映发动机的热环境特征。进气道、隔离段内空气总温反映了来流空气自身携带的热载荷水平,燃烧室、尾喷管内燃气总温反映了燃烧所带来的热载荷水平。除了上述参数外,燃气压力、马赫数也是用来计算获取发动机热流密度的重要参数。

1.2.2 发动机热环境特点

超燃冲压发动机工作在高速、高温和高强度燃烧的极端热物理条件下,在来流空气的气动加热和燃料的燃烧释热共同作用下将产生巨大的热载荷[21]。表 1-1 给出了 $Ma=6$ 和 $Ma=8$ 时超燃冲压发动机燃烧室内静压和总温的典型值,燃烧室内总温可高达 3000K,燃烧之后气体温度将进一步升高。超燃冲压发动机在经历燃烧释热和气动加热后将承受巨大的热载荷,使得超燃冲压发动机在飞行过程中面临严峻的热环境挑战[22],因此,必须依靠有效的热防护系统来保证自身的稳定运行[19]。

表 1-1 $Ma=6$ 和 $Ma=8$ 时超燃冲压发动机燃烧室内典型静压和总温[23]

飞行条件		燃烧室最大压力位置		燃烧室最大温度位置	
Ma	动压/Pa	静压/Pa	总温/K	静压/Pa	总温/K
6	71820	301650	2500	67032	2700
8	71820	196310	3050	52668	3100

图 1-3 给出了超燃冲压发动机内典型热流密度分布。从图中可以看出,超燃冲压发动机热流分布具有分布参数的特点,局部存在热流峰值,一般发生在燃烧室和进气道前缘位置,热流最大值发生在燃烧室。因此,热防护系统设计需要考虑超燃冲压发动机热环境所具有的分布参数特征。这种分布参数特征也是超燃冲压发动机热防护系统设计与涡轮涡扇发动机热防护系统设计具有显著差异的地方,即高马赫数情况下,超燃冲压发动机进气道、隔离段、燃烧室和尾喷管都需要进行热防护。

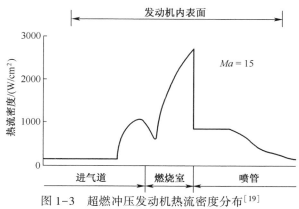

图 1-3 超燃冲压发动机热流密度分布[19]

鉴于超燃冲压发动机热环境参数的这种分布参数特征,作为发动机热防护系统设计及分析的前提,热环境参数分布规律获取就显得更为重要。因此,需要结合超燃冲压发动机的工作特点,发展发动机热环境参数表征方法,并发展相应的测量方法。

1.2.3　热环境参数测量方法

热环境参数不仅对于超燃冲压发动机热防护系统设计十分重要,而且对于发动机控制系统也十分重要,因为热环境参数是发动机超温保护控制的重要控制参数。因此,如何测量获取超燃冲压发动机热环境参数就变得非常重要。热环境参数的测量分为直接测量和间接测量两种。然而,超燃冲压发动机高温、高热流、高速的极端热物理环境,以及激波、燃烧震荡等复杂流场给热环境参数的测量带来了很大的难度。

1. 热环境参数直接测量方法

发动机热环境参数直接测量方法是指利用传感器(如热电偶、热流计(图 1-4)或者量热计等)直接测量发动机的壁面温度、热流密度等热环境参数,属于经典测量技术范畴。这类技术在测量过程中具有响应速度快、测量精度高、可靠性高及安装简单等优点,作为主要的测量手段在地面试验和飞行实验研究中被广泛采用[24]。

图 1-4　热流计实物照片

壁面热流密度的测定(热流密度分布规律及峰值热流密度大小、位置等)对于热防护系统设计十分重要,热流密度表征了发动机气动加热及燃烧加热的热载荷水平与分布规律,是热防护系统设计的重要热环境参数[25]。超燃冲压发动机热环境较其他发动机更为恶劣,常规的传感器很难保证足够的测量精度和工作时间,近年来针对恶劣热环境的传感器测量技术取得了比较大的进展。

美国空军一直十分重视超燃冲压发动机热流密度的直接测量。近年来,采用改进型的热流密度传感器直接测量发动机热流密度,获取和分析热流密度分布规律等方面取得了阶段性的成果。美国空军研究实验室对直连式碳氢燃料超燃冲压发动机在飞行马赫数为 5 的工况下的隔离段/燃烧室/喷嘴区域进行了热流密度的测量[19]。实验中燃料喷射位置固定,侧壁采用燃烧稳定所需的凹腔稳燃。热流密度传感器安装在涂有热障涂层的发动机壁面上,共有四个测量位置。试验结果显示随着当量比和动压的升高,各测点位置的热流密度随之升高,燃烧前激波串位置会影响燃烧区上游的热载荷分布。凹腔火焰稳定器上游热流密度的变化范围是 $0.2 \sim 0.6 MW/m^2$,凹腔火焰稳定器附近热流密度范围 $0.6 \sim 2MW/m^2$,凹腔火焰稳定器下游热流密度的变化范围是 $0.4 \sim 1MW/m^2$。各个位置的热流密度测量值与燃烧室各段的热流密度面积平均值是一致的。测量结果也表明了超燃冲压发动机热流具有分布参数特征。

德国宇航中心的 Schramm 等针对 Hyshot Ⅱ 超燃冲压发动机,在高焓激波风洞进行了典型工况下的超燃冲压发动机地面试验研究,用于获取进气道、燃烧室壁面和喷嘴的表面压力和热环境数据[26]。采用同轴的铬镍和康铜 E 型热电偶进行热测量,响应时间 $1\mu s$,灵敏度 $58.8\mu V/K$。在进行地面实验研究的同时,通过选择合适的氢燃料湍流模型进行相关的数值计算和分析。结果显示:当不喷注燃料时,燃烧室热载荷主要由气动加热引起,整个燃烧室壁面热流密度相对较低;当进行燃烧喷注后,喷注点之前热流密度变化不大,喷注点之后壁面热流迅速增大,最高达到 $4MW/m^2$。另外,无燃料注入时数值计算与测量结果基本相同,而燃料注入后数值计算与测量结果存在较大误差。测量与计算的壁面热流密度分布如图 1-5 所示。

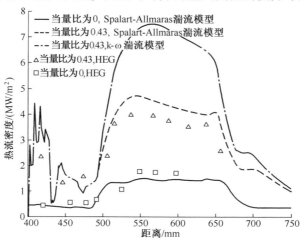

图 1-5　Hyshot Ⅱ 超燃冲压发动机测量与计算得到的壁面热流密度沿程分布[26]

日本国家航空航天实验室的 Kanda 等针对氢燃料超燃冲压发动机,在飞行马赫数为 6、当量比变化范围 0~0.5 的工况下,测量了燃烧室壁面压力和壁面温度,并通过壁面温度的变化率对热流密度进行计算[27]。实验中在上壁面安装喷油支板,起到强化燃烧和提高燃烧效率的作用。试验测量热流密度如图 1-6 所示。从图中可以看出燃烧室壁面热流密度分布不均匀,壁面热流密度分布与压力分布呈现相同的分布趋势,燃烧室上壁面热流密度较其他壁面的热流密度要高,且燃料喷注位置附近热流密度出现峰值,热流密度分布规律和峰值热流大小及位置随当量比的不同而变化。

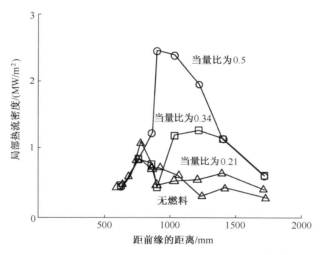

图 1-6　不同当量比下的壁面热流密度分布[27]

国内关于超燃冲压发动机热环境的测量主要集中于热流密度和壁面温度的测量技术发展方面,并随着高超声速推进技术的发展,初步开展了部分地面实验测量研究。中国科学院力学研究所范学军等针对超燃冲压发动机燃烧室恶劣热环境常规传感器无法使用的情况,开发了一种集成的水冷式热流密度传感器,旨在测量燃烧室壁面热流密度和壁面温度[28]。最高量程达到 $4MW/m^2$,响应时间约 $5\sim10s$,并在飞行马赫数为 6 的直连式水冷发动机进行了长时间的试验测量。

中国空气动力研究与发展中心的杨庆涛等设计了一种水冷的快速响应热阻式热流密度传感器,通过在传感器不同金属层界面上焊接热电偶,获得各金属交界面的温度响应,通过公式推导实现了传感器壁面热流和温度的测量[29]。西北工业大学的张翔宇等基于热水热流计的基本原理设计了用于固体火箭发动机热流密度测量的传感器[30]。

作为超燃冲压发动机重要热环境参数之一,发动机内壁面温度所受的关注比热流密度少,往往是作为壁面热流密度计算和测量的组成部分。内壁面温度测量主要分为内置式和嵌入式两种方法。内置式测温方法是在燃烧室壁面钻孔,孔底部与内壁面之间的距离尽量近,热电偶测量的交界面处温度认为近似等于内壁面温度,其测量精度取决于交界面处的热阻和测量位置与内壁面距离的远近。可通过沿壁面厚度方向的不同位置布置多个热电偶,对测量结果及计算方法进行修正,来获取更为精确的温度测量值[31]。

高温热电偶的研制是实现超燃冲压发动机壁面温度直接测量的关键。对于采用高温复合材料作为壁面材料的超燃冲压发动机而言,壁面温度将高达 2200K 及以上。虽然钨铼热电偶理论上可工作在 2300K 以上,但是钨铼热电偶的高温氧化特性,使其无法长时间工作,因此,必须对钨铼热电偶进行抗氧化结构设计,才能保证其长时间可靠工作。

嵌入式测量方法也被用于测量超燃冲压发动机燃烧场气流温度,通过在燃烧室壁面开孔至燃烧室内流场,插入独立的温度测量系统,往往只能实现瞬态的温度测量[32]。长时间稳态燃烧场气流温度的测量,需要进行特殊的高温热电偶冷却结构设计,并需要对测量结果进行一定的修正。

由于在测量过程中高温热流计或温度传感器的壁面与燃气直接接触,然而超燃冲压发动机燃烧室内达 3000K 的高温、高速冲刷都给热环境参数的直接测量带来了巨大挑战,绝大部分传感器均无法承受苛刻的热环境,且往往无法实现长时间可靠工作。相比之下,间接测量方法更有吸引力,实现起来难度更小。

2. 热环境参数间接测量方法

间接测量方法是直接测量方法之外的一种获取热环境参数的途径,是指基于发动机试验中容易测量的物理量,例如不同壁厚度处的温度或流场压力分布等,发展一系列数值求解算法,通过求解传热逆问题来获取试验中难以测量的热流密度、内壁面温度和燃气温度等热环境参数。下面将以发动机内壁面热流密度和内壁面温度的间接测量为例来进行介绍。

1) 发动机内壁面热流密度间接测量

对于超燃冲压发动机而言,其壁面传热过程通过试验数据辨识方法可以获知,在试验中通过获取一些相对容易测量的物理量,基于系统的输入、输出数据和系统换热模型结构来估计系统的其他参数,属于现代控制理论系统辨识中的部分辨识问题(灰箱问题)。基于实验测量的超燃冲压发动机内壁面热流密度辨识方法是一个求解发动机内壁面导热反问题的过程,主要是通过地面试验中容易测量的发动机外壁面温度和非稳态导热控制模型,计算难以直接测量的内壁面热流密度。以被动热防护超燃冲压发动机为例,发动机燃烧室主要是采用轻质的耐烧蚀、耐高温的隔热材料对发动机进行热防护,整个过程不需要用冷却剂来带走热量[33]。

典型的被动热防护超燃冲压发动机传热过程包括：燃气向燃气侧壁面的对流换热和辐射换热、燃烧室壁面的导热以及燃烧室外壁面与周围环境的自然对流换热。传热过程示意图如图 1-7 所示。

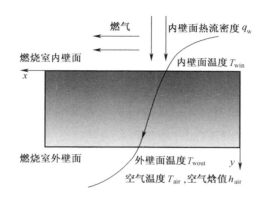

图 1-7　被动热防护发动机燃烧室传热过程示意图

　　被动热防护超燃冲压发动机的壁面传热过程属于非稳态传热过程。考虑燃烧室壁面温度分布中沿壁面厚度方向的温度梯度要远大于邻近的沿轴向方向的温度梯度。因此，忽略燃烧室壁面的轴向导热，燃烧室内壁面采用第二类边界条件即热流密度边界条件，外壁面采用第三类边界条件即对流换热边界条件。

　　通过测量燃烧室外壁面温度求解未知输入的壁面热流密度属于标准的热传导反问题（Inverse Heat Conduction Problem）。热传导反问题是相对于热传导正问题而言的，是通过试验测量研究对象内部或边界上某些点的温度分布及温度随时间的变化历程，通过求解传热偏微分方程组反演边界的热流密度、内热源分布、材料的导热系数或物体的几何条件等参数[34]。具体到超燃冲压发动机热流密度的计算，热传导反问题表现为已知壁面材料的物性参数定压比热 c_p 和导热系数 λ 随温度的变化规律，通过测量外壁面温度 T_{wout} 来反演辨识壁面热流密度 q_w，即求解合适的 q_w 使仿真和实验测量的外壁面温度之差在一定时间内达到极小的优化问题，目标函数为

$$J(q_w) = \int_0^{t_f} [T_s(x,t,q_w) - T_m(x,t)]^2 dt \tag{1-1}$$

式中　　$T_s(x,t,q_w)$ ——热流密度为 q_w 时在 x 测点位置的外壁面温度仿真计算值；

　　　　$T_m(x,t)$ ——在相同的条件下通过地面试验获取的外壁面温度测量值；

　　　　t_f ——发动机试验过程中外壁面温度的测量时长。

　　共轭梯度法是当前热传导反问题中比较常用的求解方法[35-37]，其基本思想

是将共轭性与最速下降方法结合,利用已知点处的梯度构造一组共轭方向,并沿这组方向进行搜索,求出目标函数的极小值。共轭梯度法适用于大规模无约束最优化问题的求解,与其他方法相比,共轭梯度法算法简便,具有较高的计算精度和相对较短的计算时间[38]。采用共轭梯度法求解被动热防护发动机壁面热流密度的辨识计算过程如图 1-8 所示。

基于共轭梯度法计算未知热流密度 q_w 的迭代过程是通过最小化目标函数 $J(q_w)$ 来实现的,迭代表达式可以表示为

$$q_w^{n+1} = q_w^n - \beta^n p^n \tag{1-2}$$

式中 β^n——从第 n 次迭代到 $n+1$ 次迭代过程的搜索步长;

p^n——本次迭代过程的搜索方向,表达式为

$$p^n = J'^n + \gamma^n p^{n-1} \tag{1-3}$$

其中,γ^n 表示共轭系数,表达式为

$$\gamma^n = \int_{t=0}^{t_f} (J'^n)^2 \mathrm{d}t / \int_{t=0}^{t_f} (J'^{n-1})^2 \mathrm{d}t \tag{1-4}$$

在上述迭代过程中,需要求解的参数包括搜索步长 β^n 和目标函数的梯度 J'^n,分别对应共轭梯度法的"灵敏度问题"和"伴随问题"的求解。

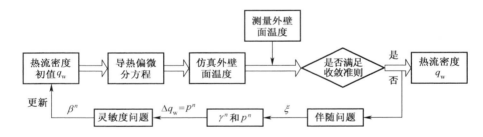

图 1-8 被动热防护发动机热流密度辨识过程示意图

此外,在真实的发动机试验中,外壁面温度的测量经常会存在误差和干扰,从而容易导致仿真与实验测量的温度曲线不能完全重合,从而使得辨识计算不收敛。因此,应当建立一个合适的收敛准则来确保辨识计算的顺利进行。如果试验中温度测量不包含误差,传统的收敛准则定义为

$$J(q_w) \leq \zeta \tag{1-5}$$

式中 ζ——规定的极小数。

通常情况下,由于温度数据中存在的测量误差和扰动,在迭代的最后时刻式(1-5)仍然不等于 0。根据以往的研究经验[39],在此应当采用偏差原理作为收敛准则确保计算的收敛,偏差原理如下:

$$J(q_w) \leq \zeta = \sigma^2 t_f \qquad (1-6)$$

式中　σ——仿真温度与测量温度的标准差。

2）发动机内壁面温度间接测量

在主动热防护超燃冲压发动机中,燃烧室壁面温度除了受来流条件和燃烧室燃烧状态影响外,还受到冷却剂的影响。

当来流条件和燃油流量确定时,燃烧室燃气的参数(静温、静压和马赫数)基本确定。根据试验测量或者热流密度计算方法,可以获取燃气向燃烧室壁面传递的热流密度。再根据被动/主动热防护发动机的传热模型可以获得燃烧室外壁面温度/冷却剂温度的变化规律。在发动机地面试验或飞行过程中,内壁面温度难以测量,而发动机的来流条件和燃料流量容易得到,壁面静压参数容易测量,发动机外壁面的温度/冷却剂温度也是可以测量的。如果在来流条件和燃油流量确定的基础上,以发动机壁面静压为输入,以外壁面温度/冷却剂温度为输出,构建一个状态观测器,就可以在被动/主动热防护发动机工作过程中观测发动机内壁面温度,从而实现内壁面温度的间接测量。基于状态观测器的内壁面温度测量方法示意图如图 1-9 所示。

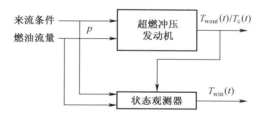

图 1-9　基于状态观测器的内壁面温度测量方法示意图

p—压力;T_{wout}—出口壁面温度;T_{win}—入口壁面温度。

基于状态观测器的内壁面温度测量方法的描述可知,该状态观测器需能够反映超燃冲压发动机燃烧室壁面温度/冷却剂温度对来流条件和燃油流量的响应模型才能实现对内壁面温度进行有效的观测。对于被动热防护发动机,该响应模型在结构上可分为两部分:在确定的来流条件和燃油流量条件下通过壁面静压计算壁面热流密度和通过壁面热流密度计算壁面的非稳态温度场。对于主动热防护发动机,与被动热防护发动机不同的是通过壁面热流密度计算壁面非稳态导热及冷却剂流动换热的温度分布,如图 1-10 所示。在被动/主动热防护发动机动态传热模型中,壁面热流密度的计算部分是相同的,通过流场静压参数可计算获得壁面热流密度,整个计算过程只是涉及相关参数的代数运算,对系统的线性度不产生影响,故状态观测器的输入可以由静压改为热流密度,输出仍然是外壁面温度/冷却剂温度。

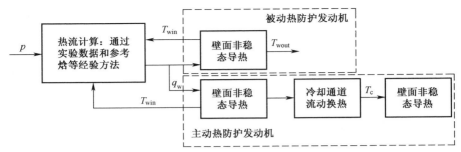

图 1-10　被动/主动热防护发动机动态传热模型

T_c—冷却剂使用过程中的冷却起始温度。

综上所述,超燃冲压发动机内壁面温度间接测量方法的计算过程可以概述如下:

（1）建立描述被动/主动热防护发动机传热过程的动态传热模型;

（2）对壁面动态传热模型进行线性化处理,获取热防护系统的系数矩阵,根据发动机具体参数和系数矩阵设计状态观测器;

（3）根据燃烧室参数间关系,基于测量得到的壁面静压计算燃气静温和马赫数,再通过热流计算公式计算壁面热流密度;

（4）根据实验中测量的发动机外壁面温度/冷却剂温度,以及计算得到的热流密度输入给状态观测器获取内壁面温度,实现内壁面温度的间接测量。

其中,发动机外壁面温度/冷却剂温度和壁面静压是整个方法计算中所必需的参数,计算流程图如图 1-11 所示。

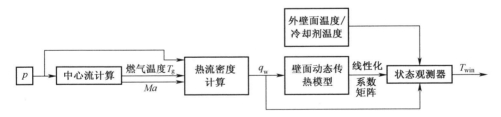

图 1-11　超燃冲压发动机内壁面温度间接测量方法计算流程图

1.3　热防护对发动机性能极限的影响探讨

热防护技术除了保证吸气式空天发动机安全可靠工作以外,与发动机的性能也密切相关,甚至在一定程度上影响、决定了发动机的性能极限和最大工作马赫数。因此,有必要更全面地分析热防护技术在发动机应用中的作用及地位。

对于几种吸气式空天发动机而言,涡轮喷气式发动机、亚燃冲压发动机和超燃冲压发动机虽然飞行速度和性能差别很大,但是它们的工作过程有很大相似之处。它们既是推进器又是热机,将燃料的热能转变为热力循环的有效功,循环的有效功全部用于增加流过发动机气流的动能。理想布雷顿循环(Brayton Cycle)是各种吸气式空天发动机热力循环的基本构型,其包括等熵压缩(过程 1→2)、等压加热(过程 2→3)和等熵膨胀(过程 3→4),其循环温–熵图如图 1–12 所示。

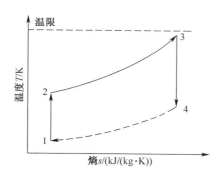

图 1–12　理想条件下布雷顿循环温–熵图

根据航空发动机的气动热力学理论,发动机的单位推力可表达为

$$F_{sp} = v_4 - v_1 = \sqrt{2L_{id} + v_1^2} - v_1 \tag{1-7}$$

式中　F_{sp}——发动机单位推力;

　　　v_1、v_4——发动机进、出口处速度;

　　　L_{id}——理想热力循环功,对应于图 1–12 中曲线所包围的面积。

根据热力学知识,分析可得[40]

$$L_{id} = c_p T_1 \left(\pi^{\frac{\gamma-1}{\gamma}} - 1 \right) \left(\frac{\tau}{\pi^{\frac{\gamma-1}{\gamma}}} - 1 \right) \tag{1-8}$$

式中　π——压比,$\pi = p_{t2}/p_1$,其中 p_1 为气流静压,p_{t2} 为总压;

　　　τ——温比,$\tau = T_{t3}/T_1$,其中 T_1 为静压,T_{t3} 为总温;

　　　c_p——定压比热;

　　　γ——比热比。

从图 1–12 和式(1–8)中,均可以看出提高发动机循环最高工作温度对于提高循环比功是有利的。其物理意义非常明显:提高发动机循环最高工作温度意味着在来流条件固定的情况下燃烧室出口总温增加,燃烧过程加热量增加,故 L_{id} 提高。随温比 τ 增大,循环越来越向理想循环靠拢。因此,吸气式空天发动机性能的提高一直都伴随着发动机最高工作温度或温比的提高。

热防护技术是提高循环温比的重要手段。发动机循环最高加热温度的提高受限于材料的许用温度,即受到超温的限制,不能无限制地提高。现代吸气式空天发动机设计的最高运行温度很高,远超出了当前材料的温度极限。除了提高材料和隔热层的温度极限外,热防护技术已成为提高发动机循环最高工作温度的最有效的一种方法。作为耐高温材料的有效补充,热防护技术在保证发动机安全工作的同时,可大幅提升循环最高工作温度。

综上所述,在一定程度上,热防护技术的发展决定了吸气式空天发动机效率提升、速域拓宽。随着吸气式发动机飞行马赫数的不断提高,热防护技术已不再是传统的被动角色,即起到单纯的"防热"作用,而是越来越多地直接影响发动机的性能,与发动机空气侧主循环过程高度耦合,甚至已成为了发动机性能提升的瓶颈技术。

1.4 有限冷源下发动机热防护关键难点分析

涡轮喷气式航空发动机、冲压发动机目前普遍采用气膜冷却作为主要的热防护手段,某些部位采用被动热防护方案。随着发动机飞行马赫数的提高,发动机热防护系统所面临的难点和问题也不尽相同。为了分析高马赫数飞行条件下超燃冲压发动机热防护技术难点,首先应该明确发动机的冷源主要由哪些部分组成。发动机的可用热沉包括可用于承载热量的来流空气、燃料和飞行器/发动机机体(材料的吸热能力和辐射热量的能力)。无论是涡轮喷气发动机、亚燃冲压发动机,还是超燃冲压发动机,发动机高温部件的冷却所必须承担的热载荷均由如下三部分组成:来流总焓、压缩过程中注入的热量和燃烧释放的热量。

$$Q_h = Q_{in} + Q_{comp} + Q_{comb} \tag{1-9}$$

式中 Q_h——总热载荷;

Q_{in}——来流总焓;

Q_{comp}、Q_{comb}——压缩过程中注入的热量和燃烧释放的热量。

发动机热防护技术根据采用的热沉方式不同,可以分为依靠飞行器/发动机机体材料的被动热防护技术和采用来流空气、燃料作为冷却剂的主动热防护技术。对于被动热防护技术而言,材料的许用温度存在一个上限,即被动热防护发动机的可用热沉是有限的。而对于采用冷却空气或燃料作为冷却剂的主动热防护技术,冷源的冷却能力可简单表达为

$$Q_c = m_c \overline{c_p} \Delta T = m_c \overline{c_p} (T_{limit} - T_c) \tag{1-10}$$

式中 m_c——可用的冷却剂流量,也表征了冷源可用资源的多少;

$\bar{c}_p$——冷却剂工作温度区间内的平均比热,用来表征单位质量冷却剂单位温升的吸热能力,显热之外的其他形式的吸热能力也被折算至平均比热中;

T_{limit}——冷却剂理论上最高的换热温度,可认为是发动机热结构部件材料的许用温度;

T_c——冷却剂使用过程中的冷却起始温度。

根据式(1-10)可以看出,冷却剂可用流量、单位质量冷却剂吸热能力和可用吸热温度区间,共同决定了主动热防护发动机冷源的总体可用冷却能力。首先,由于冷却空气取自压缩部件后部,冷却空气属于来流空气的一部分,故冷却空气流量是受限制的,冷却空气流量过大将使得发动机比冲下降;燃料作为推进剂和冷却剂,其自身的双重身份性质就限制了冷却剂流量原则上不能超过燃烧用燃料流量,故燃料作为冷却剂,其流量也是受限的。其次,由于冷却剂可用最高温度受限于热结构部件的许用温度,因此,冷却剂吸热温升区间也是受限的。再者,单位质量冷却剂的吸热能力也是有限的。综上所述,有限冷源的可用热沉水平在一定程度上决定了热防护系统的防热能力。

首先对于被动热防护技术而言。文献[43]指出随着飞行时间、飞行高度和飞行马赫数的不断提高,气动加热和燃烧释热使得超燃冲压发动机受到的热载荷逐渐增加。图 1-13 和图 1-14 分别给出了来流总温和无冷却剂(被动热防护系统)条件下的燃烧室壁面温度随飞行马赫数的变化规律[44,45]。可以看出在 $Ma = 8$ 的飞行条件下,对被动材料的耐温极限要求达到 2500~3000K,同时由于超燃冲压发动机燃烧室中高温、高热流及氧化环境,要求被动材料具有抗氧化、耐烧蚀、能够承

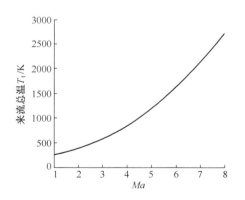

图 1-13　来流总温随飞行马赫数变化[41]

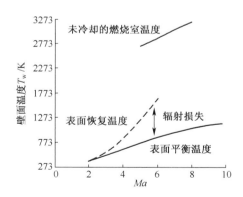

图 1-14　无冷却剂条件下的燃烧室壁面温度随飞行马赫数变化[42]

受复杂苛刻的热/机械载荷、具有可靠的制备技术、轻质和一定的使用寿命等条件。

针对被动热防护发动机的研究表明,即使采用最先进的陶瓷基耐高温复合材料 C/SiC 作为超燃冲压发动机被动热防护材料,在 $Ma = 8$ 的热环境下也只能作为一次性热防护材料使用,被动热防护方案很难满足 $Ma = 8$ 以上长时间超燃冲压发动机的热防护需求[46]。相比之下,采用燃料作为冷却剂的主动热防护技术对壁面材料的要求相对较低,在面对更高马赫数、更长时间及重复使用的目标前提下,比被动热防护系统变得更具有吸引力。

1.5 本章小结

由于高超声速飞行,高超声速气流的气动加热和超声速燃烧的共同作用使得超燃冲压发动机承受了十分恶劣的热环境,其热防护压力比其他类型的航空发动机都要大得多。特别是,随着飞行马赫数的不断升高,热防护系统面临的热载荷压力将不断升高,无论是被动或主动热防护技术,燃烧室壁面材料的许用温度和燃料的热沉都不足以保证发动机的长时间和高马赫数工作。在有限冷源条件下,充分认识燃料再生冷却过程机理、充分利用可用的有限燃料热沉能力、发展燃料热沉提高方法、发展新型的冷却方法及强化换热方法等,对于超燃冲压发动机热防护系统的设计变得十分必要。

参考文献

[1] Fry R S. A century of ramjet propulsion technology evolution[J]. Journal of Propulsion and Power,2004, 20(1):27-58.

[2] Curran E T. Scramjet engines:the first forty years[J]. Journal of Propulsion and Power,2001,17(6):1138- 1148.

[3] Casalino L,Pastrone D. Optimization of hybrid sounding rockets for hypersonic testing[J]. Journal of Propulsion and Power,2012,28(2):405-411.

[4] 解发瑜,李刚,徐忠昌. 高超声速飞行器概念及发展动态[J]. 飞航导弹,2004,5:27-31.

[5] 占云. 高速声速技术(HyTech)计划[J]. 飞航导弹,2003(3):43-49.

[6] Engelund W C,Holland S D,Cockrell C E,et al. Aerodynamic database development for the Hyper-X airframe- integrated scramjet propulsion experiments[J]. Journal of Spacecraft and Rockets,2001,38(6):803-810.

[7] Huebner L D,Rock K E,Ruf E G,et al. Hyper-X flight engine ground testing for flight risk reduction[J]. Journal of Spacecraft and Rockets,2001,38(6):844-852.

[8] Roudakov A S,Semenov V L,Hicks J W. Recent flight test results of the joint CIAM-NASA Mach 6.5 scramjet flight program[R]. National Aeronautics and Space Administration,Dryden Flight Research Center,1998.

[9] Voland R T,Auslender A H,Smart M K,et al. CIAM/NASA Mach 6.5 scramjet flight and ground test[C].9th

International Space Planes and Hypersonic Systems and Technologies Conference, Virginia, 1999.

[10] Gascoin N, Gillard P, Bernard S, et al. Numerical and experimental validation of transient modelling for Scramjet active cooling with supercritical endothermic fuel[C].4th IECEC Congress, San Diego, 2006.

[11] Smart M K, Hass N E, Paull A. Flight data analysis of the HyShot 2 scramjet flight experiment[J]. AIAA Journal, 2006, 44(10):2366-2375.

[12] 吕丽丽. 高超声速气动热工程算法研究[D]. 西安:西北工业大学, 2005.

[13] Anderson J D. Hypersonic and high temperature gas dynamics[M]. New York: McGraw Hill Book Company, 1989.

[14] 中国人民解放军总装备部军事训练教材编辑工作委员会. 高超声速气动热和热防护[M].北京:国防工业出版社, 2003.

[15] 卞荫贵,徐立功. 气动热力学[M]. 合肥:中国科学技术大学出版社, 1997.

[16] 翟章华,等. 高超声速空气动力学[M]. 长沙:国防科技大学出版社, 2001.

[17] 黄志澄. 高超声速飞行器空气动力学[M]. 北京:国防工业出版社, 1995.

[18] 蒋劲. 超燃冲压发动机燃烧室再生冷却研究[D]. 西安:西北工业大学, 2006.

[19] Kennedy P J, Donbar J M, Trelewicz J R, et al. Heat flux measurements in a Scramjet combustor using direct write technology[C].17th AIAA International Space Planes and Hypersonic Systems and Technologies Conference, San Francisco, 2011.

[20] 张伟,张正平,李海波,等. 高超声速飞行器结构热试验技术进展[J]. 强度与环境, 2011, 38(1):1-8.

[21] Tancredi U, Grassi M. Approximate trajectories for thermal protection system flight tests mission design[J]. Journal of Spacecraft and Rockets, 2007, 44(5):1003-1011.

[22] Song K D, Choi S H, Scotti S J. Transpiration cooling experiment for scramjet engine combustion chamber by high heat fluxes[J]. Journal of Propulsion and Power, 2006, 22(1):96-102.

[23] Seebass A R. Review and evaluation of the air force hypersonic technology program[M].Washington:The National Academies Press, 1998.

[24] Trelewicz J R, Longtin J P, Gouldstone C, et al. Heat flux measurements in a Scramjet combustor using embedded direct-write sensors[J]. Journal of Propulsion and Power, 2015, 31(4):1-11.

[25] Huang H, Spadaccini L J, Sobel D R. Fuel-cooled thermal management for advanced aero engines[R]. ASME Turbo Expo 2002:Power for Land, Sea, and Air. American Society of Mechanical Engineers, 2002.

[26] Schramm J M, Karl S, Hannemann K, et al. Ground testing of the HyShot II scramjet configuration in HEG[C]. 15th AIAA International Space Planes and Hypersonic Systems and Technologies Conference, Dayton, 2008.

[27] Kanda T, Hiraiwa T, Mitani T, et al. Mach 6 testing of a scramjet engine model[J]. Journal of Propulsion and Power, 1997, 13(4):543-551.

[28] Li L, Wang J, Fan X J. Development of integrated high temperature sensor for simultaneous measurement of wall heat flux and temperature[J]. Review of Scientific Instruments, 2012, 83(7):074901.

[29] 杨庆涛,白菡尘,张涛,等. 快速响应热流/温度传感器设计与特性分析[J]. 兵工学报, 2014, 35(6):927-934.

[30] 张翔宇,刘佩进,李鹏飞,等. 固体火箭发动机热流测量方法及试验研究[J]. 固体火箭技术, 2011, 34(1):131-134.

[31] Kidd C T. Recent developments in high heat-flux measurement techniques at the AEDC[C].36th International Instrumentation Symposium, Denver, 1990.

[32] 孟松鹤,丁小恒,易法军,等. 高超声速飞行器表面测热技术综述[J]. 航空学报,2014,35(7):1759-1775.

[33] 赵玲. 典型盖板防热结构性能分析与优化设计[D]. 西安:西北工业大学,2007.

[34] 钱炜祺,周宇,何开锋,等. 非线性热传导逆问题的表面热流辨识方法[J]. 空气动力学学报,2012,30(2):145-150.

[35] Hager W W,Zhang H. A new conjugate gradient method with guaranteed descent and an efficient line search [J]. SIAM Journal on Optimization,2005,16(1):170-192.

[36] 王阳华. 基于传热反问题的二维冷却通道优化[D]. 重庆:重庆大学,2012.

[37] Huang C H,Wang S P. A three-dimensional inverse heat conduction problem in estimating surface heat flux by conjugate gradient method[J]. International Journal of Heat and Mass Transfer,1999,42(18):3387-3403.

[38] Cheng L W,Zhong F Q,Gu H B,et al. Application of conjugate gradient method for estimation of the wall heat flux of a supersonic combustor[J]. International Journal of Heat and Mass Transfer,2016,96:249-255.

[39] Huang C H,Jan-Yuan Y. An inverse problem in simultaneously measuring temperature-dependent thermal conductivity and heat capacity[J]. International Journal of Heat and Mass Transfer,1995,38(18):3433-3441.

[40] Horlock J H.Advanced Gas Turbine Cycles[M].Amsterdam:Elsevier,2003.

[41] Schmidt J E. Air frame considerations in fuel thermal stability for commercial supersonic flight[J]. ASTM Spec. Tech.Publ.,ASTM,Philadelphia,PA(USA),1992 (1138):34-53.

[42] Tishkoff J M,Drummond J P,Edwards T,et al. Future direction of supersonic combustion research:Air Force/NASA workshop on supersonic combustion[C].35th Aerospace Sciences Meeting and Exhibit,Reno,1997.

[43] Branch F. Future fuel heat sink thermal management system technologies[C].4th International Energy Conversion Engineering Conference and Exhibit (IECEC),San Diego,2006.

[44] Schmidt J E. Air frame considerations in fuel thermal stability for commercial supersonic flight[J]. ASTM Spec. Tech.Publ.,ASTM,Philadelphia,PA(USA),1992 (1138):34-53.

[45] Tishkoff J M,Drummond J P,Edwards T,et al. Future direction of supersonic combustion research:Air Force/NASA workshop on supersonic combustion[C].35th Aerospace Sciences Meeting and Exhibit,Reno,1997.

[46] 马青松,刘海韬,潘余,等. C/SiC 复合材料在超燃冲压发动机中的应用研究进展[J]. 无机材料学报,2013,28(3):247-255.

第2章 超燃冲压发动机热防护途径

超燃冲压发动机工作在高温、高热流、高速的极端热物理条件下,其稳定运行依赖于可靠的热防护技术。有效的热防护技术是制约超燃冲压发动机发展的关键技术[1]。热防护系统(Thermal Protection System)是保证发动机热端部件内部结构及其外部系统结构的温度在材料的许用温度以内[2],同时可以承受一定的机械/力学载荷的系统。

热防护系统方案设计的基础是加热、传热和防热原理,其次受加热环境、力学环境、使用次数、质量和成本限制的影响[3]。对于同一个发动机,由于不同部位受到的热载荷不同,所选取的防热方式和防热结构也各不相同。热管理问题一直伴随着吸气式空天发动机的发展史。随着发动机飞行速度的持续提升,发动机各处的热负荷相应增大,对冷却技术的要求也越来越苛刻。由于高飞行马赫数,复杂的内部流动以及燃烧释热,超燃冲压发动机的热环境极为恶劣。因此其热防护系统面临巨大的挑战,一方面对单一热防护方法的冷却效果要求越来越高,另一方面需要多种热防护方法有机结合。本章将介绍被动热防护、主动热防护、主被动复合热防护三大类热防护方法的基本原理、特征,并针对三大类热防护方法的适用性进行简要分析。

2.1 热防护方法分类

超燃冲压发动机及高超声速飞行器热防护系统有多种分类方法。按照热防护系统的可重复使用性进行分类,可以把热防护系统分为不可重复使用热防护系统、部分可重复使用热防护系统和可重复使用热防护系统。按照热防护系统使用的材料进行分类,可以将热防护系统分为烧蚀基热防护系统、陶瓷基热防护系统和金属基热防护系统。

目前,对于高超声速飞行器热防护系统最为常用的分类方式是按照不同的防热原理和冷却方法,主要分为被动热防护系统、半被动热防护系统和主动热防护系统三大类[4,5]。对于超燃冲压发动机,相比于半被动热防护系统,考虑更多的是主被动复合热防护系统。因此,其主要有被动热防护系统、主动热防护系统和主被动复合热防护系统三大类,如图 2-1 所示。从各国研究状况来看,热防护系统方案正从单一防热方案向主被动结合、多种冷却方法组合的防热方案发展。

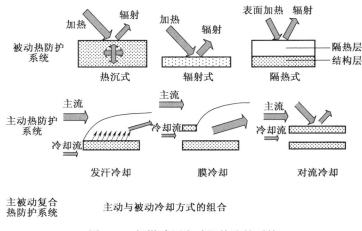

图 2-1　超燃冲压发动机热防护系统

2.2　被动热防护方法适用性评价

被动热防护技术是指采用轻质的耐高温、耐烧蚀材料或者隔热涂层对发动机进行热防护,发动机内部产生的热载荷通过被动热防护系统吸收或者辐射到燃烧室内部[6]。被动热防护技术按照不同的防热原理,主要包括三种方法:热沉式、隔热式以及辐射式。三种方法的热防护示意图如图 2-1 上部所示,图中按热防护方法所能承受热载荷的大小排序。

被动热防护方法主要采用耐高温、抗氧化的陶瓷基复合材料及相应的金属合金及金属基复合材料。被动热防护方法主要是根据材料类型及其许用温度来进行分类的,不同温度的防热材料满足发动机不同部位热防护的需求。常用的金属材料以及陶瓷基材料的使用温度如图 2-2 所示[7]。金属基复合材料中的镍基高温合金在 1000℃依然具有较好的性能[8],而陶瓷基复合材料中的 C/SiC 在 1700℃依然具有长寿命[9]。针对不同的热环境,需要采取最佳的被动热防护方法及材料,在满足发动机热防护需求的同时,还需要满足力学性能、重量和成本限制等要求。

1. 陶瓷基复合材料热防护技术

耐高温材料主要包括陶瓷基复合材料和高温合金材料。其中,陶瓷基复合材

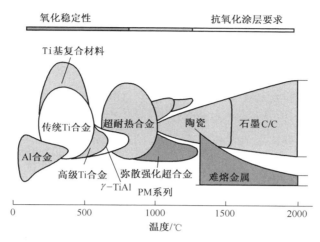

图 2-2　高温材料的使用温度[7]

料又分为 C/C、C/SiC 和 SiC/SiC。陶瓷基复合材料具有耐高温、低密度、耐腐蚀、低膨胀系数和可靠性好等特性。但是其机械加工性能较差,例如,许多陶瓷复合材料的最小加工厚度只能达到 1mm,而且陶瓷基复合材料大多需要涂覆抗氧化涂层。在以上三种陶瓷基材料中,C/SiC 具有最小的热膨胀率和最高的比强度,且允许在 1973K 温度下工作较长时间[10]。

近年来,C/SiC 材料已经成为飞行器和推进系统热防护的重要研究方向[11]。美国空军的 HyTech 计划在 $Ma=8$ 条件下为超燃冲压发动机进气道、燃烧室和喷嘴筛选被动材料[12]。材料筛选试验结果表明带有抗氧化涂层的 C/C 材料以及 C/SiC 材料都可应用于超燃冲压发动机,并且后者的性能要优于前者。在法国开展的复合材料超燃冲压发动机(Joint Composite Scramjet,JCS)研究计划中表明 C/SiC 材料成功地完成了 Ma 为 7~8 工况下的考核试验。试验显示 C/SiC 材料预燃室点火较水冷金属预燃室要快,并且验证了在超燃冲压发动机内用 C/C 或者 C/SiC 复合材料可以减轻飞行器重量,增加飞行器防热能力和热防护系统设计裕度,提高燃烧室壁面温度,进而提高燃烧效率。

2. 金属基材料热防护技术

在大力发展陶瓷基复合材料的同时,高温合金的开发和研究也未曾止步。金属基热防护系统的优势在于具有良好的延展性,良好的抗冲击和破坏能力,以及优良的机械加工性和抗氧化性。但是,抗氧化能力强的金属材料的工作温度偏低,具有较高的热导率和较大的热膨胀系数。由于金属具有良好的延展性,金属基热防护系统具有可重复使用性,同时易于成型,传统的机械加工方法就可以进行加工,例如许多金属可以制成厚度在 0.02mm 左右甚至更薄的金属箔,大大降低成本[13]。发动机冷却壁面厚度可以低至 0.1mm,预冷发动机预冷器的管壁厚可低至 0.05mm。但金属的热膨胀系数较大,在热载荷较大情况下容易产生热应力和变形,从而增加了设计难度;同时受限于耐温极限,需要在表面喷涂隔热涂层来提高其工作温度[14]。

高温合金主要包括传统金属钛、耐高温不锈钢(Ni-Cr 合金)、弥散强化超合金 PM 系列、难熔合金以及新兴的金属间化合物[15],如金属镍和铝化物的化合物等,这些金属化合物可以提高材料的使用温度,同时拥有较低的材料密度。金属热防护系统的最初使用可以上溯到 X-15 飞行器上,当时采用了金属钛结构,在 1000K 温度下验证了金属热防护的结构设计,随后在 X-20 飞行器的应用中提出了完整的金属热防护系统的概念[16]。在此之后,金属热防护系统的发展经历了金属支架结构(第一代金属热防护系统)、钛合金多层壁结构(第二代金属热防护系统)、超合金蜂窝夹芯结构(第三代金属热防护系统)以及新型的 ARMOR 热防护结构(第四代金属热防护系统)[17-20]。

3. 耐烧蚀材料热防护技术

烧蚀现象是 1955 年由美国陆军导弹局红石兵工厂发现的。当时在火箭燃气(2570℃)作用下用玻璃纤维增强的三聚氰胺树脂进行试验,尽管树脂表面被燃气冲刷分层,但是距表面 6.4mm 以下的部位材料完整无缺,测温热电偶基本无变化,这一发现即是烧蚀热防护技术的前导[21]。

耐烧蚀材料主要用于导弹弹头、航天器再入舱外表面、火箭发动机内表面。耐烧蚀材料在高温、高热流条件下能够发生化学反应,材料将熔化、蒸发、分解、碳化或者燃烧,通过材料表面的质量消耗带走大部分热量。同时,反应产生的气体在材料附近形成气动热阻,阻止热量向内部结构的传递,保护内部结构[2]。具体到超燃冲压发动机,耐烧蚀材料在发生烧蚀反应后,将会改变发动机内部结构尺寸,对发动燃烧和性能产生影响,故耐烧蚀材料基本只用于不重复使用的热防护系统,其承受的热载荷总量不能太高,时间也不能太长,不可以重复使用。

4. 热障涂层热防护技术

热障涂层又称为隔热涂层,是将耐高温、高隔热的陶瓷材料覆盖在金属合金的表面,提高基体合金抗高温氧化能力,进而降低合金表面工作温度的一种热防护技术[22,23]。自 20 世纪 60 年代提出热障涂层的概念以来,热障涂层的发展先后经历了 β-NiAl 基铝化物涂层(第一代涂层)、改进型铝化物涂层(第二代涂层)、可调整涂层成分的等离子体喷涂 MCrAlY 涂层(第三代涂层)和热障陶瓷涂层(第四代涂层)[24]。其中,作为第四代防护涂层的代表,热障陶瓷涂层(TBC)是目前高温热防护性能最佳、应用前景最好的表面防护涂层之一。典型的 TBC 是一种双层结构,表面是隔热陶瓷层,中间是抗氧化黏结层,下面是合金基体。面层材料多选用热阻大、耐高温、热稳定性好的氧化物陶瓷,以降低金属或合金表面使用温度;黏结层用以生成抗氧化保护膜,并减缓隔热面层与基体间的热不匹配。因此,TBC 具备了抗氧化防护与降低金属表面温度的双重功效,为简化合金的成分设计(不需考虑抗氧化性能)和提高合金部件的使用温度(TBC 可降低合金表面温度 200℃左右)提供了有利条件[25]。在美国 X 系列超燃冲压发动机铜质燃烧室中就采用了热障陶瓷涂层[6]。

被动热防护方法其结构相对简单,技术成熟,易于实现,具有良好的基础,在超燃冲压发动机中具有较广阔的应用前景,特别适用于短航时、一次性使用的高超声速巡航导弹。但是随着飞行马赫数的提高、飞行时间的增长,单纯的被动热防护系统将很难满足发动机的热防护需求,特别是在燃烧室及尾喷管区域。在被动热防护系统的基础上,引入主动冷却,将是解决超燃冲压发动机热防护需求进一步增大问题的有效途径。

2.3　主动热防护方法适用性评价

主动热防护是被动热防护之外,另一大类被普遍用于航空发动机的热防护方法。主动热防护往往又被称为主动冷却。主动冷却通过冷却剂带走热量,以此避免壁面温度过高。主动冷却主要有三种冷却方法:发汗冷却、膜冷却和对流冷却,其原理如图 2-3 所示。

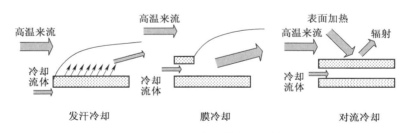

图 2-3　主动冷却技术原理图

膜冷却与发汗冷却的基本原理相似,都是在高温来流和壁面之间形成一层薄膜,阻碍来流与壁面之间的热量传递。两者的差异在于冷却剂的喷出方式,膜冷却通过缝隙和离散孔喷出,而发汗冷却通过多孔介质喷出。而对流冷却则是通过结构中的通道或管路的冷却剂将壁面所吸收的气动热带走,避免壁面温度过高。如果冷却剂是燃料,那么所吸收的热量并未消耗掉,而是预热燃料,因此这实质上是一种再生冷却系统。下面将分别介绍几种冷却方法的主要特征,并简要评价各种方法的适用性。

2.3.1　膜冷却

膜冷却主要可以分为液膜冷却和气膜冷却两大类。前者主要应用在火箭发动机燃烧室的内部冷却,后者主要应用于涡轮发动机以及亚燃冲压发动机的内部冷却。由于超燃冲压发动机燃烧室内主流为超声速状态,冷却剂和主流速度之间差异过大,液态冷却剂将发生严重飞溅,很难覆盖壁面,因此气膜冷却更加合适。

最早的气膜被用于飞机机翼的防冻除冰[26],其本质是"气膜加热"。气膜冷却在保护壁面的同时,还可以减少壁面的摩擦阻力,控制边界层的分离,产生额外的推力。北京动力机械研究所研制的 540mm、400mm 冲压发动机采用了分段的气膜冷却,靶 6 冲压发动机采用打孔的薄壁结构[27]。目前的技术水平表明,气膜冷却可以满足马赫数为 4 以下冲压发动机的冷却需求。对于超燃冲压发动机,目前仅仅是一些理论研究[28-31]及应用基础研究[32,33],还没有实际的工程应用。

相比于亚声速主流下的气膜冷却,超声速主流下的气膜冷却气体可压缩性不能再被忽略,动量与能量方程的高度耦合,能量方程中的耗散项不能再被忽略。在绝热情况下,壁面温度与流体的恢复温度相同。目前超声速主流下气膜冷却研究主要关注气膜的冷却效率及其影响因素,分析主流与冷却流的掺混情况。研究所涉及的影响因素主要有两类:一类是主流与冷却流的流动参数,包括吹风比、总温比、湍流度、冷却气体物性等;第二类为几何结构参数,包括缝槽高度 s,唇口厚度 h,壁面形状,喷射角度 a 等。

同时,在超声速流场中,激波的影响不容忽视。激波的产生主要有两方面的因素:一方面是流道形状导致的,如切向喷射中的隔板、超燃冲压发动机中的支板、凹槽、飞行器外表面的前缘;另一方面是冷却流喷射导致的,如冷却流的横向喷射、冷却流与主流压力不匹配等。

超声速气膜冷却中广泛研究的切向入射的气膜冷却本质上是半壁面束缚的射流,其结构如图 2-4 所示[34]。在冷却射流位置附近,可以观察到气膜冷却的核心区,在这一区域壁面被冷却流完全覆盖,壁面温度与冷却流的恢复温度相同。剪切层从主流与冷却流的交界处开始发展,主流与冷却流在这区域发生强烈的掺混。当剪切层的下边界与冷却流的边界层区域相交,气膜冷却核心区结束。在核心区之后,速度分布呈现典型的壁面射流的特点,称为壁面射流区,在这一区域壁面温度由于主流和冷却流在壁面附近的掺混迅速上升。在射流位置更远的下游位置,速度分布呈现典型的湍流边界层的特点,壁面温度继续上升,最终与主流的恢复温度相同。

对于超燃冲压发动机而言,冷却气体的来源是最大的问题。由于来流空气的

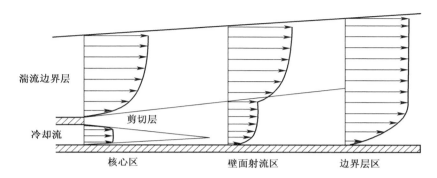

图 2-4　超声速气膜冷却流场主要特征

滞止温度太高,来流空气不能直接作为冷却源。一种可能的方案是燃料冷却后的高温气流作为冷却气体。这需要高效的空气换热器,并带来额外的重量。同时冷却过程使气体的总压会大幅降低。这对发动机的性能的影响需要做进一步的评估。另一种方案是携带额外的冷却气体,这需要高压容器。

还有一种方案是直接采用燃料作为膜冷却剂。Kanda 等[35]分析了氢燃料超燃冲压发动机三种冷却系统,如图 2-5 所示,从发动机性能方面考虑认为气膜冷却与再生冷却结合的冷却系统是最佳的冷却方法。

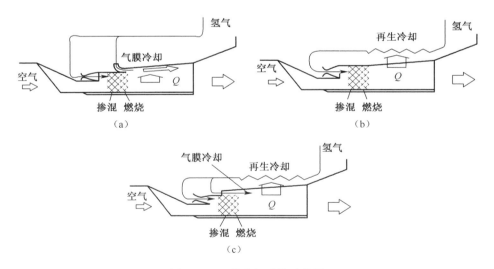

图 2-5　三种冷却系统示意图
(a)膜冷却;(b)再生冷却;(c)组合冷却。

对于采用支板稳燃的超燃冲压发动机,为了减小空气阻力,支板前缘部分往往采用小楔角设计,但这导致支板前缘驻点热环境远比其他部分恶劣,极易发生烧蚀,如图 2-6 所示[36]。如图 2-7 所示,由于结构简单,燃料逆流喷射形成的薄膜冷却具有很大的应用前景,已有国内学者展开相关的研究[37]。

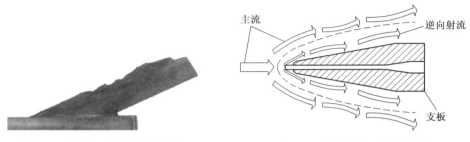

图 2-6 燃烧室支板前缘烧蚀   图 2-7 燃料逆流喷射示意图

气膜冷却在未来的超燃冲压发动机中的应用,很可能是与再生冷却一起组成复合主动冷却方法,在局部高热流区域弥补再生冷却能力不足的问题,降低再生冷却的冷却压力。同时在一些形状特殊,难以加工冷却通道的区域,承担主要的热防护任务。

2.3.2 发汗冷却

发汗冷却最早应用于火箭发动机喉部冷却。如图 2-8 所示,冷却剂在压力的驱动下流过多孔材料或者层板制成的壁面,渗入到高温主流,在受保护壁面形成一层均匀且连续的膜结构,从而起到保护壁面的作用。发汗冷却是冷却孔径无穷小,冷却孔分布无限密的极限形式的气膜冷却。相比于气膜冷却,其单位冷却剂的冷却效率更高。如图 2-8 所示,发汗冷却的冷却机理主要由两部分组成:①冷却流体在多孔介质内流动发生对流换热,从而带走部分热量;②同气膜冷却相同,注入的冷却流在壁面形成了气膜,阻碍了高温燃气与壁面的热传递。由于其高效的冷却效果,发汗冷却被视为是未来应用于高超声速飞行器热防护的有效手段之一[38-40]。

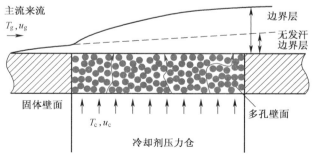

图 2-8 发汗冷却原理示意图[41]

u_g—燃气流速;u_c—冷却流速。

发汗冷却的研究主要集中在其冷却规律以及主流与冷却流的相互作用方面。先期的研究,主要以多孔平板为研究对象,通过大量试验,半理论半经验总结了冷却效率关联式。这些关联式涵盖了低速、超声速、高超声速主流。研究表明冷却工质的比热容、相变,多孔介质结构(颗粒直径、材料导热系数)对发汗冷却有着重要的影响。此外,针对工程应用的需要,在与真实条件相同或相当的高温高速主流中展开了一系列的试验研究,主要涉及液体火箭发动机推力室,弹头钝体头锥和超燃冲压发动机支板。

作为发汗冷却的基础,多孔介质的传热特性的研究至关重要。研究者提出了局部非热平衡模型和热平衡模型,描述多孔介质内的传热过程。热平衡模型是局部非热平衡模型的一种简化,其假设多孔介质内的流体与固体温度一致。由于局部非热平衡模型与主流能量方程耦合的困难,目前对于多孔介质的模拟主要采用热平衡模型。

发汗冷却在超燃冲压发动机中的应用主要面临两个问题:①冷却剂的来源只能是燃料,而这些冷却用的燃料很难像再生冷却那样进行较好的燃烧,燃料的损耗将在一定程度上削弱发动机性能;②发汗冷却的工艺复杂,且结构可靠性较差。对于碳氢燃料的超燃冲压发动机,由于碳氢燃料的结焦,极易导致多孔材料内部的堵塞,导致冷却失效。

2.3.3　再生冷却

再生冷却的概念,最早应用于液体火箭发动机[42]。再生冷却作为被液体火箭发动机广泛采用的一种冷却技术,从能量上看是十分合理的。因为冷却剂吸收的热量并未损耗掉,而是同推进剂组元一起又回到燃烧室,得以"再生",故称再生冷却。超燃冲压发动机借鉴了这一冷却技术[43]。再生冷却燃烧室的壁面一般为由内、外两层壁构成的冷却通道(或称冷却套)所组成。

再生冷却超燃冲压发动机基本原理如图 2-9 所示。燃料储箱出口的燃料首先经过泵增压后,进入到冷却通道中完成对超燃冲压发动机热壁面的冷却,冷却后的燃料再进入到发动机中进行燃烧。再生冷却的明显优点是,不会引入任何由冷却剂带来的质量惩罚。再生冷却在美国的 X-51A 试验机上得到了应用,其利用 JP-7 碳氢燃料作为冷却剂对超燃冲压发动机实施再生冷却[44]。

超燃冲压发动机再生冷却过程具有如下的主要特征:

(1)燃料在冷却过程中工作在超临界状态,主要是为了避免发生两相传热而引发的传热恶化,避免冷却失败;

(2)燃料的物理热沉难以满足冷却需求,燃料将发生裂解反应生成小分子气体混合物,裂解反应属于吸热过程,将提供一部分化学吸热能力,来弥补物理吸热

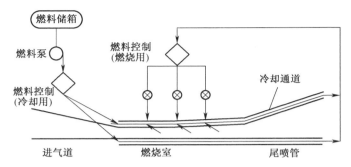

图 2-9　超燃冲压发动机再生冷却方案示意图

能力的不足;

（3）由于燃料加热和裂解反应的共同作用,燃料物性在冷却过程中变化剧烈;

（4）燃料在吸热裂解过程中还有可能形成胶状固体颗粒,即发生结焦,结焦沉积物的生成,将引发传热恶化、通道阻塞,甚至导致冷却失败;

（5）再生冷却过程使得燃料升温,并改变了燃料组成,再生冷却过程所吸收的热量最终将回注至燃烧室,这些都将对发动机性能产生重要的影响。

再生冷却在超燃冲压发动机中的应用,主要面临的挑战是:①如何提高燃料热沉以满足更高飞行马赫数的要求,如图 2-10 所示,发动机冷却对燃料热沉的需求随着飞行马赫数的提升而不断提高;②如何充分利用燃料热沉,组织好冷却过程;③如何协调冷却与燃烧两方面的需求、燃料流量匹配及流量控制,使发动机性能最优。

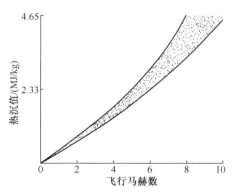

图 2-10　飞行马赫数与热沉值的关系[45]

2.4　主被动复合热防护方法可用性评价

随着飞行马赫数的不断升高,单一的被动热防护技术或者主动热防护技术都面临着热防护系统冷却能力不足以满足发动机冷却需求的问题,如何利用当前的被动材料和燃料热沉水平实现超燃冲压发动机高马赫数下的飞行,成为制约超燃冲压发动机发展的关键问题。在此背景下,使用复合材料和主动冷却相结合(即主被动复合热防护技术)的热防护系统的研究开始逐渐发展起来。法国在 C/SiC 材料超燃冲压发动机研究方面做了很多工作,并优先研究了主被动复合热防护技术的超燃冲压发动机,其中较突出的是 AC3P (Advanced Composite Combustion Chamber Program) 计划和 PTAH-SOCAR(Paroi Tissee Application Hypersonique-Simple Operational Composite for Advanced Ramjet)计划。

　　AC3P 计划是由法国和美国联合发起的一项资助发展 C/SiC 复合材料主动冷却结构,以期取代 HySet 计划中的金属结构设计的研究计划[46]。该计划主要的试验目的是将两块 C/SiC 复合材料面板钎焊在一起,在面向燃烧室高温燃气侧的复合材料平板上加工冷却沟槽,并使冷却剂尽可能地靠近燃烧室的内壁面;在冷却剂侧的复合材料平板的两端加工有汇流槽和喷注结构,具体结构如图 2-11 所示[47]。该计划面临的关键技术挑战有复合材料平板的密封和钎焊加工工艺、结构承受压力和热载荷的能力、对冷却剂及其裂解气态组分的密封以及足够的换热效率,其中由于 C/SiC 具有复合材料孔隙和裂纹等特点,使得系统的密封性成为试验中最为关键的技术。经过密封技术处理的 C/SiC 复合材料面板在正常工作压力和热流密度 $1.21MW/m^2$ 的条件下成功完成了带有冷却剂的测试试验。下一阶段的计划主要是面向复合材料超燃冲压发动机燃烧室的组装、测试试验以及在更高的热流密度下进行复合材料面板的试验测试。

图 2-11　AC3P 中 C/SiC 复合材料主动冷却结构

　　PTAH-SOCAR 计划是由法国 MDBA 公司和德国 EADS 空间运输公司合作,旨在发展低成本、高可靠性以及有效的复合材料主动再生冷却结构技术[48]。整个计划分为以下几个阶段:第一阶段是研究明确 PTAH-SOCAR 的基本概念;第二阶段是验证复合材料技术应用于超燃冲压发动机燃烧室,并确定详细的加工制造流程;第三阶段是进行试验计划;第四阶段是应用此技术进行完整的燃烧室设计,进一步扩展地面试验,评估复合材料燃烧室性能,最终目标是实现 $Ma=8$ 飞行条件下的超燃冲压发动机地面试验[49]。这项技术发展和初步制定的 C/SiC 复合材料结构具有如下优势:无连接系统(钎焊或胶结);整个发动机经由一体化加工,是一个完整的整体;尽可能减少连接问题和可能的渗漏问题;不需要加工内流道;便于整个系统的集成化管理[50]。

PTAH-SOCAR 计划中,发动机冷却结构采用了如图 2-12 所示的 pin-fin 冷却通道结构,研究表明 pin-fin 布局的冷却通道要比传统的槽道式的冷却效果更好,并且 pin-fin 式的冷却回路沿发动机燃烧室壁面更加易于配置和布局管理。同时发现,相比于金属结构的发动机,使用复合材料的双模态超燃冲压发动机能够减轻约 30% 的重量[51]。在 PTAH-SOCAR 计划的各个阶段分别采用氮气、煤油和空气作为冷却介质,进行了试件的热-机械强度考核试验。最终成功完成了 $Ma=7.5$ 飞行条件下超燃冲压发动机试验,成为首次实现带有主动冷却的 C/SiC 复合材料的热测试超燃冲压发动机试验。

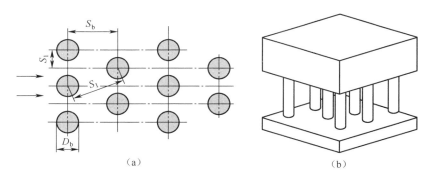

图 2-12　PTAH-SOCAR 计划下的 pin-fin 冷却通道结构
(a)结构布置平面示意图;(b)结构示意图。

在 AC3P 和 PTAH-SOCAR 计划之外,美国国家航空航天局支持设计了两种主动冷却 C/SiC 复合材料平板[52]。一种是将金属冷却通道钎焊在复合材料平板的内部;另一种是金属与复合材料平板采用机械连接的方式,从而允许不同材料之间的热膨胀差异,保持冷却通道与复合材料平板之间良好的传热效果。图 2-13 和图 2-14 分别给出了两种主动冷却 C/SiC 复合材料平板的结构示意图,该结构最为关键的技术是冷却通道材料的选取。选取的金属材料需满足以下要求:耐高压,低温下具有良好的延展性,从 30K 到 600K 保持良好的机械特性,能够承受高温和氧化环境,能够与 C/SiC 进行钎焊,要有能够加工很长通道的可能性并且具有很好的密封特性,密度低来降低复合材料平板的重量。研究表明,Mo 基合金较 Ni 基合金更适合与 C/SiC 复合材料进行钎焊,但这种材料可加工性能较差,很难加工薄壁长管,但试验成功实现了复合材料平板和金属管道的焊接技术,预计接下来将会研发薄壁 MoRe 长管的成型技术。

图 2-13　金属管道与 C/SiC 复合材料　　　　图 2-14　金属与 C/SiC 复合材料平板采用
　　　　　钎焊的冷却结构　　　　　　　　　　　　　机械连接的结构

　　有些场合将主被动复合热防护,称为主被动组合热防护。除了上述介绍的内涵外,还有将不同位置采用不同热防护方法的统一称为主被动复合热防护,如超燃冲压发动机燃烧室和尾喷管分别采用主动热防护、被动热防护方法。

　　主被动复合热防护技术在一定程度上适合于更高飞行马赫数超燃冲压发动机。主被动复合热防护技术在超燃冲压发动机中应用的主要挑战大致为如下几个方面:①耐高温、抗烧蚀、抗热震、抗冲刷复合材料的制备;②低煤油渗透率或无渗透的被动热防护材料;③主动热防护结构与被动热防护结构的匹配设计。

2.5　本章小结

　　经过上述的介绍可知,超燃冲压发动机热防护的途径有被动热防护、主动热防护以及主被动复合热防护三大类,每一类又有更加细致的分类。如何为超燃冲压发动机选取恰当的热防护方法或采用何种组合方式,是超燃冲压发动机热防护最为关键的问题之一。

　　超燃冲压发动机热防护方法的选择与其所处的热环境热点和现有的技术发展水平息息相关。对于马赫数为 5 以上的超燃冲压发动机而言,其超高的飞行速度使得来流空气的总温太高,不适合用作冷却剂。而采用除燃料以外的冷却剂又会使得系统更加的复杂并且引入质量惩罚。燃料为冷却剂的再生冷却由于其良好的综合性能和目前的工程适用性,成为超燃冲压发动机普遍采用的热防护方法,其他热防护方法往往与之配合使用。因此,后面几章将主要介绍再生冷却的基本特征、设计要点,并探讨再生冷却对发动机性能的影响。

📖 参考文献

[1] Goyne C P,Hall C D,O'Brien W F,et al. The Hy-V scramjet flight experiment[C].14th AIAA/AHI Space Planes and Hypersonic Systems and Technologies Conference,Canberra,2006.

[2] 刘双. 高超声速飞行器热防护系统主动冷却机制与效能评估[D]. 哈尔滨:哈尔滨工业大学,2010.

[3] 史丽萍,赫晓东. 可重复使用航天器的热防护系统概述[J]. 航空制造技术,2004(7):80-82.

[4] Glass D E. Ceramic matrix composite (CMC) thermal protection systems (TPS) and hot structures for hypersonic vehicles[C].15th AIAA Space Planes and Hypersonic Systems and Technologies Conference,Dayton,2008.

[5] 苏芳,孟宪红. 三种典型热防护系统发展概况[J]. 飞航导弹,2006(10):57-60.

[6] 徐林,张中伟,许正辉,等. 超燃冲压发动机热防护技术[M]//杜善义,肖加余.复合材料:创新与可持续发展(下册).北京:中国科学技术出版社,2010.

[7] Yao C,Lü H,Jia X,et al. Development of metallic thermal protection system[J]. Aerospace Materials & Technology,2005,2:004.

[8] 王会阳,安云岐,李承宇,等. 镍基高温合金材料的研究进展[J]. 材料导报,2011,25(S2):482-486.

[9] 马青松,刘海韬,潘余,等. C/SiC 复合材料在超燃冲压发动机中的应用研究进展[J]. 无机材料学报,2013,28(03):247-255.

[10] Beyer S,Strobel F,Knabe H. Development and testing of C/SiC components for liquid rocket propulsion applications[C].35th Joint Propulsion Conference and Exhibit,Los Angeles,1999.

[11] Liu Z Q,Ma W J. Applied research of rocket engine thrusters made of ceramic matrix composite[J]. Journal of Rocket Propulsion,2011,37(2):19-24.

[12] Dirling R B. Progress in materials and structures evaluation for the HyTech program[C]. 8th AIAA International Space Planes and Hypersonic Systems and Technologies Conference,Norfolk,1988.

[13] 范绪箕. 气动加热与热防护系统[M].北京:科学出版社,2004.

[14] 马玉娥,孙秦,蔺国民. 可重复使用运载器金属热防护系统的历史与发展动态分析[J]. 机械设计与制造,2005(2):108-110.

[15] Yamaguchi M,Inui H,Ito K. High-temperature structural intermetallics[J]. Acta Materialia,2000,48(1):307-322.

[16] Jenkins D R,Landis T,Miller J. American X-Vehicles:An Inventory X-1 to X-50 Centennial of Flight Edition [R].Washington,2003:SP-2003-4531.

[17] Palmer G E,Henline W D,Olynick D R,et al. High-fidelity thermal protection system sizing of reusable launch vehicle[J]. Journal of Spacecraft and Rockets,1997,34(5):577-583.

[18] Reich G,Hinger J,Huchler M. Thermal protection systems for hypersonic transport vehicles[Z]. SAE Technical Paper,1990.

[19] 夏德顺. 重复运载器金属热防护系统的述评[J]. 导弹与航天运载技术,2002(2):21-26.

[20] 史丽萍,李垚,赫晓东. 金属热防护系统的研究进展[J]. 宇航材料工艺,2005,35(3):21-23.

[21] 袁海根,曾金芳,杨杰,等. 防热抗烧蚀复合材料研究进展[J]. 化学推进剂与高分子材料,2006,4(1):21-25.

[22] 郭洪波,宫声凯,徐惠彬. 先进航空发动机热障涂层技术研究进展[J]. 中国材料进展,2009,28(9):18-26.

［23］ Beele W,Marijnissen G,Van Lieshout A. The evolution of thermal barrier coatings—status and upcoming solutions for today's key issues［J］. Surface and Coatings Technology,1999,120：61-67.

［24］ 刘纯波,林锋,蒋显亮. 热障涂层的研究现状与发展趋势［J］. 中国有色金属学报,2007,17(1)：1-13.

［25］ Xu H B,Gong S K,Liu F H.Recent development in material design of thermal barrier coating for aeroengine ［J］. Acta Aeronautica et Astronautica Sinica,2001,21：7-12.

［26］ Wieghardt K. Hot-air discharge for de-icing［R］. Wright Field,Air Materiel Command,1946.

［27］ 任加万,谭永华.冲压发动机燃烧室热防护技术［J］.火箭推进.2006,32(4):38-42.

［28］ Goldstein R J. Film cooling［J］. Advances in Heat Transfer,1971,7：321-379.

［29］ Bass R W,Hardin L W,Rodgers R J,et al. Supersonic film cooling［C］.2nd Internation Aerospace Planes Conference,Orlando,1990.

［30］ O'Connor J P,Haji-Sheikh A. A numerical study of film cooling in supersonic flow［C］.ASME 1991 National Heat Transfer Conference,Minneapolis,1991.

［31］ Takita K,Masuya G. Effects of combustion and shock impingement on supersonic film cooling by hydrogen［J］. AIAA Journal,2015,38(10):1899-1906.

［32］ Fan C,Wang J,Fan X. Experimental studies of film cooling in supersonic combustors［C］.21st AIAA International Space Planes and Hypersonics Technologies Conference,Xiamen,2017.

［33］ Kirchhartz R M,Mee D J,Stalker R J. Supersonic skin-friction drag with tangential wall slot fuel injection and combustion［J］. AIAA Journal,2012,50(2)：313-324.

［34］ Konopka M,Meinke M,Schröder W. Large-eddy simulation of supersonic film cooling［C］. 46th AIAA/ASME/SAE/ASEE Joint Propulsion Conference & Exhibit,Nashville,2010.

［35］ Kanda T,Masuya G,Ono,F,et al.Effect of film cooling/regenerative cooling on Scramjet engine performances ［J］.Journal of Propulsion and Power,1994,10(5):618-624.

［36］ 陈同银,仲峰泉,王晶,等. 超声速燃烧辅助喷油支板的主动冷却结构设计研究［C］.第三届高超声速科技学术会议.无锡,2010.

［37］ Qin J,Ning D,Feng Y,et al. A new method of thermal protection by opposing jet for a hypersonic aeroheating strut［J］. Journal of Thermal Science,2017,26(3)：282-288.

［38］ Chen Y,Milos F S. Ablation and thermal response program for spacecraft heatshield analysis［J］.Journal of Spacecraft and Rockets,1999,36(3)：475-483.

［39］ Soller S,Kirchberger C,Kuhn M,et al. Experimental investigation of cooling techniques and materials for high-speed flight propulsion systems［C］//AIAA Paper 2009-7374,2009.

［40］ Steelant J. Aero-Thermal Loaded Material Investigations for High-Speed Vehicles［C］//AIAA Paper 2017-2393,2017.

［41］ Huang Z,Zhu Y H,Jiang P X,et al. Investigation of a porous transpiration-cooled strut injector［J］. Journal of Propulsion and Power,2014,31(1)：278-285.

［42］ Salakhutdinov G M."Development of Methods of Cooling Liquid Propellant Rocket Engines (ZhRDs),1903-1970," History of Rocketry and Astronautics［M］//Skoog A I.AAS History Series,Vol. 10.San Diego：American Astronautics Society,1990.

［43］ Gascoin N,Abraham G,Gillard P. Thermal and hydraulic effects of coke deposit in hydrocarbon pyrolysis process［J］. Journal of Thermophysics and Heat Transfer,2012,26(1)：57-65.

［44］ 王宏宇,高峰,李旭昌,等. 超燃冲压发动机燃烧室热防护技术［J］.飞航导弹,2013,(10):84-87.

［45］ Edwards T I M. Cracking and deposition Behavior of supercritical hydrocarbon aviation fuels［J］. Combustion Science and Technology,2006,178(1-3)：307-334.

［46］ Bouquet C,Fischer R,Luc-Bouhali A,et al. Fully ceramic composite heat exchanger qualification for advanced combustion chambers［C］.AIAA/CIRA 13th International Space Planes and Hypersonics Systems and Technologies Conference,Capua,2005.

［47］ Bouquet C,Luc A,Hauber B,et al. Validation of a Leak-free C/SiC heat exchanger technology［C］.12th AIAA International Space Planes and Hypersonic Systems and Technologies,Norfolk,2003.

［48］ Bouchez M,Cahuzac G,Beyer S. PTAH-SOCAR fuel-cooled composite materials structure in 2003［C］.12th AIAA International Space Planes and Hypersonic Systems and Technologies,Norfolk,2003.

［49］ 刘萝威. C/SiC 复合材料主动冷却超燃冲压发动机燃烧室研究［J］. 飞航导弹,2005（12）：53-58.

［50］ Bouchez M,Beyer S. PTAH-SOCAR fuel-cooled composite materials structure for dual-mode ramjet and liquid rocket engines-2005 status［C］.13th Hypersonics Systems and Technologies Conference,Capua,2005.

［51］ Bouchez M,Beyer S. PTAH-SOCAR fuel-cooled composite materials structure for dual-mode ramjet and liquid rocket engines-2009 status［C］.6th AIAA/DLR/DGLR International Space Planes and Hypersonic Systems and Technologies Conference,Bremen,2009.

［52］ Bouquet C,Lacombe A,Hauber B. Ceramic matrix composites cooled Panel development for advanced propulsion systems［C］. 45th AIAA/ASME/ASCE/ AHS/ASC Structures,Structural Dynamics & Materials Conference,Culifornia,2004.

第3章 再生冷却过程特点及冷却通道内流动换热机理

本书第 2 章对超燃冲压发动机热防护途径进行了详细的介绍,指出再生冷却是目前碳氢燃料超燃冲压发动机最佳的冷却方案。碳氢燃料超燃冲压发动机再生冷却通道内的流动换热是发生在流动介质的临界压力以上,且温度从常温至临界温度以上,碳氢燃料经历了物性剧烈变化的跨临界流动换热过程。另外,碳氢燃料在高温下会发生热裂解反应的特点也使得再生冷却通道内的流动换热过程更加复杂。

本章主要是针对再生冷却过程,对其基本特点以及冷却通道中碳氢燃料基础的流动换热机理进行介绍,为超燃冲压发动机的冷却通道设计提供基础参考。本章首先详细探讨了典型超燃冲压发动机工况下再生冷却过程的基本特点,分析了碳氢燃料在冷却通道内会经历跨临界过程且会发生复杂的热裂解反应过程的特点;然后对带有热裂解反应的跨临界流动换热实验研究方法和数值研究方法进行了详细介绍,在此基础上给出了利用实验和数值计算方法得到的流动换热规律;最后对热裂解反应以及跨临界流动现象对管道内流动换热关联式的影响进行了补充介绍,以期对再生冷却通道的工程设计提供帮助和参考。

3.1 碳氢燃料超燃冲压发动机再生冷却过程基本特点

再生冷却的概念最早于 1903 年应用于液体火箭发动机[1],后来被迁移并应用到超燃冲压发动机中,其工作过程在第 2 章中已经进行了初步的介绍。由于超燃冲压发动机再生冷却设计思想移植于火箭发动机,其最为显著的特点也可以从与火箭发动机再生冷却系统的对比上得到。在同样使用航空煤油作为推进剂的情况下,以热结构承受的热载荷(热流密度)与单位发动机周长所流经的冷却剂流量之比 D_{iff} 来衡量发动机燃烧室的冷却难度,如式(3-1)所示,可以发现超燃冲压发动机的这一数值是火箭发动机的 7 倍以上,这也就造成了超燃冲压发动机的冷却通道内冷却剂温升大、热分层梯度大的特点,并带来一系列其他的特殊性,也给流动换热的研究带来了极大的挑战。

$$D_{iff} = Q/m_d \qquad (3-1)$$

结合图 3-1 和式(3-1),超燃冲压发动机再生冷却过程的主要特点如下:

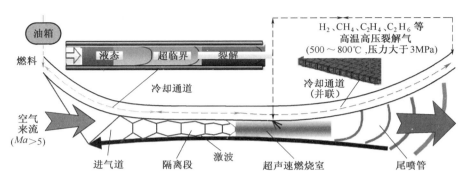

图 3-1　碳氢燃料超燃冲压发动机再生冷却方案示意图

1. 冷却剂在冷却通道内经历跨临界过程

为了避免燃料在冷却通道内发生两相沸腾传热恶化,冷却通道内的压力通道被维持在超临界压力以上。由于航空煤油的临界压力为 2.1MPa 左右,因此冷却通道内的压力一般在 3MPa 以上,而由于冷却剂承受的热载荷相对较大,其在冷却通道内的温升较大,从常温可以升高至 1000K 左右,这就使得冷却剂在冷却通道内流动的过程中经历了跨临界的过程(压力高于临界压力,温度从低于临界温度升高至拟临界温度以上)。

流体(特别是大分子的流体)在跨临界的过程中物性会发生非常剧烈的非线性变化,其变化的剧烈程度在流体处在临界压力附近时尤甚,如图 3-2 所示。

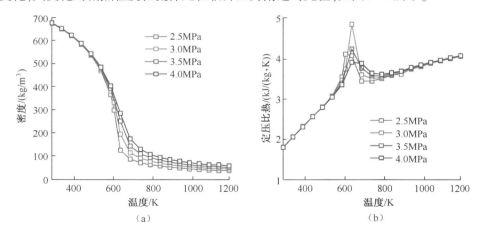

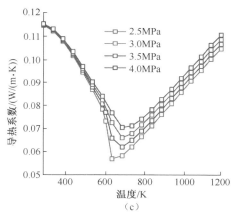

图 3-2 不同近临界压力下正癸烷物性随温度变化(正癸烷为航空煤油主要替代物之一)
(a)密度;(b)定压比热;(c)导热系数。

由于上述特点,冷却剂在冷却过程中极易产生伪沸腾或者伪膜态沸腾现象,从而产生传热恶化;同时冷却剂在跨临界过程中物性变化而引发的热加速与流动中的浮升力也非常容易导致传热恶化现象的发生。

2. 冷却剂在冷却通道内会发生热裂解反应

如图 3-1 所示,由于冷却剂在超燃冲压发动机冷却通道内温升较大,最高温度可至 1000K 左右,而航空煤油一般在 770K 以上的温度会发生热裂解反应,因此在超燃冲压发动机冷却通道的后半段,会发生由于温度过高而引起的热裂解反应,长链的大分子碳氢燃料裂解成小分子的烯烃和烷烃,同时吸收大量的热。

图 3-3 展示了冷却通道内流体密度、导热系数、定压比热与正癸烷质量分数的

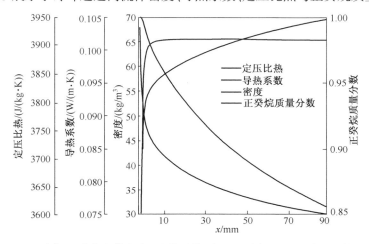

图 3-3 冷却通道内流体密度、导热系数、定压比热与正癸烷质量分数变化

分布。随着燃料裂解率逐渐增加,管内混合流体密度下降,导热系数升高,定压比热升高后变化不大,这都会对吸热型碳氢燃料管内流动换热特性带来巨大影响。

3. 冷却通道内存在极其严重的热分层现象

从前面的描述可以知道,在超燃冲压发动机的再生冷却系统中,热流密度与冷却剂流量之比可以达到火箭发动机再生冷却系统的 7 倍以上,单位质量流量的冷却剂面临的冷却载荷极高,同时由于超燃冲压发动机的冷却通道多为被单面加热的矩形通道,冷却通道内从被加热面到非加热面之间会存在极其大的温度梯度,产生极其严重的热分层现象,这将会显著减弱加热面附近高温流体与主流冷流之间的掺混与有效的对流换热,使冷却剂的热沉无法得到有效利用,为再生冷却内的传热设计带来很大挑战。

3.2 冷却通道内燃料流动换热特性基本研究方法

由于高超声速飞行器和发动机一体化的设计需求,超燃冲压发动机的燃烧室通常为矩形截面,而燃烧室再生冷却通道为多根矩形冷却通道的并联。为了降低研究的复杂性,更加细致地了解碳氢燃料在再生冷却通道中的基础流动换热过程,实际的研究过程中通常假设并联冷却通道各个冷却通道的流动换热具有高度的一致性,燃烧室壁面的热载荷分布均匀,因而可以将多根并联冷却通道简化为单根冷却通道而进行研究,如图 3-4 所示。首先对单根再生冷却通道中碳氢燃料超临界条件下的流动换热特性、裂解与传热耦合特性、结焦特性等方面进行细致的研究,然后在此基础上再研究更加复杂的并联冷却通道中碳氢燃料流动传热特性。

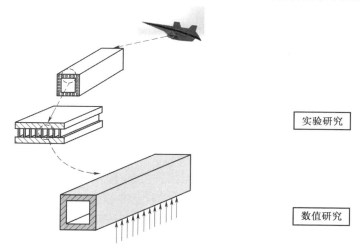

实验研究

数值研究

图 3-4   超燃冲压发动机再生冷却通道简化及研究方法

　　如图 3-4 所示,针对简化的冷却通道,目前主要采用实验研究和数值计算研究相结合的方式。通过合理设计的实验,可以得到可靠的数据,对冷却通道中的跨临界化学反应流动换热过程进行分析。但是,由于实验难度大、成本较高,且受限于目前的测量手段,很难获取足够的全局和局部数据。而随着数值计算的飞速发展,其精度不断提高,成本不断降低,是实验的一个有效的辅助和补充,可以与实验相互印证。

3.2.1　燃料裂解流动换热实验研究方法

3.2.1.1　碳氢燃料流动换热实验系统的基本组成

　　通常,在实验研究中,将被单面加热的再生冷却发动机矩形冷却通道这一研究对象简化成一根被周向均匀加热的圆管。这一假设主要是为了减轻所研究问题的复杂性,以便得到更本质的规律,也能够得到更加可信的数据,为实验分析和数值计算提供更加准确的边界条件和对比条件。

　　碳氢燃料在超燃冲压发动机冷却通道内的冷却过程属于高温高压的流动换热过程,因此研究这一过程的实验台一般称为“碳氢燃料高温高压流动换热实验台”。此类实验系统一般包括六个分系统:冷却剂供给系统、冷却通道加热系统、冷却系统、背压模拟系统、测量及控制系统、采样分析系统,如图 3-5 和图 3-6 所示。六个分系统中,冷却剂供给系统模拟发动机燃料/冷却剂供给系统,冷却通道加热系统模拟发动机燃烧室内的燃烧对冷却通道的加热作用,背压模拟系统实现了与发动机冷却通道出口相连的喷嘴的功能,用于模拟发动机燃料喷嘴压降所形成的冷却通道出口压力。冷却系统是真实的再生冷却系统中并不存在的,其主要功用是将冷却通道加热系统出口的高温高压气态碳氢燃料进行冷却,一方面为不耐高温的背压控制阀以及燃料收集排放装置提供工作条件,另一方面可以实现冷却通道出口碳氢燃料及其裂解产物的气液分离,以便于对冷却通道内碳氢燃料的裂解情况进行科学分析。测量及控制系统主要服务于流量、温度、压力等实验数据的测量,实验时序、阀门以及加热系统功率的控制等,而采样分析系统则负责对碳氢燃料的裂解产物进行科学的分析。下面将对各个系统进行详细的介绍。

图 3-5　碳氢燃料高温高压流动换热实验台系统组成

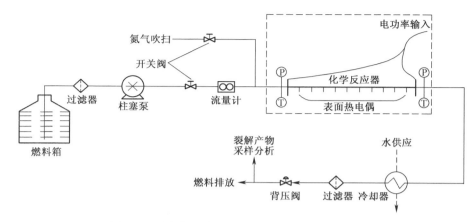

图 3-6　碳氢燃料高温高压流动换热实验台示意图

1. 冷却剂供给系统

国际上针对碳氢燃料超燃冲压发动机的研究基本将其飞行马赫数限定在 5~7 之间,对于其再生冷却系统的一个典型的水力直径 1~2 mm 的冷却通道来说,冷却剂流量一般在 1~2g/s,为了更好地模拟发动机的真实运行工况,供给系统一般需要精确地供给 0~2g/s 的流量,并且能够模拟冷却通道内的高压供给需求(7MPa 及以上)。综合考虑航空煤油黏度低、流量小、压力高的供给特点,双柱塞的高压恒流泵成为构建冷却剂供给系统的关键供给原件。高压恒流泵的特点是能够精确提供较小流量的冷却剂,并且能够在冷却剂黏度比较小的情况下实现大压力变化范围下(0~15MPa 及更高,与不同生产厂家性能指标有关)的恒定流量供给,流量随着负载压力波动极小。

高压恒流泵的流量供给精度很高,但是通常为了能够更好地监测实验中冷却剂流量的变化情况,在供给系统中一般需要加装高精度质量流量计来进行冷却剂质量流量的精确测量,为实验数据的科学性提供更好的保障。

一个较为完整的冷却剂供给系统如图 3-6 供给系统部分示意图所示,它主要由油箱、高压恒流泵以及流量计组成。需要指出的是,油箱中用来进行碳氢燃料高温高压换热实验的冷却剂很多时候会采用纯净的大分子碳氢燃料,而非航空煤油本身。这是由于航空煤油本身是一种复杂的混合物,分子式较难确定,而且更加容易受到氧气的污染而变质,采用纯净的大分子碳氢燃料,能够更加有效地得到有效的实验数据。如果采用航空煤油进行实验,则需要在油进入油泵之前加装过滤装置,防止航空煤油中的污染物损害油泵。

2. 冷却通道加热系统

如前所述,通常,在碳氢燃料高温高压流动换热实验中,是用周向均匀加热的圆管来模拟发动机冷却通道的,这样所做的研究不失基础性,也能够稍加修正或稍加扩展性研究推广到发动机的冷却系统中。冷却剂以一定的压力和流量,流经被均匀加热的圆管,组成冷却通道加热系统。圆管通常根据发动机的实际情况采用不锈钢材料或者高温合金材料,内径通常在 1~3mm 之间,壁厚在 1~3mm 之间,长度通常根据实验的不同具有较大的变化,但通常不会超过 1m(这与发动机的实际长度有关)。针对圆管的加热,一般采用圆管两端加装电极,在金属圆管壁通过较大电流的方式,利用圆管本身的电阻来发热产生均匀的热流,加热管内的流体,如图 3-6 所示。

加热用电源通常可以选择的有直流加热电源和交流加热电源两种。需要指出的是,直流电加热功率大,能够模拟更高的加热热流,但是直流电源加热管道的过程中,管道的表面会存在跨步电压,严重影响管道壁面温度的测量;而交流电源虽然不能做到很大的加热功率,但是避免了跨步电压的问题,而且交流电较直流电价格便宜,便于广泛应用。因此,在所需要的加热功率比较小的实验系统当中,推荐选用交流电源,而在更大功率的实验系统中,采用直流电源,并采取必要的措施来应对跨步电压对管道壁面温度测量的影响。

需要指出的是,如果想要精确控制冷却通道进口的温度参数,则需要增加预加热系统。通常,预加热系统可以采用管式加热炉等辅助加热系统来实现。

3. 冷却系统

通常,冷却剂在经过加热系统后,经历温度升高的过程,而在温度升高至一定的程度会发生热裂解反应,形成高温的裂解气。冷却通道加热系统出口的高温油气一般需要进入背压模拟装置,而在进入背压模拟装置前,需要对高温裂解气进行冷却降温,从而更好地保护背压模拟装置。

另外,研究人员对冷却通道内碳氢燃料的裂解反应是极其感兴趣的,为了得到高温裂解气的组成,并保证其组成在离开冷却通道加热系统后保持原貌,需要对其进行及时的反应冻结,而冷却系统就是实现这一举措的很好措施。考虑到冻结的要求,冷却系统需要良好的设计,以保证在极短的时间将高温裂解气降温至反应温度以下。

冷却系统一般采用水作为冷却剂,根据碳氢燃料在加热系统出口的参数确定冷却水的流量和换热器的参数。

4. 背压模拟系统

在实际的发动机中,冷却通道的出口连接着燃烧室的燃料喷注装置,由燃料喷注装置节流产生较高的背压,使得再生冷却通道工作在冷却剂临界压力以上。在"碳氢燃料高温高压流动换热实验台"上,为了模拟发动机实际过程中再生冷却通道中的高压力,也需要设置相应的背压模拟系统。

一般背压模拟系统可以用节流阀或者背压罐来实现。使用节流阀来提供背压时,需要根据冷却剂的出口状态实时调节节流阀的开度才能使冷却通道内的压力保持在恒定水平,这对节流阀的调节能力提出了极高的要求。背压罐模拟背压是一种空间占用较大的方案,它需要在系统尾端加装一个能够承受高压的圆形或方形的压力罐,里面充满高压的氮气,以提供冷却系统所需要的背压。需要特别指出的是,背压罐的容积大小决定了整个系统可以以一定的背压稳定运行(背压波动较小)的时间,这是由于在实验过程中,被加热过的冷却剂源源不断地进入到背压罐中,当其质量和体积足够大时,将会显著影响背压罐内的压力。当然,也可以在背压罐上加装放气阀,当背压升高太多时进行放气操作,从而将背压稳定时间延长。

5. 测量及控制系统

整个实验系统中,为了使实验顺利进行,并得到确实可靠的数据,需要由传感器、数据采集设备、控制器以及执行元件等组成的测量控制系统。系统中传感器主要包括流量、压力、温度传感器,必要时还可以配备能够测量加热电压和电流的电压及电流传感器。数据采集设备根据所需要测量的信号的种类、特点以及频率具有多种选择,通常可以选美国国家仪器有限公司(National Instruments,NI)的设备。

控制器和执行元件则取决于整个系统中所需要进行控制的原件或物理量。控制器一般是发出电压和电流信号,而本实验系统的执行元件一般为高压恒流泵、加热电源以及管路中的电磁开关阀、节流阀等原件。若上述原件均选择使用手动操作,则可以省略控制器和执行元件。控制器一般也可以选择美国国家仪器有限公司的设备,与测量系统集成为一套紧凑型测量及控制系统。

针对"碳氢燃料高温高压流动换热系统",温度测量一般采用 K 型热电偶,压力测量采用压阻型压力传感器,流量测量一般采用高精度质量流量计。

6. 采样分析系统

采样分析系统主要针对碳氢燃料在流动换热过程中发生的热裂解反应。一般用气相色谱仪设备来测量裂解反应中产生的气体组分及含量,而用气相色谱-质谱联用仪(GC/MS)测量裂解反应中产生的液体组分及含量。

3.2.1.2 实验过程范例详解

下面以哈尔滨工业大学的"碳氢燃料高温裂解流动换热实验系统"为例,对上述的实验系统、实验过程以及实验数据的分析过程进行详细的介绍。

如图 3-6 所示为哈尔滨工业大学碳氢燃料高温高压流动换热实验台示意图,此实验系统的设计目的在于研究碳氢燃料在超临界条件下的跨临界对流换热特性以及热裂解反应对流动换热过程的影响。实验系统包括冷却剂供给、直流电加热系统、冷却系统、背压系统、数据采集、采样分析 6 个子系统。可对燃料的裂解特性、吸热能力及换热特性进行分析,直流电加热系统可提供 $1MW/m^2$ 以上的加热能力,可进行实验的压力和温度范围分别为 $0 \sim 10MPa$,常温 $\sim 1000℃^{[2]}$。

冷却剂供给系统采用的是大连依利特公司生产的高压恒流泵,其最大流量为 $1000mL/min$,最高压力为 $18MPa$。流量计采用的是艾默生公司旗下的 Micro Motion 科氏质量流量计。

加热段实验常用的管子尺寸与常规冷却通道尺寸相似,内径、外径与长度分别为 $1mm$、$3mm$ 与 $1000mm$,材料为 GH3128 高温合金钢,耐温极限约为 $1200℃$。在分析裂解特性实验时,为了避免高温合金材料对碳氢燃料裂解产生的催化作用,需要对管道内表面进行钝化处理。

预热段采用马弗炉进行辐射加热,最高可将燃料出口温度加热至 $500℃$。加热段采用两点式直流电源加热,加热最高功率可达 $8kW$。

为获取燃料裂解稳定产物的详细信息,遂在高温热裂解实验系统增加采样分析系统,系统构成如图 3-7 所示。

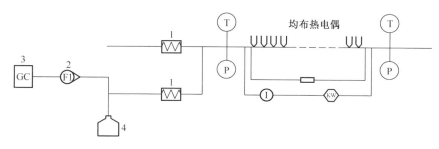

图 3-7   采样分析系统

1—冷凝器;2—转子流量计;3—气相色谱仪;4—集液器。

在实验过程中,首先,为了排除管道中的空气对实验产生干扰,利用氮气吹扫将燃料中的空气置换出来。然后,碳氢燃料经可调流量的平流泵输出,经预热器、加热段、冷却器后,由背压罐收集。燃料裂解后,经冷却器冷却后,完成气液分离,液态成分进入集液器收集;气态组分经气体转子流量计测量气体体积流量,同时气相色谱仪对气相进行在线分析;液态收集后运用气相色谱-质谱联用仪进行成分分析。

3.2.1.3   实验数据分析及处理

1. 燃料裂解率计算

冷却通道内的燃料裂解后,经冷凝器冷却,完成气液分离,液态成分进入集液器收集;气态组分经气体转子流量计测量气体体积流量,同时气相色谱仪对气相进行在线分析;液态收集后运用气相色谱-质谱联用仪进行成分分析。

经过以上的分析之后,可以得到:气体体积流量 V,气体成分(g_a、g_b、g_c 等)以及对应的摩尔(体积)分数(f_a、f_b、f_c 等);液体质量流量 m,液体成分(l_1、l_2、l_3 等)以及对应的摩尔(体积)分数(f_1、f_2、f_3 等)及母体摩尔分数 f_h。

燃料的裂解率 z 可由下式进行计算:

$$z = \frac{m_1 \cdot f_h}{M} \times 100\% \tag{3-2}$$

$$M = m_g + m_1 \tag{3-3}$$

$$m_g = (M_a \cdot f_a + M_b \cdot f_b + M_c \cdot f_c + \cdots) \cdot V/22.4 \tag{3-4}$$

式中　m_g——气态组分质量;

　　　m_1——液态组分质量;

　　　M_a——气体 g_a 的分子量。

2. 燃料热沉及计算方法

在一般的对流换热过程中,燃料的热沉指的是在某一特定工况下,单位质量流量下燃料的吸热量。在有化学反应参与的对流换热过程中,燃料吸收热量不仅表现在燃料的温度升高,还表现在促使化学反应的发生,此时燃料的吸热量可以分为纯物理吸收和化学吸收两部分,从而引出了物理热沉和化学热沉的概念:物理热沉是指工质在没有发生化学反应时单位质量工质的吸热量,也就是原工质在单位质量流量下,由于受热而产生的焓升,可用热力学第一定律中的开口系能量方程表示:

$$Q_{phy}(T,p) = h(T,p) - h(T_0,p_0) \tag{3-5}$$

式中　$Q_{phy}(T,p)$——在某一特定工况下,当工质处于某一温度 T 和压力 p 下的物理热沉(kJ/kg);

　　　$h(T,p)$——工质在温度 T 和压力 p 下所具有的比焓(kJ/kg);

　　　T_0、p_0——加热段入口处的温度和压力。

化学热沉是指除物理热沉以外由于化学反应参与而引起的热沉的增量,可以表示为

$$Q_{chem}(T,p) = Q_{total}(T,p) - Q_{phy}(T,p) \tag{3-6}$$

式中　$Q_{chem}(T,p)$——化学热沉;

　　　$Q_{total}(T,p)$——总热沉(kJ/kg)。

化学热沉可以看作由两部分组成:一部分是由纯化学吸放热引起的焓变,另一部分是在相同温度下由于物质组成变化而引起的物理焓变。反应焓是指在某一特定工况下,某一化学反应过程中,当产物温度、压力与反应物温度、压力相同时体系的热量变化。如果有如下化学反应发生:

$$2A \longrightarrow 3B + 4D \tag{3-7}$$

那么其化学反应焓可用下式计算:

$$\Delta H_1 = \frac{\sum M_\mathrm{P} h_\mathrm{f,P}^0 - \sum M_\mathrm{R} h_\mathrm{f,R}^0}{m} \tag{3-8}$$

式中　ΔH_1——反应焓（kJ/kg）；

　　　M——物质的摩尔数（mol）；

　　　h_f^0——物质的标准态生成焓（kJ/mol）；

　　　m——物质的总质量；

　　　下标 R、P——反应物、生成物。

由于物质组成引起的焓变可以用物质的焓差来表示：

$$\Delta H_2(T,p) = \sum h_\mathrm{P}(T,p) - \sum h_\mathrm{R}(T,p) \tag{3-9}$$

式中　ΔH_2——由于物质变化引起的焓变（kJ/kg）。

那么，反应过程的化学热沉可以表示为

$$Q_\mathrm{chem}(T,p) = \Delta H_1 + \Delta H_2(T,p) \tag{3-10}$$

燃料的总热沉是利用燃料沿程的吸热量与燃料出口处的温度、压力值拟合而成。其中，燃料出口温度及压力可以通过传感器直接获取，而燃料从入口到出口的吸热量必须通过计算间接获取。根据能量守恒方程，当系统处于平衡状态时，进入流体的热功率等于加热功率减去向外界散失的热功率，即

$$\dot{Q}_\mathrm{oil} = U \cdot I - \dot{Q}_\mathrm{loss} \tag{3-11}$$

式中　$\dot{Q}_\mathrm{oil}$——燃料吸热功率（W）；

　　　U——加热管两端电压（V）；

　　　I——流经加热管的电流（A）；

　　　$\dot{Q}_\mathrm{loss}$——加热管向周围空气散热的热功率（W）。

因此为了准确测定碳氢燃料热沉，必须要考虑加热管向周围空气散热，加热热损失的计算方法如下。

3. 加热热损失计算方法

在实验过程中，金属管道由直流电加热，当流体流经管道时，与管道内表面发生对流换热来吸收热量，但加热管道也会向周围的低温大气环境散热而引起管道热损失，所以流体的实际吸热量为加热功率与散热量之差。由于实验在高温高压下进行，因此为了保证实验分析的准确性，加热产生的热损失不可忽略。实际中散热损失一般通过热平衡法测定，即保证管道内没有流体的情况下，直接对管道进行直流电加热，当管道外壁面温度达到平衡时，当前电加热功率即为当前外壁面温度下的散热损失。

具体以图 3-8 中的加热段为例，加热管全长 800mm，采用航空材料 GH3128 拉

制而成,外径 3mm,外表面均匀焊接 41 个热电偶,每个热电偶之间相隔 20mm。此时,每一小段管的平均温度可以用该小段管两端温度的平均值来表示。采用这一局部平均温度来计算该小段管上的热损失。

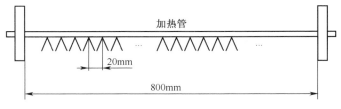

图 3-8　加热段示意图

管道向周围空气散热的功率可以利用空加热实验进行标定。在管中充入常压静止空气,然后对加热管进行加热。当系统处于平衡状态时,由于没有对流换热的作用,电源输送给加热管的功率此时就等于加热管向外界空气所散失的功率。此时假设加热管两端轴向导热的影响区域有限,取加热管中间部分的温度平均值。由于轴向导热的作用,加热管左右两端温度比中间段要低,取中间段温度的平均值后,就以该值作为全管的温度,即当没有两端轴向导热的作用时,加热管两端的温度就近似等于该平均温度。以中间段平均温度作为全管长所有点温度值,在该温度下的散热功率就是电源给加热管的加热功率,于是可以得到某一温度下,加热管向周围空气散热的热损失功率图,如图 3-9 所示。

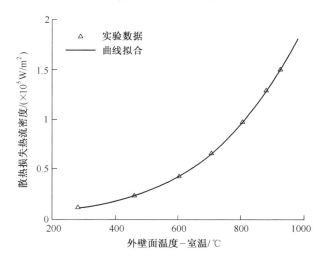

图 3-9　加热管外壁面散热损失功率与温差的关系

拟合曲线可以用多项式的函数形式来表示

$$\dot{q}_{\text{loss}}(T_{\text{wo}}) = \frac{UI}{A_{\text{jh}}} = a(T_{\text{wo}} - T_{\text{o}})^3 + b(T_{\text{wo}} - T_{\text{o}})^2 + c(T_{\text{wo}} - T_{\text{o}}) + d$$

$$(3-12)$$

式中　$\dot{q}_{\text{loss}}(T_{\text{wo}})$——加热管散热损失热流密度（$\text{W/m}^2$）；

　　　T_{wo}——管外壁面温度（℃）；

　　　A_{jh}——校核用的加热管的外表面积（m^2）；

　　　T_{o}——周围环境温度（℃）。

式（3-12）左右两侧单位不同，实际上是为了简化计算，其实是用 $T-T_0$ 来拟合 $h_{\text{loss}}(T-T_0)$ 和 $\varepsilon(T_{\text{o}}+273.15)\sigma(T_{\text{o}}+273.15)^4$ 这两部分，来表示对流换热和辐射换热的热流密度。

$$\dot{q}_{\text{loss}}(T_{\text{wo}}) = \frac{\dot{Q}_{\text{loss}}}{A_{\text{jh}}} = h_{\text{loss}}(T_{\text{wo}} - T_{\text{o}}) + \varepsilon(T_{\text{wo}} + 273.15)\sigma(T_{\text{wo}} + 273.15)^4$$

$$(3-13)$$

式中　ε——加热管的全发射率；

　　　σ——斯特藩常量，为 $5.67 \times 10^{-8} \text{J}/(\text{s}^1 \cdot \text{m}^2 \cdot \text{K}^4)$。

由于加热段被表面热电偶分割成若干段，对每一小段有一个平均外表面温度值，于是加热管沿程总热损失功率可以表示为

$$\dot{Q}_{\text{loss}} = A \cdot \sum_n \frac{\dot{q}_{\text{loss}}(T_{\text{wo}})}{n}$$

$$(3-14)$$

式中　n——加热管被热电偶分割成的份数；

　　　A——加热管外表面积。

4. 内壁温计算方法

在实验过程中，由于加热管管径太小，很难直接测量加热管内壁温度，一般利用加热管外壁温度近似计算来获得内壁温分布。本节的内壁温计算方法基于哈尔滨工业大学于文力硕士论文中的实验来进行说明。实验中热管管道内径 1~2mm，管壁厚度 0.5~1mm。

内壁温计算问题属于带内热源的导热问题。加热管受电加热，由于管壁很薄，假设热量均匀地加到加热管管壁上。加热管内壁面与流体进行对流换热，外壁面与周围空气进行对流及辐射换热。基于此物理模型，可利用三维导热微分方程推导计算内壁温。三维导热微分方程完整形式：

$$\rho c \frac{\partial T}{\partial \tau} = \dot{q}_{\text{v}} + \frac{1}{r}\frac{\partial}{\partial r}\left(\lambda r \frac{\partial T}{\partial r}\right) + \frac{1}{r^2}\frac{\partial}{\partial \varphi}\left(\lambda \frac{\partial T}{\partial \varphi}\right) + \frac{\partial}{\partial z}\left(\lambda \frac{\partial T}{\partial z}\right) \quad (3-15)$$

式中　$\dot{q}_{\text{v}} \cdot \pi(r_{\text{o}}^2 - r_{\text{i}}^2) \cdot L = UI$，$L$、$r_i$ 和 r_o 分别为加热管长度、加热管管道半径和加

热管外壁半径(m);

λ ——管道的导热系数(W/(m·K))。

管材选用航空材料 GH3128,查阅文献[2]可以获取。

在以上研究的实验工况下,流体的轴向导热相比于径向导热所占的比例甚小,可以忽略不计,且流体沿径向不同角度的导热均匀,则 T 与 z、φ 无关。当系统处于平衡状态时,有

$$\dot{q}_\text{v} + \frac{1}{r}\frac{\partial}{\partial r}\left(\lambda r \frac{\partial T}{\partial r}\right) = 0 \tag{3-16}$$

两边同乘 r,做两次积分:

$$\lambda T + C_1 \ln r + C_2 + \frac{\dot{q}_\text{v}}{4} r^2 = 0 \tag{3-17}$$

在某一局部长度 l 上,有边界条件:

$$r = r_\text{i}, \ -\lambda \frac{\mathrm{d}T}{\mathrm{d}r} \cdot 2\pi r_\text{i} \cdot l = -\dot{Q}_\text{oil} = -\frac{UI - \dot{Q}_\text{loss}}{L} \cdot l$$

$$r = r_\text{o}, T = T_\text{wo} \tag{3-18}$$

式中 $\dot{Q}_\text{oil}$ ——在长度 l 上的燃料的吸热功率(W)。

当 $r = r_i$ 时,原式可化简为

$$T_\text{wi} = T_\text{wo} + \frac{UI}{4\pi\lambda L} - \frac{1}{2\pi\lambda L}\left[UI \cdot \frac{r_\text{o}^2}{r_\text{o}^2 - r_\text{i}^2} - \dot{Q}_\text{loss}\right]\ln\frac{r_\text{o}}{r_\text{i}} \tag{3-19}$$

式中 T_wi ——加热管内壁温(℃)。

3.2.2 燃料裂解流动换热数值研究方法

目前有关再生冷却的实验研究难以实现对通道内流动、传热、裂解等相关参数仔细测量,无法获得冷却通道内详细的温度分布、组分分布。为了获取冷却通道中详细的物理化学参数,更好地理解超燃冲压发动机再生冷却通道内的流动与换热规律,基于 AnsysFluent 等商业软件或自编程平台的数值计算平台被广泛开发和应用。

区别于需要先期实验和经验规律研究的零维或者一维数值计算平台,对于冷却通道内流动换热特性本身的研究需要采用直接对流动换热基本控制方程组进行离散求解的多维数值计算。对于单纯研究超临界条件下碳氢燃料在冷却通道内的流动换热特性的研究,数值计算一般不带化学反应进行;而针对重点分析碳氢燃料在冷却通道内的热裂解反应特性及其裂解反应与传热过程耦合的相关研究,计算模型一般均考虑热裂解化学反应。

对于带有化学反应的流动换热问题而言,其数值模型的建立一般包含物理模型简化及网格划分、控制方程及求解器、控制方程封闭求解的特殊处理(湍流模型、物性方程、反应机理以及湍流化学反应模型)这几个方面。接下来将以哈尔滨工业大学对碳氢燃料超燃冲压发动机再生冷却通道的数值研究为例,对跨临界化学反应流动换热数值模型的各部分进行详细的介绍。

3.2.2.1　物理模型简化及网格划分

由于超燃冲压发动机再生冷却通道大多为布置在燃烧室周围的并联矩形带肋通道,假定燃烧室热流在横向均匀的情况下,为了研究的简便可以将其简化为单根矩形冷却通道,参见图 3-4,通道高度为 H,宽度为 b,通道肋厚为 t_w,水利直径为 D_h,如图 3-10 所示,其侧面示意图如图 3-11 所示。考虑到为了避免通道入口处流动与出口背压对于加热段传热效果的影响,一般可以设置入口段($L_{in}>60D_h$)和出口段($L_{out}>60D_h$),中间为加热段。

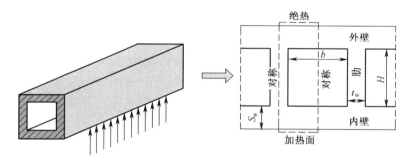

图 3-10　超燃冲压发动机再生冷却通道简化示意图

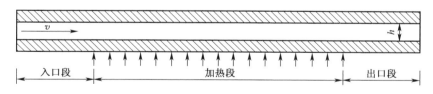

图 3-11　再生冷却通道侧面示意图

数值计算的网格采用 ICEM 生成结构化六面体型网格。由于固体壁面附近边界层的存在,使该区域内的速度、温度梯度很大,在流固交界面进行了网格加密处理。流体域内第一层网格厚度一般设置为 0.001mm(当采用 SST k-ω 湍流模型时保证 y+<1)。边界条件按照再生冷却通道的典型工况简化而定。

3.2.2.2　控制方程及求解器

对于带有裂解反应的碳氢燃料冷却通道内的流动换热过程,其控制方程除了常规的流动换热问题所需要考虑的质量守恒、动量守恒以及能量守恒方程外,还需要考虑由于化学反应带来的化学组分守恒方程。

首先是稳态质量守恒方程,

$$\nabla \cdot (\rho u) = 0 \qquad (3-20)$$

其次是稳态动量守恒方程

$$\nabla \cdot (\rho uu) = - \nabla p - \nabla \cdot \tau \qquad (3-21)$$

由于能量方程需要考虑化学反应的存在,因此首先列出化学组分守恒方程

$$\nabla \cdot (\rho Y_i u) = - \nabla \cdot (\rho Y_i u_{d,i}) + S_i \qquad (3-22)$$

式中 ρ、u、p——流体的密度、速度和压力;

Y_i——物质 i 的质量分数大小;

$u_{d,i}$、τ——组分 i 的扩散速度大小和黏性应力大小。

当化学反应的物质总数为 N 种时,守恒方程有 $N-1$ 个,最后一种物质由总量减去前 $N-1$ 种物质得到。方程(3-22)中的源项是由裂解反应产生的,其表达式如下

$$S_i = \dot{\omega}_i \cdot M_{wi} \qquad (3-23)$$

式中 $\dot{\omega}_i$——反应物质 i 的反应速率。

在化学反应的处理中,可以使用标准生成焓来反映化学反应带来的能量变化,因此能量守恒方程中不需要考虑源项,其表达式为

$$\nabla \cdot (\rho u e_t) = \nabla \cdot (\lambda \nabla T) - \nabla \cdot (pu) \qquad (3-24)$$

式中 e_t、λ——流体总内能、热传导系数,总内能包括总焓和动能。由于流体流速较低,黏性扩散项不予考虑。

对于微细圆管内的跨临界流动换热过程而言,其可压缩性弱,采用压力基的算法比较经济,压力基的算法中,可以采用 SIMPLE 或者 SIMPLEC 算法进行计算,其稳定性较强,但是收敛速度较慢,也可以采用 Coupled 算法,其收敛速度较快,稳定性尚可。

3.2.2.3 控制方程封闭的特殊处理

1. 动量方程的简化求解——湍流模型的选择

对于湍流流动换热过程,其动量方程的求解可以直接离散求解,采用 DNS 直接数值模拟求解方法,也可以部分直接求解的大涡模拟(LES)求解方法,或者使用雷诺平均的 RANS 求解方法。DNS 和 LES 需要占用大量的计算资源,而雷诺平均的 RANS 求解方法计算量适中,在研究碳氢燃料跨临界流动换热基本流动换热规律时具有较大的优势,因此目前碳氢燃料跨临界流动换热数值模型普遍采用 RANS 湍流模型。

RANS 湍流模型根据简化方式的不同,具有各种不同的形式和适用的范围,需

要进行合理的选择。首先缩减范围,管道内流动换热过程属于壁面束缚下的低速不可压缩湍流流动换热过程,针对这种流动,两方程的 k-ε 模型和 k-ω 模型具有较好的预测性。相比较来说,k-ω 模型能够更好地预测带有分离流动的过程。还可以根据流动是否有旋、是否有浮升力影响、是否有流动分离和强压力梯度等情况对这两种湍流模型的变形进行合理的选择。

一般情况下,超燃冲压发动机再生冷却通道内的流动属于无旋的、流动分离和压力梯度较弱的过程,但是在近壁面处具有较强的温度梯度和较为剧烈的物性变化,这种情况下,标准 k-ε 湍流模型结合增强型壁面函数或者 k-ω 模型都可以较好地预测。

需要指出的是,通常情况下,超燃冲压发动机再生冷却通道内不需要考虑浮升力的影响,但是在一些特殊的情况下,例如飞行器垂直加速过程中,浮升力对流动换热将产生较大的影响,这时湍流模型的选择将有所不同。根据清华大学姜培学教授团队[3]的研究结果来看浮升力对换热有明显的影响时,标准 k-ε 模型、RNG k-ε 模型等高雷诺数两方程模型不能有效预测出浮升力对换热的影响趋势,相比之下,低雷诺数湍流模型如 LB 模型、AKN 模型能够从趋势上预测出浮升力对换热的影响。

2. 物性的求解

如 3.1 节所述,超燃冲压发动机再生冷却通道中的碳氢燃料会经历跨临界过程,并在高温区裂解成小分子裂解气的混合物,其物性在冷却通道的横向和纵向均会产生剧烈的变化,而由于物性对于流体传热的重要性,因此必须对物性计算的处理足够慎重。在本章中,流体热物性指密度 ρ、定压比热 c_p、黏度 μ 和导热系数 λ 这几种对于流动传热产生重要影响的物性。

由于再生冷却处在临界压力以上,流体处于超临界状态,其密度 ρ 可以用气体状态方程来求解,而对于大分子的碳氢燃料来说,必须考虑气体的真实气体效应才能准确地估计其密度。而定压比热的计算也基于真实气体状态方程并结合热力学基本方程式。黏度和导热系数则主要是考虑高压下的修正。接下来将对考虑真实气体效应的各个物性的计算方式及混合规则进行详细的介绍。

1) 基于真实气体效应的立方型状态方程密度计算方法

为了提高状态方程的温度、压力的适用范围,并使其对真实的液体和气体都适用,人们提出了立方型状态方程,以展开成体积的三次幂多项式为特征。一般两参数的立方型状态方程为

$$p = \frac{RT}{V-b} - \frac{a}{V^2 + ubV + wb^2} \qquad (3-25)$$

式中 u 和 w 取整数值,a 和 b 为状态方程的两个参数,根据不同的状态方程而异。

目前常用的四个立方型状态方程是 Vander Waals 方程、Redlich-Kwong 方程、Soave 方程(简称 SRK 方程)和 Peng-Robinson(简称 PR 方程)方程,其参数的取值如表 3-1 所列。

表 3-1　四个常用立方型状态方程的参数

参数 方程	u	w	b	a
Vander Waals	0	0	$\dfrac{RT_c}{8p_c}$	$\dfrac{27}{64}\cdot\dfrac{R^2T_c^2}{p_c}$
Redlich-Kwong	1	0	$\dfrac{0.08664RT_c}{p_c}$	$\dfrac{0.42748R^2T_c^{2.5}}{p_cT^{1/2}}$
Soave	1	0	$\dfrac{0.08664RT_c}{p_c}$	$\dfrac{0.42748R^2T_c^2}{p_c}[1+f_w(1-T_r^{1/2})]^2$ 其中,$f_w=0.48508+1.5517w-0.15613w^2$
Peng-Robinson	2	-1	$\dfrac{0.077796RT_c}{p_c}$	$\dfrac{0.457235R^2T_c^2}{p_c}[1+f_w(1-T_r^{1/2})]^2$ 其中,$f_w=0.37464+1.54226w-0.26992w^2$

在式(3-25)和表 3-1 中,T_c 为组分的临界温度,p_c 为组分的临界压力,T_r 为组分的对比温度(真实温度与临界温度的比值),w 为组分分子的偏心因子。因此,只要知道组分的基本属性(包括临界温度、临界压力和偏心因子),就可以在给定的温度和压力下求取组分的摩尔体积 V。

对于单一组分的碳氢燃料,如正癸烷,通过立方型状态方程就可以直接计算出其在液态和气态时的摩尔体积 V,再根据其分子的摩尔质量 M,便可直接求出其密度 ρ。

$$\rho = M/V \tag{3-26}$$

对于大分子碳氢燃料,一般采用 SRK 方程或 PR 方程,在除临界区域附近外的大部分温度和压力范围内均可以获得较好的预测结果。

对于碳氢燃料裂解气这种混合工质,仍可以采用上述状态方程进行混合工质密度的计算。通常,采用单流体理论法,假定混合物与某个具有合适参数值的纯组分性质相同。状态方程中各参数计算所需的组分临界温度、临界压力和偏心因子等参数,则需要根据混合物的组分,按照一定的混合规则,计算一组与该混合物对应的虚拟的临界参数,再代入到状态方程中进行计算。除此以外,也可以直接对状态方程的参数按照一定混合规则进行计算。对于两参数的立方型状态方程(如 SRK 方程和 PR 方程等),一般推荐采用如下的混合规则:

$$a_m = \sum\nolimits_i \sum\nolimits_j y_i y_j a_{ij} \qquad (3-27)$$

$$a_{ij} = (a_i a_j)^{1/2}(1 - k_{ij}) \qquad (3-28)$$

$$b_m = \sum\nolimits_i y_i b_i \qquad (3-29)$$

式中　a_i、b_i——组分 i 的状态方程常数；

$\quad\quad$ y_i、y_j——组分 i 和组分 j 的摩尔分数。

对于烃类物质,对偶系数 k_{ij} 常取为零。如果所有的 k_{ij} 为零,则式(3-27)简化为

$$a_m = \left(\sum\nolimits_i y_i \cdot a_i^{1/2} \right)^2 \qquad (3-30)$$

通过该混合规则,能够直接根据碳氢燃料裂解气的混合物组成计算出其密度值,并为裂解气混合物的比热、黏度和导热系数的计算奠定基础。

2) 真实定压比热计算方法

真实气体定压比热的计算是基于热力学基本方程组结合流体状态方程的方式,其最终形式一般为理想气体比热与真实气体效应修正项的加和。单一物质的理想比热容计算一般来源于经验关联式。常见的经验关联式有温度多项式和DIPPR 方程。温度多项式的经验关联式使用较广,它将纯物质的理想定压比热拟合为温度的多项式关系,并发展了不同物质的多项式系数的数据库,这里不再赘述。DIPPR 方程也给出了纯物质理想定压比热与温度的关系,方程如式(3-31)所示:

$$c_P = A + B \left(\frac{C}{T \cdot \sinh(C/T)} \right)^2 + D \left(\frac{E}{T \cdot \cosh(E/T)} \right)^2 \qquad (3-31)$$

式中　A、B、C、D、E——方程的系数,随物质种类而异,具体可查阅 Aspen 的 DB-
$\quad\quad\quad\quad\quad\quad\quad\quad$ PURE22 数据库。在计算过程中,要注意 DIPPR 方程计算
$\quad\quad\quad\quad\quad\quad\quad\quad$ 出的理想定压比热的单位是 J/(mol·K)。

本章以采用 SRK 状态方程与热力学基本方程相结合为例,介绍跨临界流体真实比热值的计算方法。

SRK 状态方程可以写成:

$$p = \frac{\rho RT}{M - b\rho} - \frac{\alpha a}{M} \frac{\rho^2}{(M + b\rho)} \qquad (3-32)$$

对于烃类混合物,有

$$M = \sum\nolimits_i y_i M_i \qquad (3-33)$$

$$\alpha a = \sum\nolimits_i \sum\nolimits_j y_i y_j \sqrt{\alpha_i \alpha_j a_i a_j} \qquad (3-34)$$

$$b = \sum\nolimits_i y_i b_i \qquad (3-35)$$

式中　M_i——组分 i 的摩尔质量,其他参数表达式如下:

$$a_i = \frac{0.42748R^2 T_{ci}^2}{p_{ci}} \tag{3-36}$$

$$b_i = \frac{0.08664RT_{ci}}{p_{ci}} \tag{3-37}$$

$$\alpha_i = [1 + f_{wi}(1 - T_{ri}^{1/2})]^2 \tag{3-38}$$

$$T_{ri} = \frac{T}{T_{ci}} \tag{3-39}$$

$$f_{wi} = 0.48508 + 1.5517w_i - 0.15613w_i^2 \tag{3-40}$$

根据式(3-34),可以求得以下状态量的偏微分表达式:

$$\left(\frac{\partial p}{\partial T}\right)_\rho = \frac{\rho R}{M - b\rho} - \frac{1}{M}\left[\frac{\partial}{\partial T}(\alpha a)\right]_\rho \frac{\rho^2}{(M + b\rho)} \tag{3-41}$$

$$\left(\frac{\partial p}{\partial \rho}\right)_T = \frac{MRT}{(M - b\rho)^2} - \frac{\alpha a}{M}\frac{\rho(2M + b\rho)}{(M + b\rho)^2} \tag{3-42}$$

物质内能的表达式为

$$e(T,\rho) = e_0(T) + \int_0^\rho \left[\frac{p}{\rho^2} - \frac{T}{\rho^2}\left(\frac{\partial p}{\partial T}\right)_\rho\right]_T d\rho \tag{3-43}$$

式中 下标0——参考热力状态,一般选择大气压。将式(3-34)、式(3-41)代入式(3-43),并积分可得

$$e(T,\rho) = e_0(T) + \frac{T^2}{bM}\left(\frac{\partial(\alpha a/T)}{\partial T}\right)_\rho \ln\left(1 + \frac{b\rho}{M}\right) \tag{3-44}$$

根据定容比热的定义,有

$$c_V = \left(\frac{\partial e}{\partial T}\right)_\rho \tag{3-45}$$

将式(3-43)求偏导代入式(3-45),得到真实气体定容比热的计算表达式:

$$c_V = c_{V,0} + \frac{T}{bM}\frac{\partial^2}{\partial T^2}(\alpha a)\ln\left(1 + \frac{b\rho}{M}\right) \tag{3-46}$$

式中 $c_{V,0}$——混合工质组分的理想气体比热容,可按下式求取:

$$c_{V,0} = \sum_i y_i C_{Vi,0} \tag{3-47}$$

式中 $c_{Vi,0}$——组分 i 在温度 T 时的理想定容比热,可根据式(3-33)计算的组分 i 理想定压比热减去通用气体常数 R 得到,注意在计算时,单位均为 J/(mol·K)。

真实气体定压比热可按基本的热力学关系导出:

$$c_P = c_V + \frac{T}{\rho^2}\left(\frac{\partial p}{\partial T}\right)_\rho^2 \Big/ \left(\frac{\partial p}{\partial \rho}\right)_T \tag{3-48}$$

$$\gamma = c_P/c_V \tag{3-49}$$

在计算过程中，$\dfrac{\partial}{\partial T}(\alpha a)$ 和 $\dfrac{\partial^2}{\partial T^2}(\alpha a)$ 的表达式推导如下：

$$\frac{\partial \alpha a}{\partial T} = \sum_i \sum_j y_i y_j \sqrt{a_i a_j}\, \frac{\partial \sqrt{\alpha_i \alpha_j}}{\partial T} \tag{3-50}$$

其中

$$\frac{\partial \sqrt{\alpha_i \alpha_j}}{\partial T} = \frac{1}{2}\left(\frac{\alpha_i}{\alpha_j}\right)^{1/2}\frac{\partial \alpha_j}{\partial T} + \frac{1}{2}\left(\frac{\alpha_j}{\alpha_i}\right)^{1/2}\frac{\partial \alpha_i}{\partial T} \tag{3-51}$$

$$\frac{\partial \alpha_i}{\partial T} = -\frac{f_{wi}}{\sqrt{T \cdot T_{ci}}}\left[1 + f_{wi}\left(1 - \sqrt{\frac{T}{T_{ci}}}\right)\right] \tag{3-52}$$

$$\frac{\partial \alpha_i}{\partial T} = -\frac{f_{wi}}{\sqrt{T \cdot T_{ci}}}\left[1 + f_{wi}\left(1 - \sqrt{\frac{T}{T_{ci}}}\right)\right] \tag{3-53}$$

$$\frac{\partial^2 \alpha a}{\partial T^2} = \sum_i \sum_j y_i y_j \sqrt{a_i a_j}\, \frac{\partial^2 \sqrt{\alpha_i \alpha_j}}{\partial T^2} \tag{3-54}$$

其中

$$\frac{\partial^2 \sqrt{\alpha_i \alpha_j}}{\partial T^2} = \frac{1}{2}\left(\frac{1}{\alpha_i \alpha_j}\right)^{1/2}\frac{\partial \alpha_i}{\partial T}\frac{\partial \alpha_j}{\partial T} - \frac{1}{4}\left(\frac{\alpha_i}{\alpha_j^3}\right)^{1/2}\left(\frac{\partial \alpha_j}{\partial T}\right)^2 - \frac{1}{4}\left(\frac{\alpha_j}{\alpha_i^3}\right)^{1/2}\left(\frac{\partial \alpha_i}{\partial T}\right)^2$$

$$+ \frac{1}{2}\left(\frac{\alpha_i}{\alpha_j}\right)^{1/2}\frac{\partial^2 \alpha_j}{\partial T^2} + \frac{1}{2}\left(\frac{\alpha_j}{\alpha_i}\right)^{1/2}\frac{\partial^2 \alpha_i}{\partial T^2} \tag{3-55}$$

$$\frac{\partial^2 \alpha_i}{\partial T^2} = \frac{1}{2}\frac{f_{wi}^2}{T \cdot T_{ci}} + \frac{1}{2}\frac{f_{wi}}{\sqrt{T^3 \cdot T_{ci}}}\left[1 + f_{wi}\left(1 - \sqrt{\frac{T}{T_{ci}}}\right)\right] \tag{3-56}$$

至此，只要根据燃料裂解混合物的组分信息，就可以采用上述方法计算其真实气体定压比热、定容比热和比热比。采用其他状态方程时，也可根据以上流程推导其真实气体比热的具体表达式进行计算。

3）高压下黏度计算方法

黏度的定义为流体中任意一点上单位面积的切应力与速度梯度的比值。如果采用国际单位制，黏度的导出单位为 Pa · s，此外，还经常使用的单位有微泊（μP）。它们之间的换算关系为 $1\mu P = 10^{-7} Pa \cdot s$。

高压气体的黏度计算主要有剩余黏度关联法、对比黏度关联法、Lucas 方法和 Chung 方法等的计算方法。这里主要介绍 Chung 方法，对碳氢燃料及其裂解气混合工质的黏度进行计算。

Chung 方法的计算关联式为

$$\eta = \eta^* \frac{36.344 \, (MT_c)^{0.5}}{V_c^{2/3}} \qquad (3-57)$$

式中　η——黏度(μP)；

$\quad\quad M$——组分摩尔质量(g/mol)；

$\quad\quad T_c$——临界温度(K)；

$\quad\quad V_c$——临界体积(cm^2/mol)。

$$\eta^* = \frac{(T^*)^{1/2}}{\Omega_v} \{ F_c [(G_2)^{-1} + E_6 y] \} + \eta^{**} \qquad (3-58)$$

$$F_c = 1 - 0.2756w + 0.059035\mu_r^4 + k \qquad (3-59)$$

$$\mu_r = 131.3 \frac{\mu_p}{(V_c T_c)^{0.5}} \qquad (3-60)$$

$$\Omega_v = \frac{A}{T^{*B}} + \frac{C}{\exp(DT^*)} + \frac{E}{\exp(FT^*)} \qquad (3-61)$$

$$T^* = 1.2593 T_r \qquad (3-62)$$

$$y = \frac{\rho V_c}{6} \qquad (3-63)$$

$$G_1 = \frac{1 - 0.5y}{(1-y)^3} \qquad (3-64)$$

$$G_2 = \frac{E_1 \{ [1 - \exp(-E_4 y)]/y \} + E_2 G_1 \exp(E_5 y) + E_3 G_1}{E_1 E_4 + E_2 + E_3} \qquad (3-65)$$

$$\eta^{**} = E_7 y^2 G_2 \exp[E_8 + E_9 (T^*)^{-1} + E_{10} (T^*)^{-2}] \qquad (3-66)$$

式中　w——偏心因子；

$\quad\quad \mu_p$——偶极距；

$\quad\quad k$——对缔合性物质的缔合因子，烃类物质一般取零；

$\quad\quad E_1 \sim E_{10}$——$w$、$\mu_r^4$ 和 k 的线性函数：$E_i = a_i + b_i w + c_i \mu_r^4 + d_i k$，其数值由表
3-2 给出。

表 3-2　计算 E_i 的系数

i	a_i	b_i	c_i	d_i
1	6.324	50.412	-51.68	1189.0
2	1.210×10^{-3}	-1.154×10^{-3}	-6.257×10^{-3}	0.03728
3	5.283	254.209	-168.48	3898.0
4	6.623	38.096	-8.464	31.42
5	19.745	7.630	-14.354	31.53
6	-1.900	-12.537	4.985	-18.15

（续）

i	a_i	b_i	c_i	d_i
7	24. 275	3. 450	−11. 291	69. 35
8	0. 7972	1. 117	0. 01235	−4. 117
9	−0. 2382	0. 0677	−0. 8163	4. 025
10	0. 06863	0. 3479	0. 5926	−0. 727

上述方法能够计算纯物质的真实气体黏度值。对于混合工质,需要按混合物的组分计算虚拟的混合临界参数及基础物性参数,用下标 m 表示。混合规则如式(3-67)~式(3-82)所示:

$$\sigma_m^3 = \sum_i \sum_j y_i y_j \sigma_{ij}^3 \tag{3-67}$$

$$\sigma_{ii} = 0.\,809 V_{ci}^{1/3} \tag{3-68}$$

$$\sigma_{ij} = (\sigma_i \sigma_j)^{1/2} \tag{3-69}$$

$$V_{cm} = (\sigma_m/0.\,809)^3 \tag{3-70}$$

$$T_m^* = \frac{T}{(\varepsilon/\kappa)_m} \tag{3-71}$$

$$\left(\frac{\varepsilon}{\kappa}\right)_m = \frac{\sum_i \sum_j y_i y_j (\varepsilon_{ij}/\kappa) \sigma_{ij}^3}{\sigma_m^3} \tag{3-72}$$

$$\frac{\varepsilon_{ii}}{\kappa} = \frac{\varepsilon_i}{\kappa} = \frac{T_{ci}}{1.\,2593} \tag{3-73}$$

$$\frac{\varepsilon_{ij}}{\kappa} = \left(\frac{\varepsilon_i}{\kappa} \cdot \frac{\varepsilon_j}{\kappa}\right)^{1/2} \tag{3-74}$$

$$T_{cm} = 1.\,2593 \left(\frac{\varepsilon}{\kappa}\right)_m \tag{3-75}$$

$$M_m = \left[\frac{\sum_i \sum_j y_i y_j (\varepsilon_{ij}/\kappa) \sigma_{ij}^2 M_{ij}^{1/2}}{(\varepsilon/\kappa)_m \sigma_m^2}\right]^2 \tag{3-76}$$

$$M_{ij} = \frac{2M_i M_j}{M_i + M_j} \tag{3-77}$$

$$w_m = \frac{\sum_i \sum_j y_i y_j w_{ij} \sigma_{ij}^3}{\sigma_m^3} \tag{3-78}$$

$$w_{ii} = w_i \tag{3-79}$$

$$w_{ij} = \frac{w_i + w_j}{2} \tag{3-80}$$

$$\mu_{\text{pm}}^4 = \sigma_{\text{m}}^3 \sum_i \sum_j \left(\frac{y_i y_j \mu_{\text{p}i}^2 \mu_{\text{p}j}^2}{\sigma_{ij}^3} \right) \tag{3-81}$$

$$\mu_{\text{rm}} = 131.3 \frac{\mu_{\text{pm}}}{(V_{\text{cm}} T_{\text{cm}})^{0.5}} \tag{3-82}$$

该混合规则没有对混合物的缔合因子 k 进行计算,这是因为对于一般的烃类混合物,k 通常取零。

4) 高压下导热系数计算方法

导热系数也称导热率,表征物质的热传导能力。依照傅里叶定律,其定义为在单位时间(s)内,在温度梯度为 1K/m 下通过单位面积(m^2)的热量(J),单位为 $\text{W}/(\text{m} \cdot \text{K})$。计算气体导热系数的方法较多,包括 Eucken 方法、Chung 方法、Ely-Hanley 方法和 Stiel-Thodos 方法等。本书主要介绍 Chung 方法,对碳氢燃料及裂解气混合物的导热系数进行计算,这种方法对于较高压力下的导热系数计算有较高的精度。

使用 Chung 方法计算真实气体的导热系数时,首先需要对其理想气体的黏度 η^0 进行计算:

$$\eta^0 = 40.785 \frac{F_{\text{c}} (MT)^{0.5}}{V_{\text{c}}^{2/3} \cdot \Omega_v} \tag{3-83}$$

其中,η^0 单位为 μP,其他变量的意义与式(3-57)相同。

导热系数关联式如下:

$$\lambda = \frac{31.2 \eta^0 \psi}{M} (G_2^{-1} + B_6 y) + q B_7 y^2 T_{\text{r}}^{1/2} G_2 \tag{3-84}$$

式中 λ——导热系数($\text{W}/(\text{m} \cdot \text{K})$)。

$$\psi = 1 + \alpha \frac{0.215 + 0.28288\alpha - 1.061\beta + 0.26665Z}{0.6366 + \beta Z + 1.061\alpha\beta} \tag{3-85}$$

$$\alpha = \left(\frac{c_V}{R} \right) - \frac{3}{2} \tag{3-86}$$

$$\beta = 0.7862 - 0.7109w + 1.3168w^2 \tag{3-87}$$

$$Z = 2.0 + 10.5 T_{\text{r}}^2 \tag{3-88}$$

$$q = 3.586 \times 10^{-3} (T_{\text{c}}/M)^{1/2}/V_{\text{c}}^{2/3} \tag{3-89}$$

$$y = \frac{\rho V_{\text{c}}}{6} \tag{3-90}$$

$$G_1 = \frac{1 - 0.5y}{(1 - y)^3} \tag{3-91}$$

$$G_2 = \frac{(B_1/y)\left[1 - \exp(-B_4 y)\right] + B_2 G_1 \exp(B_5 y) + B_3 G_1}{B_1 B_4 + B_2 + B_3} \qquad (3\text{-}92)$$

式中　$B_1 \sim B_7$ ——偏心因子 w ，对比偶极距 μ_r 以及缔合因子 k 的函数：$B_i = a_i + b_i w + c_i \mu_r^4 + d_i k$ ，其值见表 3-3。

表 3-3　计算 B_i 的系数

i	a_i	b_i	c_i	d_i
1	2.4166	0.74824	-0.91858	121.72
2	-0.50924	-1.5094	-49.991	69.983
3	6.6107	5.6207	64.760	27.039
4	14.543	-8.9139	-5.6379	74.344
5	0.79274	0.82019	-0.69369	6.3173
6	-5.8634	12.801	9.5893	65.529
7	91.089	128.11	-54.217	523.81

对多组分混合工质的导热系数计算,同样需要按混合物的组分计算虚拟的混合临界参数及基础物性参数,具体可参考混合物黏度计算的混合规则(式(3-67)~式(3-82)),这里不再赘述。

3. 化学反应及组分的处理

在针对冷却通道内碳氢燃料的裂解反应开展的数值计算研究中往往需要考虑合理的燃料热裂解模型。但是详细的化学热裂解模型往往包含上千步反应,这对数值计算而言需要耗费巨大的时间和计算资源,因此实际的数值计算中往往采用简化的裂解模型,根据所研究的问题不同,可以采用一步总包反应,也可以采用多步的简化机理。本书介绍几种在实际使用中较为可靠的裂解反应机理。

首先是总包反应机理。Ward[4,5]在研究正构烷烃(正十烷、正十二烷)裂解现象的基础上,提出了 PPD(Proportional Product Distribution)反应模型,其具体的反应物及组分系数如表 3-4 所列。此模型假设在一定的温度和压力范围内,碳氢燃料的裂解过程符合由实验拟合得到的同一个总包反应模型。这一模型在燃料裂解率低于 20% 以下有较高的精度,误差不大于 5%,在裂解率达到 35% 时误差仍然低于 15%。

表 3-4　PPD 模型的反应物及组分系数[4,5]

CH_4	C_2H_4	C_2H_6	C_3H_6	C_3H_8	C_4H_8	C_4H_{10}	C_5H_{10}	C_5H_{12}
0.153	0.222	0.138	0.200	0.185	0.171	0.118	0.149	0.137

C_6H_{12}	C_6H_{14}	C_7H_{14}	C_7H_{16}	C_8H_{16}	C_8H_{18}	C_9H_{18}	C_9H_{20}	
0.170	0.106	0.147	0.091	0.132	0.040	0.046	0.031	

裂解反应的反应速率常数是温度的函数,可以利用阿累尼乌斯定律计算,其表达式为

$$k = A \cdot e^{-\frac{E_a}{RT_f}} \qquad (3-93)$$

其中指前因子 A 和活化能 E_a 由表 3-5 给出。表 3-5 列出了前人的研究所给出的指前因子和活化能的数值。

表 3-5　指前因子和活化能

研究参考文献及参数	燃　料	正癸烷
Ward et al[4] $p = 3.45\text{MPa}$ $T = 773 \sim 873\text{K}$	$E_a(\text{kcal/mol})$	63
	A/s^{-1}	2.1×10^{15}
Ward et al[5] $p = 3.45 \sim 11.38\text{MPa}$ $T = 823 \sim 873\text{K}$	$E_a(\text{kcal/mol})$	63
	A/s^{-1}	1.6×10^{15}
Stewart et al[6] $p = 2.96\text{MPa}$ $T = 713 \sim 808\text{K}$	$E_a/(\text{kcal/mol})$	64 ± 2.4
	A/s^{-1}	$1.0 \times 10^{15.9 \pm 1.5}$

注:1kcal ≈ 4186J。

其次是多步反应简化模型。天津大学蒋榕培等[7]基于电加热管试验,通过对 Kumar-Kunzru 反应动力学模型进行修正,提出了一套 RP-3 的裂解反应模型(表 3-6)。该模型包括 1 个一步总体反应和 23 个二次反应,考虑了中间馏分的链烯烃和环烯烃生成和消耗反应。该裂解反应模型适用于 RP-3 煤油的裂解度小于 85%。

表 3-6　RP-3 裂解反应模型[7]

化学反应	E_a $/(\text{kJ/mol})$	k_0/s^{-1}
$RP\text{-}3 \longrightarrow 0.1086H_2 + 0.4773CH_4 + 0.5586C_2H_4 + 0.39C_2H_6 +$ $0.41C_3H_6 + 0.2001C_3H_8 + 0.2246C_4H_8 + 0.0353C_4H_{10} +$ $0.031C_4H_6 + 0.7201C_{5+} + 0.27CC_{5+} + 0.0222C_nH_{2n-6}$	217.9	2.869×10^{14}
$C_2H_6 \longleftrightarrow C_2H_4 + H_2$	272.6	4.652×10^{13}
$C_3H_6 \longleftrightarrow C_2H_4 + CH_4$	273.1	7.284×10^{12}
$C_2H_2 + C_2H_4 \longrightarrow C_4H_6$	172.5	$(1.026 \times 10^9)^①$

（续）

化 学 反 应	E_a /(kJ/mol)	k_0/s^{-1}
$2C_2H_6 \longrightarrow C_3H_8 + CH_4$	272.8	3.75×10^{12}
$C_2H_4 + C_2H_6 \longrightarrow C_3H_6 + CH_4$	252.6	(7.083×10^{10})[①]
$C_3H_8 \longleftrightarrow C_3H_6 + H_2$	189.4	5.0×10^{12}
$C_3H_8 \longrightarrow C_2H_4 + CH_4$	211.5	4.692×10^{10}
$C_3H_8 + C_2H_4 \longrightarrow C_2H_6 + C_3H_6$	246.9	(2.536×10^{10})[①]
$2C_3H_6 \longrightarrow 3C_2H_4$	244.9	1.2×10^{12}
$2C_3H_6 \longrightarrow 0.3C_nH_{2n-6} + 0.14C_{5+} + 3CH_4$	228.1	1.424×10^{11}
$C_3H_6 + C_2H_4 \longrightarrow C_4H_8 + CH_4$	250.8	(1.0×10^{11})[①]
$n-C_4H_{10} \longrightarrow C_3H_6 + CH_4$	190.3	7.8×10^{12}
$n-C_4H_{10} \longrightarrow 2C_2H_4 + H_2$	295.4	7.0×10^{14}
$n-C_4H_{10} \longrightarrow C_2H_4 + C_2H_6$	256.3	4.099×10^{12}
$n-C_4H_{10} \longrightarrow C_4H_8 + H_2$	260.7	1.637×10^{12}
$1-C_4H_8 \longrightarrow 0.41C_nH_{2n-6} + 0.19C_{5+}$	195.2	1.075×10^{13}
$1-C_4H_8 \longleftrightarrow C_4H_6 + H_2$	209.0	1.0×10^{10}
$C_4H_6 + C_2H_4 \longrightarrow B + 2H_2$	231.0	(2.774×10^{13})[①]
$C_4H_6 + C_3H_6 \longrightarrow T + 2H_2$	240.6	(1.72×10^{14})[①]
$C_4H_6 + 1-C_4H_8 \longrightarrow EB + H_2$	193.9	(1.0×10^{11})[①]
$2C_4H_6 \longrightarrow ST + 2H_2$	181.2	4.0×10^{10}
$C_{5+} \longrightarrow 0.14H_2 + 0.48CH_4 + 0.39C_2H_4 + 0.45C_2H_6 + 0.055C_3H_6 + 0.27C_3H_8 + 0.355C_4H_8 + 0.0955C_4H_{10} + 0.0355C_4H_6 + 0.1091C_nH_{2n-6}$	189.6	1.231×10^{13}
$CC_{5+} \longrightarrow 0.7488B + 0.1396T + 0.05043EB + 003402ST + 0.04262C_nH_{2n-6}$	194.4	9.6935×10^{12}
[①]单位为 $m^3/(mol \cdot s)$。		

四川大学对于正癸烷在超临界压力条件下的热裂解过程做了详细的实验研究[8]，并建立了正癸烷超临界裂解机理[9]，见表 3-7。该机理包括 16 种组分，22 步反应，可以应用的裂解率范围最高可达 93%，在温度范围 480~720℃ 内对正癸烷的热裂解有很好的预测性。

表 3-7 正癸烷裂解反应模型[9]

化 学 反 应	$E_a/$ (kcal/mol)	k_0/s^{-1}
(1) $C_{10}H_{22} \longrightarrow 0.044H_2 + 0.186CH_4 + 0.321C_2H_4 + 0.286C_2H_6 + 0.212C_3H_6 + 0.166C_3H_8 + 0.040C_4H_8 + 0.026C_4H_{10} + 0.004C_4H_6 + 0.813C_{5+} + 0.001C_nH_{2n-6}$	59.35	6.209×10^{15}
(2) $C_2H_6 \longleftrightarrow C_2H_4 + H_2$	65.21	4.652×10^{13}
(3) $2C_2H_6 \longrightarrow C_3H_8 + CH_4$	65.25	3.750×10^{12}
(4) $C_2H_4 + C_2H_2 \longrightarrow C_4H_6$	41.26	1.026×10^{12}
(5) $C_2H_4 + C_2H_6 \longrightarrow C_3H_6 + CH_4$	60.43	7.083×10^{13}
(6) $C_3H_8 \longrightarrow C_2H_4 + CH_4$	50.60	4.692×10^{10}
(7) $C_3H_8 \longleftrightarrow C_3H_6 + H_2$	51.29	5.888×10^{10}
(8) $C_3H_8 + C_2H_4 \longrightarrow C_2H_6 + C_3H_6$	59.06	2.536×10^{13}
(9) $2C_3H_6 \longrightarrow 0.3 C_nH_{2n-6} + 0.14C_{5+} + 3CH_4$	54.49	1.424×10^{11}
(10) $2C_3H_6 \longrightarrow 3C_2H_4$	59.39	7.386×10^{11}
(11) $C_3H_6 \longleftrightarrow C_2H_2 + CH_4$	55.80	7.284×10^{11}
(12) $C_3H_6 + C_2H_6 \longrightarrow C_4H_8 + CH_4$	56.20	1.000×10^{16}
(13) $C_4H_{10} \longrightarrow C_3H_6 + CH_4$	59.64	7.000×10^{12}
(14) $C_4H_{10} \longrightarrow 2C_2H_4 + H_2$	70.68	7.000×10^{14}
(15) $C_4H_{10} \longrightarrow C_2H_4 + C_2H_6$	61.31	4.099×10^{12}
(16) $C_4H_{10} \longleftrightarrow C_4H_8 + H_2$	62.06	1.637×10^{12}
(17) $C_4H_8 \longleftrightarrow H_2 + C_4H_6$	50.00	1.000×10^{10}
(18) $C_4H_8 \longrightarrow 0.41 C_nH_{2n-6} + 0.19C_{5+}$	53.56	1.105×10^{11}
(19) $C_2H_4 + C_4H_6 \longrightarrow B + 2H_2$	42.75	9.890×10^{13}
(20) $C_4H_6 + C_3H_6 \longrightarrow T + 2H_2$	34.73	1.360×10^{14}
(21) $C_4H_6 + C_4H_8 \longrightarrow EB + 2H_2$	52.20	1.360×10^{15}
(22) $C_{5+} \longrightarrow 0.045H_2 + 0.146CH_4 + 0.656C_2H_4 + 0.247C_2H_6 + 0.365C_3H_6 + 0.141C_3H_8 + 0.288C_4H_8 + 0.035C_4H_{10} + 0.037C_4H_6 + 0.109 C_nH_{2n-6}$	44.085	1.800×10^{13}

注：B—苯；T—甲苯；EB—乙苯。

4. 湍流化学反应相互作用的处理

超燃冲压发动机再生冷却通道中湍流流动与化学反应相互作用,并且再生冷却通道中所发生的热裂解反应属于低中速化学反应,其反应特征时间与冷却剂的流动特征时间相当,因此必须考虑化学反应的非平衡性。针对上述特点,需要选择基于有限速率的湍流化学反应相互作用模型。

以商用软件 Fluent 为例,对于碳氢燃料在管道内的跨临界化学反应流动换热,选择组分输运模块(Species Transport),勾选 Volumetric Reaction,可以选择有限速率模型(Finite rate)或涡耗散概念模型(EDC 模型),前者使用的前提是湍流较弱,后者可以在湍流较强时使用。

3.3 冷却通道内超临界碳氢燃料流动换热特性

3.3.1 超临界流体基本传热现象及机制简述

大量文献的研究结论表明,由于超临界传热的特殊性,经典的管道内流动换热关联式 Dittus-Boelter 公式的传热预测结果与真实的超临界压力传热实验值存在较大的偏差,尤其在临界点以及拟临界点附近。大量实验证明,根据热流与质量流量之比的大小[10,11],超临界压力下管内对流传热大体可分为 3 类:

(1) 传热正常,指偏离临界及拟临界区域的换热工况,其换热特性与亚临界条件下类似,且传热系数可以用 Dittus-Boelter 等一类的公式来预测。当热流与质量流量之比较小时,对流换热温差较小,此时的超临界流体换热与亚临界条件下的对流换热类似。

(2) 传热强化,指传热系数高于传热正常值,管壁温低于传热正常的换热工况。在临界及拟临界区域,传热系数会出现局部峰值,如图 3-12 所示。随着热流与质量流量之比逐渐增加,会出现一种传热增强的状态,与自然传热状态相比,此时超临界流体局部温度较低,局部对流传热系数较大,这主要是由于拟临界点附近流体定压比热会出现极大值而黏度与密度会迅速减小,都会在不同程度上增强超临界流体的传热。

(3) 传热恶化,指传热系数低于传热正常值,管壁温高于传热正常值的换热工况。当热流与质量流量之比持续增大,并超过某一临界值之后,流体局部温度过高,局部对流传热系数较小,会出现传热恶化的情况,如图 3-12 所示。

到目前为止,有关超临界流体的传热机理的研究可以大致分成两类:单相强制对流传热机理和两相流动传热机理。前者将超临界压力下管内强制对流传热异常的原因归结为超临界流体物性的剧烈变化。后者两相传热机理称为"拟沸腾理论

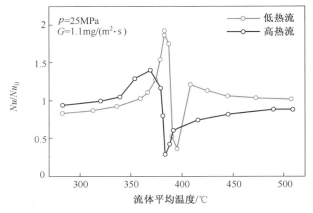

图 3-12 超临界压力下的传热强化和传热恶化[12]

(Pseudo-Boiling Theory)",即认为超临界条件下的传热与亚临界条件下的沸腾现象十分相似,并认为传热恶化是拟核态沸腾(Pseudo-Nucleate Boiling)向拟膜态沸腾(Pseudo-Film Boiling)转化引起的[13,14]。持拟沸腾理论的研究者们的依据有二:其一是传热强化时伴随有沸腾噪声;其二是超临界二氧化碳存在拟沸腾条件下的气泡[15],如图 3-13 所示。

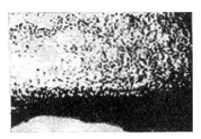

图 3-13 超临界二氧化碳中的气泡[15]

传热恶化是超临界流体传热过程中出现的特殊现象,指的是当处于超临界压力下的流体被加热到拟临界温度附近时,出现传热性能急剧降低,导致局部壁面温度激增的现象。这种现象在超临界水、超临界二氧化碳和超临界甲烷等工质的换热中都有被观察到[16-24]。人们一般将实际传热系数与通过 Dittus-Boelter 公式计算结果的比值小于 0.3 的情形定义为传热恶化。

关于传热恶化发生的机制,最初提出的"拟沸腾"理论能够解释大部分的超临界传热现象。该理论认为超临界压力下出现的传热恶化是由于流体在加热过程中出现了从拟核态沸腾到拟膜态沸腾的变化,因此在过渡阶段出现了壁温的最高值。然而,一些学者认为,拟沸腾理论只是与亚临界情况进行类比,且不能够很好地解释某些实验现象。Jackson 和 Hall[25]提出,在拟临界温度附近,由于密度降低,在浮升力和热加速的作用下,壁面附近的流体加速,从而导致速度梯度和湍流切应力减小,使得湍流的生成受阻,弱化了湍流传热过程。这种理论被更为普遍地接受,即在高热流下,浮升力和热加速被认为是引起传热恶化的主要原因。Hiroaki 等[26]经过理论推导认为,浮升力和热加速在形成"M 型"速度分布、引起速度梯度和切应力减小、降低湍流的生成和导致湍流边界层层流化等方面具有类似的效果。Kurganov 等[27]在 9MPa 压力下通过测量在竖直管道内的超临界二氧化碳的流动及传热参数,认为传热恶化是由于流场结构改变导致的湍流切应力及湍流生成的减弱造成;传热恶化发生的地方正是速度剖面从平坦型转变成"M 型"的位置。这种认为传热恶化是由于湍流程度减弱的观点被更为广泛地接受,并在后来更多超临界工质的传热实验及数值研究中被证实。

Yagamata 等[28]通过对超临界压力下的水进行系统的传热实验,提出了超临界传热恶化出现的临界条件为

$$\dot{q} \geqslant 0.2G^{1.2} \tag{3-94}$$

Koshizuka 等[29]使用 k-ε 湍流模型计算的传热恶化出现的临界热流密度与式(3-94)吻合得很好。Urbano 等[30]也提出了超临界甲烷在管道中换热时传热恶化出现的阈值,且考虑了压力的影响。认为只要 q_w/G 的值不超过式(3-94)的计算值则传热恶化不会出现。

$$(\dot{q}_w/G)_{tr} = 43.2 \times 10 - 6p_{in} + 31.4 \tag{3-95}$$

另外,对于竖直管道内换热的超临界流体,Jackson 和 Hall[31]提出了衡量超临界流体传热时浮升力影响的参数——Bo 数。定义式如下:

$$Bo = \frac{Gr}{Re^{3.425}Pr^{0.8}} \tag{3-96}$$

当 $Bo > 5.6 \times 10^{-7}$ 时,浮升力对超临界流体的湍流传热的影响不可忽略;而小于这个值时,浮升力可以忽略不计。通常浮升力方向与流动方向一致时,传热恶化容易发生;而浮升力方向与流动方向相反时,一般不会出现传热恶化。

3.3.2　碳氢燃料跨临界流动换热特性

3.3.2.1　碳氢燃料跨临界流动换热基本特性

西安交通大学动力工程多相流国家重点实验室对超临界压力下碳氢燃料的基本传热特性进行了相关实验研究。图 3-14 展示了煤油在压力 p_0 为 15 MPa、质量流速 G 为 17000kg/($m^2 \cdot s$)、进口工质温度 T_{in} 为 20 ℃时通道内壁温随热负荷变化的曲线。可以看出,在超临界压力条件下,煤油的传热区间具有强烈的非单调性

的特点。根据不同温度的变化位置可以分为正常传热状态、传热强化状态。

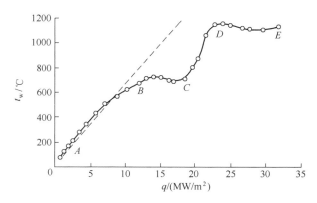

图 3-14　煤油的传热特性曲线

AB 段的内壁温随热负荷增加而近似线性增加，称为正常传热工况；当内壁温升高到拟临界温度后，随热负荷增加，受热管内壁温基本保持不变，传热系数大大提高，如图 3-14 中 BC 段所示，称为超临界碳氢燃料的传热强化现象，类似于亚临界压力下的核态沸腾的传热强化，BC 段的传热强化可以认为是由于热边界层达到拟临界温度后比热急剧增大引起；在热负荷和壁温继续升高的条件下，会发生第二次传热强化，如图 3-14 中 DE 段所示。第二次传热强化现象是有机物特有的由于流体在高温高压下发生化学变化引起的。考查在二次传热强化水平段之间的 CD 段，不难发现，尽管其壁温随热负荷增得很快，但仍然低于正常传热时的壁温（如虚线所示）。由此可以认为，超临界压力下的煤油，在高热负荷下的传热总是好于正常传热工况，这和超临界水、二氧化碳等无机工质不同。但是 CD 段壁温随热负荷升高而升高这一情况，在实际中会使大多数试件发生破坏，这是超临界碳氢燃料冷却需要面临的重要问题。

与其他超临界流体类似，碳氢燃料在再生冷却通道的流动换热过程中，会发生传热恶化现象，本节以典型的再生冷却光滑通道和带有强化换热结构的再生冷却通道为例，对碳氢燃料通道内的传热恶化机制做如下解释和说明。

首先来看湍流传热过程中换热系数的定义。根据戴劳对雷诺相似定律的修正[32]，常物性流体在圆管或平板湍流传热过程中，对流传热系数可以表示为下式：

$$h = \frac{\tau_t c_p / u_a}{1 + \dfrac{u_b}{u_a}(Pr - 1)} \qquad (3-97)$$

式中　τ_t——湍流切应力（Pa）；

　　　u_a——中心流速度（m/s）；

　　　u_b——黏性底层外边界处的速度（m/s）。

其中，u_b/u_a 随着工质种类而改变。如对于空气换热，u_b/u_a 取值 0.54；对于水则取 0.31。虽然变物性工质的湍流传热过程与常物性情形大不相同，从式中也可以定性地分析湍流传热的影响因素。首先流体物性会影响湍流传热过程，如定压比热 c_p、普朗特数 Pr，都能引起传热的变化。另外，湍流状态也是影响传热的重要因素，湍流对传热的影响主要体现在湍流切应力上，湍流切应力越大，说明湍流脉动越强，湍流混合过程越剧烈，传热性能越好。接下来，从湍流统计量的角度分析超临界燃料在通道内的流动传热。

根据数值计算的结果选取通道内 4 个不同流向位置，分别位于传热强化区、传热恶化开始区、传热恶化区和传热恢复区，$z = 231mm$、$501mm$、$612mm$ 和 $780mm$ 处。图 3-15 和图 3-16 分别为上述 4 个位置光滑通道与带有强化传热结构的通道中心处高度方向上的速度分布图。

从图 3-15 中可以看出，由于再生冷却通道是被单侧加热的，光滑通道的速度在通道上下两侧不再对称分布，下表面由于热流量较大温度较高而流体密度较低，因此速度更高。另外，随着加热的进行，流体密度不断降低，通道后部的流体速度明显高于通道前部的流体。由于越靠近下壁面温度越高，密度也越低，速度也越快。但受到了壁面无滑移条件的限制，靠近壁面的一层流体加速最多，速度甚至超过主流的流体，导致了如图 3-15 中 $z = 612mm$ 和 $z = 780mm$ 处的"半 M 型"速度分布。

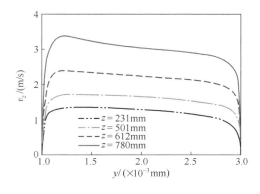

图 3-15　光滑通道内沿程 4 个不同位置处通道中心线上速度分布

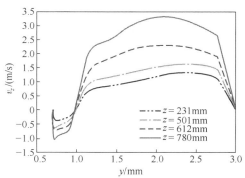

图 3-16　凹陷通道内沿程 4 个不同位置处通道中心线上速度分布

再来看图 3-16,增加了凹陷强化换热结构后,通过对比发现强化传热结构的加入极大地改变了通道内的速度剖面结构:在 $y<1\text{mm}$ 的范围内形成了负速度区,即回流区。和光滑通道内类似,沿着通道长度方向随着加热的进行,流体密度不断降低,无论凹陷内的回流区或主流区域,流速都在不断加大。

根据湍流理论,湍流脉动能量的生成主要靠湍流切应力与速度梯度的做功从平均运动中吸收能量传递给脉动运动,这些能量最终在 Kolmogrov 尺度上通过黏性耗散。可以从普朗特混合长度理论定性地分析湍流切应力 τ_t 的影响因素,根据普朗特理论,湍流切应力可以表示为

$$\tau_\text{t} = \rho l_\text{mix}^2 \left(\frac{\partial U}{\partial y}\right)^2 \tag{3-98}$$

式中 τ_t——湍流切应力(Pa);

l_mix——普朗特混合长度(m)。

在这里假设混合长度基本不变,则湍流黏度主要决定于速度梯度和密度的乘积。实际的湍流切应力分布由密度和平均速度梯度共同决定。在超临界压力下,流体密度会发生剧烈的变化,对湍流切应力的影响不可忽视。

光滑通道和带有强化传热结构的通道内壁面附近的湍流切应力 τ_t 分布见图 3-17和图 3-18。从图 3-17 中可以看出在光滑通道中随着加热的进行,$z=501\text{mm}$(开始出现传热恶化)处,由于壁面附近的流体加速,导致速度梯度减小,湍流切应力已经小于入口的 $z=231\text{mm}$ 位置;当 $z=612$ 时,"半 M 型"速度分布的形成使得靠近壁面的区域速度梯度减小(黏性底层处速度梯度变大,但是此处不影响湍动能的生成),出现速度梯度为 0 的点,此处湍流切应力也等于 0,从而导致湍

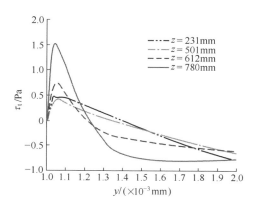

图 3-17　光滑通道内沿程 4 个不同位置处通道中心线上湍流切应力分布

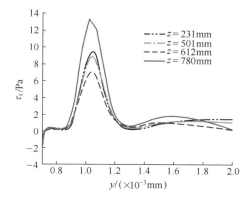

图 3-18　凹陷通道内沿程 4 个不同位置处通道中心线上湍流切应力分布

流的生成受阻,出现壁温的极大值;当"半 M 型"速度分布继续发展,如 $z = 780\text{mm}$ 处,虽然仍然存在速度梯度为 0 的点,两侧的速度梯度在不断变大,此时湍流的生成又被提升,从而传热性能恢复。因此,在光滑通道中,热加速改变了速度分布,从而也改变了湍流的生成。

在凹陷通道中,湍流切应力 τ_t 的变化也有着同光滑通道类似的趋势。但是相比于光滑通道,流体密度对湍流切应力的变化有着更显著的影响。如图 3-18 所示,湍流切应力在 $z = 612\text{mm}$ 处达到四条曲线中的最小值($0.9\text{mm} < y <$ 1.2mm),表明此处的湍流动量输运以及热量输运过程被削弱,因而传热性能最差,这和通道沿程的传热性能的分布趋势吻合(图 3-14)。τ_t 的这种分布趋势可以解释如下:虽然沿着流通方向,速度梯度在 $0.9\text{mm} < y < 1.2\text{mm}$ 的范围内不断地增大(中心流速加大导致的必然结果),通道内流体的密度在 $z = 612$ 处由于跨过拟临界温度而大大降低,如图 3-19 和图 3-20 所示。因此,根据式(3-98),虽然速度梯度沿着通道方向不断增大,流体密度却因加热而不断减小,特别是在拟临界温度附近流体密度急剧地下降,因而湍流切应力达到了最小值;当跨过拟临界温度后,密度的减小相对平缓,而速度梯度还在不断加大,因此传热性能会有所恢复。

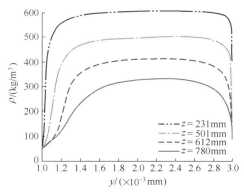

图 3-19 光滑通道内沿程 4 个不同位置
处通道中心线上密度分布

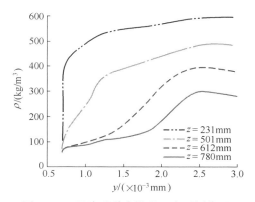

图 3-20 凹陷通道内沿程 4 个不同位置
处通道中心线上密度分布

在此需要说明的是,由于在光滑通道中密度的变化较为平缓,如图 3-19 所示,密度对湍流切应力的影响相对较弱,因此上述讨论中速度梯度是决定湍流切应力的主要因素。而这也是光滑通道和凹陷通道中传热恶化发生机制的差异。

已有研究表明,由径向不均匀密度分布引起的浮升力效应是引起超临界流体传热恶化的重要原因。对于垂直管内的层流流动,浮升力会增强向上流动的传热,大大减弱向下流动的传热;而对于垂直管内的湍流流动,浮升力则会始终强化向下流动的传热。为了评价竖直管内浮升力对超临界流体对流传热的影响，Jackson 和 Hall 提出了无量纲参数 Bo^*：

$$Bo^* = Gr^* / (Re^{3.245} Pr^{0.8})$$

式中　Re、Pr——雷诺数和普朗特数。

　　Gr^* 的计算如下：

$$Gr^* = g\beta d^4 q_w / (\lambda_f \nu^2)$$

式中　g——重力加速度；

　　　β——体积膨胀速率；

　　　d——管径；

　　　q_w——热流密度；

　　　λ_f——导热系数；

　　　ν——动力黏度。

Jackson 和 Hall 指出，对于竖直管内向上的流动，当 $Bo^* \leqslant 5.6 \times 10^{-7}$，浮升力对对流传热没有影响；当 $5.6 \times 10^{-7} \leqslant Bo^* \leqslant 8 \times 10^{-6}$，浮升力会弱化对流传热；当 $Bo^* > 8 \times 10^{-6}$，对流传热将会增强。

3.3.2.2　通道内碳氢燃料对流换热特性影响因素

本节通过分析有关冷却通道内碳氢燃料对流换热的实验及数值计算，进一步明确该过程的影响因素及影响机理。数值计算部分的通道长 500mm，管道内径恒为 3mm，通道的上壁面与下壁面的厚度均为 1mm。采用戊烷作为航空煤油的研究用替代燃料，燃料从冷却通道入口以一定的质量流速流入，并从通道出口流出。对下壁面以恒定的热流密度加热流经管道的碳氢燃料，用以模拟超燃冲压发动机燃烧室的高温度的燃气加热。

1. 压力对燃料对流换热特性的影响

压力对超临界碳氢燃料对流换热特性的影响主要是从燃料热物性体现的。如图 3-2 所示，对于超临界碳氢燃料而言，当流体压力升高时，流体的密度升高，在质量流量一定的条件下流体速度下降，不利于对流传热；但同时，压力升高使温度超过拟临界温度的流体定压比热和导热系数提升，这在一定程度上会带来传热强化。不仅如此，压力升高会使流体的拟临界温度增加，有利于推迟通道内由于流体近临界特性而产生的传热恶化。

图 3-21 给出了壁面热流密度为 $1MW/m^2$，质量流速为 $1000kg/(m^2 \cdot s)$ 时，不同压力条件下壁面温度和中心流温度沿管长的分布。由图可以看出，压力对中心流温度影响较小；压力越大，流体传热恶化被推迟，壁面温度逐渐降低。

有关压力对航空煤油传热的影响，西安交通大学动力工程多相流国家重点实验室开展了相应的试验研究。图 3-22 是不同压力下通道内壁温随热流密度变化的曲线。不同压力下,传热强化发生的壁温不同。在 2MPa 时,传热强化发生在400℃左右;在 5MPa 时,传热强化发生在 500 ℃左右;而压力为 15MPa 时,传热强化发生在 700 ℃左右,可见传热强化发生时的壁温随压力升高而升高。进一步证明,超临界流体的传热强化与传热恶化现象均由热物性剧烈变化引起[33],因为压力的变化会显著影响燃料的热物性。

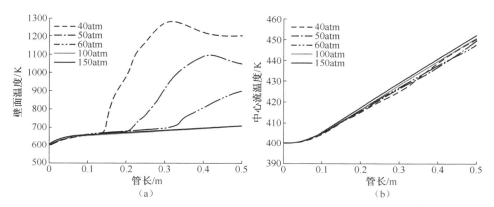

图 3-21　热流密度为 $1MW/m^2$ 时不同压力下的壁面温度和流体温度沿程变化($1atm=1.01\times10^5Pa$)
(a)壁面温度;(b)中心流温度。

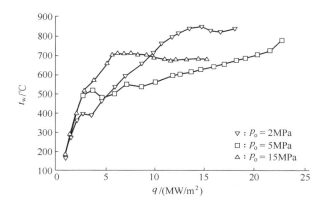

图 3-22　压力对煤油传热特性的影响($T_{in}=20$ K, $G=8500$ kg/($m^2 \cdot$ s))

2. 热流密度对燃料对流换热特性的影响

由于冷却通道为矩形单侧加热,因此通道内会出现很严重的热分层现象,流体的热物性也会因此出现严重的不均匀性,这严重影响了横截面上不同位置流体的对流传热特性。图 3-23 为冷却通道内热分层作用下流体温度与物性分布。

而热流密度的改变会极大地影响冷却通道内的热分层水平,从而使通道内流

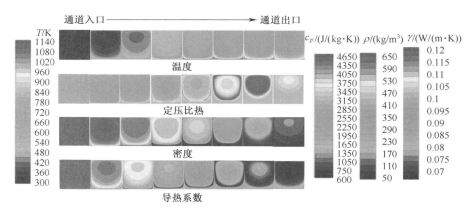

图 3-23 冷却通道内热分层作用下流体温度与物性分布

体的热物性产生强烈分层,进而影响通道内横截面上不同位置的传热特性。同时,热流密度的变化还会影响传热恶化发生的位置,一般而言,热流密度越大,传热恶化越早发生。

图 3-24 给出了入口压力为 5MPa,质量流速为 $1000kg/(m^2 \cdot s)$ 时,热流密度变化与流体温度的变化。热流密度越大,流体温度越高,热分层越严重;当热流密度高于一定值的时候,壁面流体温度会出现极大值,传热恶化发生。热流密度越大,传热恶化发生的位置离通道入口越近,同时壁面温度也越高。

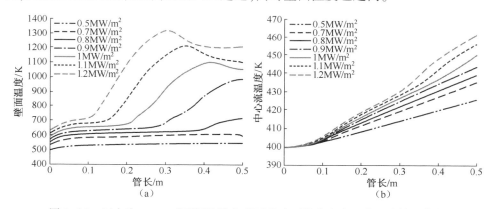

图 3-24 压力为 5MPa 时不同热流密度下的壁面温度和中心流温度沿程变化
(a)壁面温度;(b)中心流温度。

3. 流速对燃料对流换热特性的影响

流体流速的变化对燃料对流换热特性的影响是多种因素综合导致的。在通道热流密度一定的条件下,提高燃料流速意味着燃料质量流量的增加,从能量守恒的角度来讲,通道出口的燃料温度会减小。同时,燃料流速越高,对流换热能力越强,因此流体温度会显著下降,传热恶化发生的概率显著减小。

图 3-25 为入口压力为 6MPa。热流密度为 $1MW/m^2$ 时,质量流速变化时通道中心流温度与壁面温度。随着质量流速的增加,流体中心流和壁面温度降低,内壁面出现传热恶化的位置逐渐后移,且传热恶化的幅度逐渐减小,壁面温度峰值也减小。因此,质量流速越大,壁温上升越缓慢,通道内发生传热恶化的现象越缓和。当质量流速增加到足够大时,传热恶化现象消失。

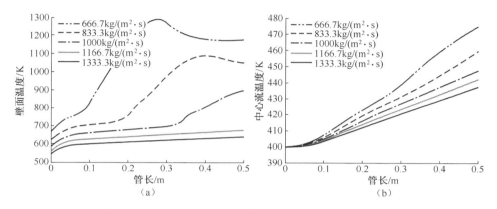

图 3-25　压力为 60atm 时不同质量流速下的中心流温度
(a)壁面温度;(b)中心流温度。

有关流速对超临界压力下煤油传热特性的影响,西安交通大学动力工程多相流国家重点实验室开展了相应的试验研究。图 3-26 是不同流速工况下内壁温随热负荷变化的曲线。由图可见,压力和流体入口温度保持不变,提高质量流速使强

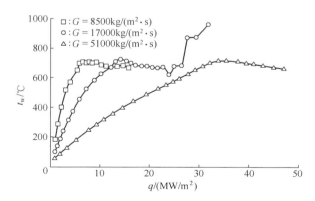

图 3-26　质量流速对煤油传热特性的影响($T_{in} = 20K$, $p_o = 15MPa$)

制对流换热增强,试件过热烧损的热负荷提高,在质量流速为 8500kg/(m² · s)、17000kg/(m² · s)、51000kg/(m² · s) 时的过热烧损热负荷依次为 15.5MW/m²、31.8MW/m²、47.0MW/m²,但质量流速的改变对传热强化的发生无影响,传热强化时的内壁温仍然保持在 700℃ 左右[33]。

3.3.3 燃料热裂解对吸热和换热特性的影响

碳氢燃料热裂解对冷却通道内流动换热的影响,对于发动机设计者来说,最终的表现主要体现在对冷却通道壁面温度的影响上。而进一步的分析可以知道,热裂解对壁面温度的影响来自于两个方面:一方面热裂解吸热导致流体温度降低;一方面热裂解对流体流动状态以及热物性进行改变,从而使得流体的努赛尔数和相应的换热系数改变。从吸热的角度来讲,热裂解对总体换热效果总是有利的,但是从其对换热系数的改变来讲,热裂解对于换热的影响可能呈现出或正面或负面的效果。

本节将从燃料热裂解吸热和其对换热本质的影响两个方面来阐述热裂解对再生冷却通道内流动换热特性的影响。

1. 热裂解型碳氢燃料的吸热特性

发生高温热裂解反应后,碳氢燃料的吸热可以分成三部分:物理吸热、裂解产物物理吸热及裂解反应化学热沉。碳氢燃料的物理吸热量为其物理热沉,裂解产物吸热量与裂解反应化学吸热量之和为其化学热沉。

图 3-27 展示了背压 3MPa,入口流速 40mL/min 下实验测得的正癸烷的物理、化学热沉与温度的变化曲线。当流体温度超过大约 500℃ 之后,燃料的化学热沉迅速增加,燃料总热沉也因此增加。以航空燃料常用替代燃料正十二烷为例,假设当其完全裂解且产物全部为乙烯时,理论上化学热沉可达 3.56MJ/kg,显著高于物理热沉,试验测得的正十二烷化学热沉如图 3-28 所示。

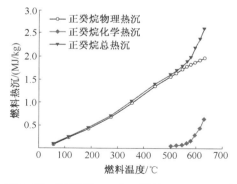

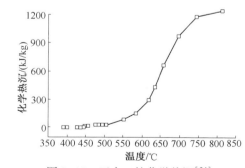

图 3-27　背压 3MPa,入口流速 40mL/min 下,
正癸烷物理、化学热沉与温度的变化曲线

图 3-28　正十二烷化学热沉[34]

碳氢燃料物理热沉由其热物性和升温大小所决定,因此提高其化学热沉是提高燃料吸热能力的有效手段[35,36]。由化学反应动力学可知,化学热沉是由燃料裂解程度及产物分布决定的。但是,实际的燃料的总热沉往往会受到限制,主要原因有:①燃料在流动反应过程中,由于动力学原因,不能达到 100% 裂解;②生成了降低燃料化学热沉的烷烃产物。因此,再生冷却通道中的热环境,如温度、压力等都会对实际的碳氢燃料化学热裂解过程产生影响,从而影响其吸热特性。

图 3-29 是不同入口流速下正癸烷物理热沉和化学热沉的变化。入口流速对正癸烷物理热沉影响较小;但是入口流速越低,化学热沉增加,这是因为入口流速较低时,碳氢燃料在通道内停留时间长,相同温度下裂解率更高,化学吸热量更大。

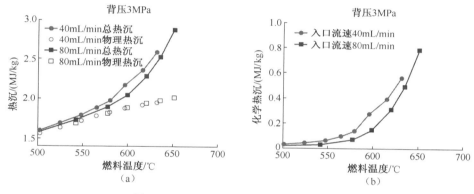

图 3-29　入口流速对正癸烷热沉的影响
(a)正癸烷物理热沉和总热沉;(b)正癸烷化学热沉。

在不同出口压力条件下,正癸烷裂解区总热沉、物理热沉和化学热沉对比曲线如图 3-30。不同出口压力下,物理吸热相近,而正癸烷总热沉的差别主要来自于化学吸热不同。出口压力较高时,混合物密度高,管内流体平均流速慢,碳氢燃料有效停留时间长,相同温度下裂解率更高,化学吸热量更多。同时注意到,出口压力为 4MPa 和 5MPa 条件下化学热沉相近,这是因为燃料裂解是生成多分子的过程,压力的升高对此过程起抑制作用,而对于双分子反应过程则起促进作用[37],这就会导致在高压时,烷烃在产物中会占较高比例,同时也会提高大分子产物的生成量,因此产物不同,吸热量有所差别,最终导致正癸烷总热沉并非随压力上升而增加。

燃料的化学热沉利用与燃料的裂解程度直接相关[38,39],图 3-31 为正癸烷 4.5MPa 压力下化学热沉随正癸烷裂解率的变化关系。正癸烷裂解吸热量与其裂解率近似成线性关系,可以拟合成如下线性关系式:$y = 1.4774x - 0.0183$。燃料化

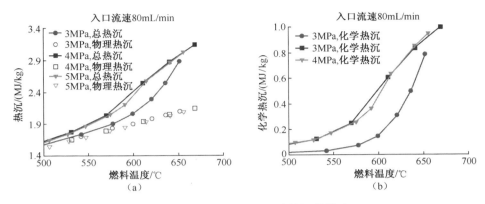

图 3-30　出口压力对正癸烷热沉的影响

(a)不同压力下正癸烷总热沉及物理热沉;(b)不同压力下正癸烷化学热沉。

学热沉的利用水平由其裂解率和裂解产物分布所决定。

2. 碳氢燃料热裂解对换热特性的影响

碳氢燃料受热发生吸热型热裂解反应,极大地改变了流体的组成,也会对流体的热物性产生非常显著的影响,这两种因素综合作用,会影响流体的流动状态,从而对其换热能力带来显著影响。

图 3-32~图 3-34 是不同压力下热裂解对碳氢燃料热物性的影响,由图可知,热裂解条件下定压比热有轻微的下降,热传导系数的变化较小,而密度的下降极为显著。一般可以认为,管道内密度的显著下降会带来明显的热加速,从而出现传热增强,这一结论目前已经得到了广泛的验证。

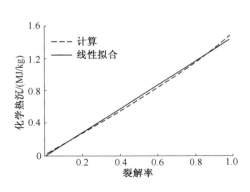

图 3-31　正癸烷化学热沉随裂解率变化

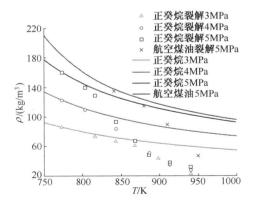

图 3-32　正癸烷和某型航空煤油及其裂解混合油气的密度对比

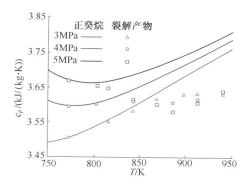

图 3-33　正癸烷及其裂解产物定压比热

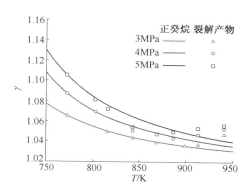

图 3-34　正癸烷及其裂解产物比热比

但是也有研究者通过实验[40]发现,热裂解不总是能够提升碳氢燃料的换热能力,在一定的条件下,轻度的裂解反而会减弱碳氢燃料的换热能力。图 3-35 展示了超临界压力下正癸烷整体裂解率时再生冷却通道内的换热特性。可以明显看到,轻度裂解条件下流体壁面温度升高,在加热段初期流体的 Nu 数下降。这说明轻度的裂解会减弱近壁面处流体的对流换热能力。

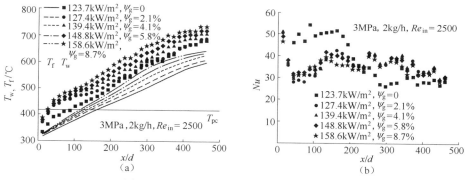

图 3-35　不同裂解率下正癸烷的传热特性

(a)壁面温度和流体温度;(b)Nu。

这一现象产生的原因可以从图 3-36 得到揭示。碳氢燃料在通道内的温度场、速度场以及化学反应速率场并不是径向均匀的,受到燃烧室热燃气的加热,近壁面处的流体温度最先升高,逐渐超过裂解温度而开始裂解,产生大量裂解气;随着持续的吸热,裂解层逐渐增厚。由于裂解气体产物密度较低,比热也较小,因此相比于裂解之前的碳氢燃料,其热阻较大,因此这层裂解气就会降低壁面附近流体的对流换热能力,因此试验结果中通道初始段 Nu 较小。而随着裂解程度的不断深入,裂解反应更加充分,其产生的化学热沉则会增加冷却剂的吸热能力,因此又会促进通道内的对流换热。

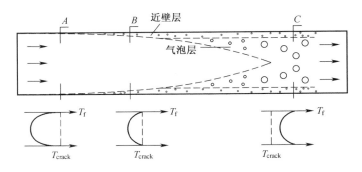

图 3-36 热管中的热裂解机理示意图

3.4 超临界碳氢燃料管内流动换热关联式

对于管内流动换热问题的研究,通过实验和数值计算获取可靠的换热关联式是极其重要的部分,是流动换热基础研究向工程设计应用的关键纽带。本节将对目前的碳氢燃料超临界流动换热关联式以及其改进思路和方法进行详细的介绍。

3.4.1 基本概念和常用换热关联式

管内流动换热关联式一般根据管内的流动状态是层流还是湍流进行分类,表 3-8 为管内流动状态与雷诺数的关系,一般认为雷诺数在 10000 以上时才进入充分发展湍流区。极少数的换热关联式能够做到同时兼顾大范围的雷诺数变化。

表 3-8 管内流动状态与雷诺数关系

流动状态	层流	过渡流	湍流
雷诺数	<2300	2300~10000	>10000

针对管内的流动换热关联式,由于湍流的复杂性,所以更多地强调实验关系式的测定。计算光滑圆管内充分发展湍流的局部努赛尔数的经典表达式是由科尔伯恩提出的,如表 3-9 序号 1 所示。迪图斯-贝尔特方程(如表 3-9 序号 2 所示)则更为常用。表 3-9 中序号 3~8 给出了研究者针对管道内热分层造成的物性变化较大的流动所做出的修正关联式。

表 3-9 中序号 1 到 8 的方程形式相对简单,但是采用它们可能会产生比较大的误差。采用序号 9 和 10 所给出的更复杂的关系式可以大大地减小误差。葛列林斯基和匹特霍夫所提出的关系式能够适用于包括过渡区在内的很大雷诺数范围。

关于管内流动换热以及横截面非圆形管道流动换热关联式的修正,研究者可以参考《传热和传质基本原理》[41]第 8 章所述内容,本书不再详述。

表 3-9　管内的流动换热关联式

序号	提出者	公　式	适用条件	要　求
1	科尔伯恩（Colburn）	$Nu = 0.023Re^{4/5}Pr^{1/3}$	充分发展湍流	充分发展湍流
2	迪图斯-贝尔特（Dittus-Boelter）	加热:$Nu = 0.023Re^{4/5}Pr^{0.4}$ 冷却:$Nu = 0.023Re^{4/5}Pr^{0.3}$	$0.7 \leqslant Pr \leqslant 160$ $Re \geqslant 10000$ $\dfrac{L}{D} \geqslant 10$	充分发展湍流; 小到中等温差; 物性均按照 T_{m} 确定: $T_{\mathrm{m}} = \dfrac{(T_{\mathrm{m,i}} + T_{\mathrm{m,o}})}{2}$; 等热流、等壁温均适用
3	McCarthy 和 Wolf 修正的 M-W-D-B 公式	$Nu_{\mathrm{b}} = 0.025Re_{\mathrm{b}}^{0.8}Pr_{\mathrm{b}}^{0.4} \cdot$ $(T_{\mathrm{s}}/T_{\mathrm{b}})^{-0.55}$	下标 b:体平均 下标 s:内表面	充分发展湍流; 考虑物性变化
4	Hendricks 继续修正	$Nu_{\mathrm{f}} = 0.021Re_{\mathrm{f}}^{0.8}Pr_{\mathrm{f}}^{0.4}$ $T_{\mathrm{f}} = (T_{\mathrm{s}} + T_{\mathrm{b}})/2$		
5	Hesst 和 Kunz	$Nu_{\mathrm{f}} = 0.0208Re_{\mathrm{f}}^{0.8}Pr_{\mathrm{f}}^{0.4} \cdot$ $(1 + 0.01457v_{\mathrm{s}}/v_{\mathrm{b}})$		
6	Miller 引入新的参考温度	$Nu_{0.4} = 0.0208(Re_{0.4})^{0.8}(Pr_{0.4})^{0.4} \cdot$ $(1 + 0.00983v_{\mathrm{s}}/v_{\mathrm{b}})$ $T_{0.4} = T_{\mathrm{b}} + 0.4(T_{\mathrm{s}} - T_{\mathrm{b}})$		远远超过临界温度的超临界气体

（续）

序号	提出者	公　式	适用条件	要　求
7	泰勒 修正 M-W-D-B	$Nu_b = 0.023 Re_b^{0.8} Pr_b^{0.4} \cdot$ $(T_s/T_b)^{-[(0.57-1.59/(x/D)]}$		x/D 用于修正入口效应
8	希德和泰特 （Sieder & Tate）	$Nu = 0.027 Re^{\frac{4}{5}} Pr^{\frac{1}{3}} \left(\dfrac{\mu}{\mu_s}\right)^{0.14}$	$0.7 \leqslant Pr \leqslant 16700$ $Re \geqslant 10000$ $\dfrac{L}{D} \geqslant 10$	充分发展湍流； 适用于物性变化较大的流动； 等热流、等壁温均适用
9	葛列林斯基 （Gnielinski）	$Nu_1 = 0.012(Re^{0.87} - 280)Pr^{0.4}$	$1.5 \leqslant Pr \leqslant 500$ $3000 \leqslant Re \leqslant 10^6$	包括过渡区在内； 等热流、等壁温均适用； 误差较小
		$Nu = \dfrac{(f/8)(Re-1000)Pr}{1 + 12.7\left(\dfrac{f}{8}\right)^{\frac{1}{2}}\left(Pr^{\frac{2}{3}} - 1\right)}$ $f = (1.82 \lg Re - 1.64)^{-2}$	$0.5 \leqslant Pr \leqslant 2000$ $3000 \leqslant Re \leqslant 5 \times 10^6$	
10	匹特霍夫	$Nu_3 = \dfrac{(f/8)RePr}{C + 12.7(f/8)^{0.5}(Pr^{2/3}-1)}$ $C = 1.07 + 900/Re -$ $[0.63/(1 + 10Pr)]$	$1.5 < Pr < 10^6$ $4000 \leqslant Re \leqslant 5 \times 10^6$	包括过渡区在内； 等热流、等壁温均适用； 误差较小

3.4.2　超临界碳氢燃料管内流动换热关联式总结

在现有的传热传质基本教材和广泛的研究结果中，较少涉及大分子的碳氢燃料在临界压力及以上条件下管内流动换热的关系式。这是因为这种特殊的情况一般存在于航空航天飞行器上，不具备广泛的民用基础。

而随着高超声速技术等新兴航空航天技术的飞速发展，关于超临界压力下碳氢燃料在管内的流动换热关联式研究也日渐增多。典型的高速飞行器燃料系统的压力为 3MPa 以上[42]，通常情况高于航空煤油的临界压力（约为 2MPa），且航空煤油在临界以及拟临界区域热物性变化十分剧烈，于是其传热规律呈现出与传统强制对流不同的特点。

国内外研究者目前已经通过实验建模得出了不少超临界压力碳氢燃料的管

内传热关联式,但是在数量上要少于水以及二氧化碳,在形式上基本都是 Dittus-Boelter 型且基本都是应用于加热工况。本书给出了超临界压力下 RP-3 航空煤油以及其他碳氢燃料共 13 个传热关联式,包含现有评价中认为较好的公式,这些关联式文献具体为:Zhang 等[43]、Deng 等[44]、张斌等[45]、Zhang 等[46]、Huang 等[47]、Zhang 等[48]、Fu 等[49]、Giovanetti 等[50]、Hitch 等[51]、胡志宏等[52]、Stiegemeier 等[53]、Zhong 等[54] 及 Li 等[55],其具体的形式和适用范围见表 3-8。

从现有超临界压力下碳氢燃料传热关联式的形式来看,暂未发现 Petukhov-Kirillov 型传热关联式,大部分研究者仅通过重新改写 Dittus-Boelter[58] 关联式的常数来获得超临界压力下碳氢燃料传热关联式,例如 Giovanetti 等[50]、Stiegemeier 等[49]以及 Li 等[55],其中 Li 等[55] 发展的关联式在形式上最为简单,认为超临界 RP-3 的传热系数大小仅由雷诺数来决定即可。绝大部分研究者除了重新改写 Dittus-Boelter[58] 关联式的常数,还附加了壁温热物性参数与主流温度热物性参数的比值修正项,例如 Zhang 等[43]、Deng 等[44]、张斌等[45]、Zhang 等[46]、Huang 等[47]、Zhang 等[48]、Fu 等[49]、Hitch 等[51]、胡志宏等[52]以及 Zhong 等[54],其中有些研究者认为在拟临界温度前后两个区段,碳氢燃料的传热规律存在差别,于是将传热关联式在拟临界点附近按不同的规律拟合成分段形式,如 Deng 等[44]、张斌等[45]、Huang 等[47] 及 Fu 等[49]。与超临界水和二氧化碳传热关联式不同,目前仅有少数的学者在超临界碳氢燃料的传热关联式里加入了跟浮升力以及流动加速有关的无量纲参数,如表 3-10 最后所列出的姜培学教授团队所提出的考虑浮升力之后关联式形式[56]。

表 3-10　超临界碳氢燃料传热关联式

参考文献	关联式形式	关联式适用范围
Giovanetti 等[50]	$Nu_b = 0.044 Re_b^{0.76} Pr_b^{0.4} (1 + 2d/x)$	$p = 6.9MPa$, $13.8MPa$ $d = 1.96mm$ T_w 可达 866K $T_{in} = 290K$ 适用工质:RP-1 和丙烷
Hitch 等[51]	$Nu_b = 0.151 Re_b^{0.6915} Pr_b^{0.3203} (\mu_b/\mu_w)^{0.1203}$	p 可达 10.3MPa $d = 1.651mm, 3.302mm$ $G = 500kg/(m^2 \cdot s)$ q 可达 1703.5kW/m² 适用工质:甲基环己烷和JP-7

（续）

参考文献	关联式形式	关联式适用范围
胡志宏 等[52]	$Nu_b = 0.00315\,Re_b^{0.873}\,Pr_b^{0.451}\,(\mu_w/\mu_b)^{-0.052}$	$p = 5.0\text{MPa}, 15.0\text{MPa}$ $d = 1.70\text{mm}$ $G = 8500 \sim 51000\text{kg}/(\text{m}^2 \cdot \text{s})$ q 可达 $55.0\text{MW}/\text{m}^2$ $t_{in} = 20\text{℃}, 100\text{℃}$ 适用工质:航空煤油
Stiegemeier 等[53]	$Nu_b = 0.016\,Re_b^{0.862}\,Pr_b^{0.4}(1 + 2d/x)$	$p = 6.895\text{MPa}$ $d = 1.5494\text{mm}$ $G = 5779 \sim 17337\text{kg}/(\text{m}^2 \cdot \text{s})$ $T_w = 672 \sim 811\text{K}$ $q = 3.598 \sim 13.246\text{MW}/\text{m}^2$ 适用工质:JP-7,JP-8, JP-10 和 RP-1
Zhang 等[43]	$Nu_b = 0.00985\,Re_b^{0.9753}\,Pr_b^{n}\left(\dfrac{\rho_w}{\rho_b}\right)^{1.115}\left(\dfrac{\overline{c_p}}{c_{p,b}}\right)^{-1.253} \cdot \left(\dfrac{\mu_w}{\mu_b}\right)^{1.411}$ $n = 0.384$, 当 $T_b/T_{pc} \leqslant 1.05$ $n = 0.572$, 当 $T_b/T_{pc} > 1.05$	$p = 5.0\text{MPa}$ $d = 1.8\text{mm}$ $q = 125 \sim 425\text{kW}/\text{m}^2$ $T_{in} = 400\text{K}$ $Re_b = 3500 \sim 111000$ 适用工质:RP-3
Zhong 等[54]	当 $15000 \leqslant Re_b \leqslant 25000$ $Nu_b = 0.0065\,Re_b^{0.89}\,Pr_b^{0.40}\,(\mu_b/\mu_w)^{0.1}$ 当 $45000 \leqslant Re_b \leqslant 200000$ $Nu_b = 0.000045\,Re_b^{1.4}\,Pr_b^{0.40}\,(\mu_b/\mu_w)^{0.1}$	$p = 2.6 \sim 5.0\text{MPa}$ $d = 12\text{mm}$ $T_b = 300 \sim 800\text{K}$ $G = 88.4 \sim 884.2\text{kg}/(\text{m}^2 \cdot \text{s})$ $q = 10 \sim 300\text{kW}/\text{m}^2$ 适用工质:RP-3

（续）

参考文献	关联式形式	关联式适用范围
Li 等[55]	$Nu_b = 0.0435\,Re_b^{0.8}$	$p = 4.0\mathrm{MPa}$ $d = 12\mathrm{mm}$ $T_{in} = 300\mathrm{K}$ $G = 500 \sim 1100\mathrm{kg/(m^2 \cdot s)}$ $q = 300 \sim 700\mathrm{kW/m^2}$ 适用工质：RP-3
Deng 等[44]	当 $T_b/T_{pc} \leqslant 0.9$ $Nu_b = 0.008151\,Re_b^{0.95}\,Pr_b^{0.4}\,(c_{p,w}/c_{p,b})^{0.8777} \cdot$ $\quad (\mu_w/\mu_b)^{0.6352}$ 当 $T_b/T_{pc} > 0.9$ $Nu_b = 0.02317\,Re_b^{0.87}\,Pr_b^{0.4}\,(c_{p,w}/c_{p,b})^{-1.447} \cdot$ $\quad (\mu_w/\mu_b)^{0.4336}$	$p = 5.0\mathrm{MPa}$ $d = 1.8\mathrm{mm}$ $T_{in} = 400\mathrm{K}$ $G = 785.95\mathrm{kg/(m^2 \cdot s)}$ $q = 100 \sim 500\mathrm{kW/m^2}$ 适用工质：RP-3
Zhang 等[46]	$$\frac{Nu_b}{Nu_0} = 0.125\left(\frac{\rho_f}{\rho_b}\right)^{0.12}\left(\frac{\mu_f}{\mu_b}\right)^{0.153}$$ $$\left[1 + 7.558\left(\frac{Nu_b}{Nu_0}\right)^{0.989}\right]$$ 其中 $Nu_0 = 0.0113\,Re_b^{0.862}\,Pr_f^{0.40}$	$p = 5.0\mathrm{MPa}$ $d = 1.805\mathrm{mm}$ $T_{in} = 373 \sim 800\mathrm{K}$ $G = 786.5 \sim 2359\mathrm{kg/(m^2 \cdot s)}$ $q = 300 \sim 550\mathrm{kW/m^2}$ 适用工质：RP-3
张斌等[45]	对于竖直向上流动 当 $T_b/T_{pc} < 0.95$ $Nu_b = 0.0195\,Re_b^{0.9}\,Pr_b^{0.45}\,(\rho_w/\rho_b)^{0.143}\,(\overline{c_p}/c_{p,b})^{-1.93}$ 当 $T_b/T_{pc} \geqslant 0.95$ $Nu_b = 0.0195\,Re_b^{0.85}\,Pr_b^{0.45}\,(\rho_w/\rho_b)^{0.997}\,(\overline{c_p}/c_{p,b})^{0.782}$ 对于竖直向下流动 当 $T_b/T_{pc} < 0.95$ $Nu_b = 0.0195\,Re_b^{0.9}\,Pr_b^{0.45}\,(\rho_w/\rho_b)^{0.152}\,(\overline{c_p}/c_{p,b})^{-1.764}$ 当 $T_b/T_{pc} \geqslant 0.95$ $Nu_b = 0.0195\,Re_b^{0.905}\,Pr_b^{0.45}\,(\rho_w/\rho_b)^{0.0797}\,(\overline{c_p}/c_{p,b})^{-1.81}$	$p = 5.0\mathrm{MPa}$ $d = 1.8\mathrm{mm}$ $G = 1178.9\mathrm{kg/(m^2 \cdot s)}$ $q = 300 \sim 600\mathrm{kW/m^2}$ $T_{in} = 293 \sim 723\mathrm{K}$ 适用工质：RP-3
Huang 等[47]	当 $T_b/T_{pc} \leqslant 0.9$ $Nu_b = 0.01019\,Re_b^{0.9}\,Pr_b^{0.42}\,(c_{p,w}/c_{p,b})^{0.87}\,(\mu_w/\mu_b)^{0.4137}$ 当 $T_b/T_{pc} > 0.9$ $Nu_b = 0.01219\,Re_b^{0.82}\,Pr_b^{0.4}\,(c_{p,w}/c_{p,b})^{0.87}\,(\mu_w/\mu_b)^{0.4372}$	$p = 3.6 \sim 5.4\mathrm{MPa}$ $d = 2.0\mathrm{mm}$ $T_{in} = 433\mathrm{K}$ $G = 636.9 \sim 1114.6\mathrm{kg/(m^2 \cdot s)}$ $q = 270 \sim 350\mathrm{kW/m^2}$ 适用工质：RP-3

（续）

参考文献	关联式形式	关联式适用范围
Zhang 等[48]	$$Nu_b = 0.020 Re_b^{0.82} Pr_b^{0.40} (\mu_b/\mu_w)^{0.16}$$	$p = 4.0 \sim 4.3\text{MPa}$ $d = 1.5\text{mm}$ $T_b = 297 \sim 870\text{K}$ $G = 526.3 \sim 1052.5\text{kg}/(\text{m}^2 \cdot \text{s})$ $T_w = 447 \sim 996\text{K}$ 适用工质：正癸烷
Fu 等[49]	当 $0.52 \leqslant T_b/T_{pc} < 0.95$ $$Nu_b = 0.0151 Re_b^{0.88} Pr_b^{0.22} \left(\frac{\rho_w}{\rho_b}\right)^{0.31} \left(\frac{c_{p,w}}{c_{p,b}}\right)^{-0.47} \left(\frac{\mu_w}{\mu_b}\right)^{0.20}$$ 当 $0.95 \leqslant T_b/T_{pc} \leqslant 1.09$ $$Nu_b = 0.0018 Re_b^{1.23} Pr_b^{-0.14} \left(\frac{\rho_w}{\rho_b}\right)^{0.97} \left(\frac{c_{p,w}}{c_{p,b}}\right)^{2.31} \left(\frac{\mu_w}{\mu_b}\right)^{1.27}$$	$p = 5.0\text{MPa}$ $d = 1.86\text{mm}$ $T_{in} = 373 \sim 673\text{K}$ $G = 786.5 \sim 1573\text{kg}/(\text{m}^2 \cdot \text{s})$ $q = 180 \sim 450\text{kW}/\text{m}^2$ 适用工质：RP-3
Liu 等[56]	$$\frac{Nu}{Nu_f} = \left[\left\| 1 + A \cdot Bo^* \left(\frac{\bar{c_p}}{c_{p,b}}\right)^a \left(\frac{\rho}{\rho_b}\right)^b \left(\frac{Nu}{Nu_f}\right)^{-2} \right\| \right]^{0.46}$$ 对于向上流动：$A = -8.45 \times 10^5, a = -2.23, b = 0.14$ 对于向下流动：$A = 3.62 \times 10^5, a = -2.75, b = -1.84$	$2.5 < p < 7\text{MPa}$ $16℃ < T_b < 500℃$ 适用工质：正癸烷

3.4.3　超临界碳氢燃料流动换热关联式适用性分析

在 3.4.1 节和 3.4.2 节中，列出了大量有关可用于超临界碳氢燃料流动换热的换热关联式形式，而其适用性往往局限于关联式提出者所开展的实验对应及覆盖的参数范围。南京航空航天的陈玮玮博士在其博士论文《管内超临界流动传热特性及应用研究》[57]中引入了换热关联式适应性评价指标，并对各换热关联式对超临界碳氢燃料管内流动换热的适用性做了详细的评估，本章以其研究结果为主要依据进行相关介绍。

3.4.3.1　适应性评价指标

为了评价超临界压力传热关联式对实验数据的贴合程度，引入传热系数的平均绝对相对误差 MAD、平均相对误差 MRD 以及标准差 SD 分别用来衡量传热关联式的平均预测精度、偏离方向以及离散程度。辅助指标 R_{20} 表示预测相对误差在 $\pm 20\%$ 以内的数据点占总数据的百分比。以上部分评价指标的具体表达形式如下各式：

$$\mathrm{MAD} = \frac{1}{N} \sum_{i=1}^{N} | \mathrm{RD}(i) | \qquad (3-99)$$

$$\mathrm{MRD} = \frac{1}{N} \sum_{i=1}^{N} \mathrm{RD}(i) \qquad (3-100)$$

$$\mathrm{SD} = \sqrt{\frac{1}{N-1} \sum_{i=1}^{N} [\mathrm{RD}(i) - \mathrm{MRD}]^2} \qquad (3-101)$$

式中　N——数据点总个数；

　　　i——第 i 个数据点；

　　　RD——相对误差，计算公式为

$$\mathrm{RD}(i) = \frac{\alpha(i)_{\mathrm{pred}} - \alpha(i)_{\mathrm{exp}}}{\alpha(i)_{\mathrm{exp}}} \qquad (3-102)$$

3.4.3.2　碳氢燃料的关联式适用性分析

将本章节综述的 13 个超临界碳氢燃料的关联式以及亚临界压力下经典的 Dittus-Boelter 关联式[58]，Sieder-Tate 关联式[59] 和 Gnielinski 关联式[60] 与 1722 组实验数据进行对比，发现有 5 个关联式的 MAD 值小于 40%，如表 3-11 所列。由表可知，Gnielinski 关联式[60] 的预测精度最高，其 MAD 值为 28.9%，且 47.1% 的数据预测误差在 ±20% 以内。关联式的 MRD 值为正数，表明其对实验数据总体是偏大预测，同时 Gnielinski 关联式[60] 对应的 SD 值也说明该关联式预测误差的离散程度也是最小的。

表 3-11　碳氢燃料的关联式与所有实验数据贴合度统计表

（%）

关联式文献	MAD	MRD	SD	R_{20}
Gnielinski[60]	28.9	14.2	38.8	47.1
Dittus 和 Boelter[58]	31.6	14.0	42.4	44.6
Li 等[55]	32.7	19.9	42.6	45.3
Zhong 等[58]	32.8	1.8	44.4	39.5
Huang 等[47]	35.5	19.5	50.7	43.4

对于 914 组竖直向上区域的实验数据，16 个关联式中有 4 个关联式的 MAD 值小于 40%，如表 3-12 所列。由表可知，Gnielinski 关联式[60] 的预测精度最高，其

MAD 值为 36.3%,且 42.6% 的数据预测误差在 ±20% 以内。MRD 值为正数,表明其对实验数据总体是偏大预测,同时 SD 值也说明该关联式预测误差的离散程度也是最小的。通过对比表 3-11 与表 3-12 可以发现,对于同一关联式,竖直向上区域实验数据的预测精度有一定程度的降低。

表 3-12　碳氢燃料的关联式与竖直向上实验数据贴合度统计表

（%）

关联式文献	MAD	MRD	SD	R_{20}
Gnielinski[60]	36.3	25.3	44.9	42.6
Zhong 等[54]	36.4	8.8	49.0	36.0
Dittus 和 Boelter[58]	38.5	25.2	48.1	40.9
Huang 等[47]	39.3	25.3	53.7	40.3

对于 808 组竖直向下区域的实验数据,16 个关联式中有 9 个关联式的 MAD 值小于 40%,如表 3-13 所列。由表可知,Gnielinski 关联式[60] 的预测精度最高,其 MAD 值为 20.5%,而且 52.2% 的数据预测误差在 ±20% 以内。MRD 值为正数,表明其对实验数据总体是偏大预测,同时 SD 值也说明该关联式预测误差的离散程度也是最小的。通过与表 3-12 以及表 3-13 的对比发现,同一关联式对于竖直向下区域实验数据的预测精度要比竖直向上以及所有数据的精度要高,这是因为竖直向下流动为浮升力阻滞流,流体相互掺混增加了湍流程度和换热效果,传热更容易被预测。

表 3-13　碳氢燃料的关联式与竖直向下实验数据贴合度统计表

（%）

关联式文献	MAD	MRD	SD	R_{20}
Gnielinski[60]	20.5	1.7	25.1	52.2
Li 等[55]	23.7	7.8	29.5	50.4
Dittus 和 Boelter[58]	23.8	1.4	30.3	48.8
Zhong 等[54]	28.8	-6.1	37.0	43.4
Huang 等[47]	31.2	13.0	46.3	46.9
Sieder 和 Tate[59]	34.2	21.6	39.4	38.1
Stiegemeier 等[53]	35.2	28.3	33.4	31.7
Zhang 等[48]	35.7	22.8	41.1	36.5
Deng 等[44]	39.5	18.8	53.3	39.4

对于746组传热强化区域的实验数据,16个关联式中有10个关联式的MAD值小于40%,如表3-14所列。由表可知,Sieder-Tate 关联式[59]的预测精度最高,其MAD值为15.8%,而且69.7%的数据预测误差在±20%以内。MRD值为负数,表明其对实验数据总体是偏小预测,从SD值大小来看 Dittus-Boelter 关联式[58]预测误差的离散程度最小。通过对比发现,传热强化区域数据的预测较为容易,多个关联式能在±20%以内的误差范围内预测大部分的实验数据。

表 3-14　碳氢燃料的关联式与传热强化区域实验数据贴合度统计表

(%)

关联式文献	MAD	MRD	SD	R_{20}
Sieder 和 Tate[59]	15.8	−5.4	18.7	69.7
Stiegemeier 等[53]	15.9	4.5	18.5	63.5
Zhang 等[48]	16.5	−4.9	19.9	66.6
Giovanetti 等[50]	17.2	1.5	20.0	60.1
Gnielinski[60]	17.3	−16.2	15.2	60.2
Dittus 和 Boelter[58]	20.3	−20.3	14.8	50.8
Li 等[55]	20.4	−8.1	24.3	57.4
Huang 等[47]	30.5	2.8	41.3	44.2
Zhong 等[54]	35.8	−13.3	39.8	20.6
Deng 等[44]	37.8	12.4	49.3	40.3

对于976组传热正常区域的实验数据,16个关联式中仅有3个关联式的MAD值小于40%,如表3-15所列。由表可知,Zhong 等的关联式[54]的预测精度最高,其MAD值为30.5%,且53.9%的数据预测误差在±20%以内。MRD值为正数,表明其对实验数据总体是偏大预测,从SD值大小来看 Gnielinski 关联式[60]预测误差的离散程度最小。通过对比发现,传热正常区域数据的预测较为困难,多数关联式对实验数据的预测误差都超过了40%。

表 3-15　碳氢燃料的关联式与传热正常区域实验数据贴合度统计表

(%)

关联式文献	MAD	MRD	SD	R_{20}
Zhong 等[54]	30.5	13.4	44.3	53.9
Gnielinski[60]	37.7	37.5	35.1	37.1
Huang 等[47]	39.3	32.3	53.5	42.7

结合以上所有关于碳氢燃料关联式的评价结论可以发现,对于不存在传热恶化的情况,超临界 RP-3 在竖直管内传热的预测仍然可以使用传统的亚临界管内传热关联式,但其预测精度比亚临界条件下大为降低。

3.4.4 考虑裂解的超临界碳氢燃料流动换热关联式

热裂解对碳氢燃料流动换热的影响,从表象上看,热裂解为吸热反应,其必然会增强流体带走热量的能力,从而有利于换热。但是从进一步的分析来看,热裂解反应不仅会吸热,还会带来物性的变化,从而导致流动状态的变化。热裂解导致的流动状态的变化和热裂解反应在管内的分布有关,与热分层所导致的换热预测的特殊性类似,热裂解反应的分层分布也必将导致特殊的问题。

由于上述热裂解反应带来的特殊问题,在裂解区仍采用传统的换热关联式将会带来较大的误差,哈尔滨工业大学的于彬在其硕士论文中发现,无论是在相同的压力水平下、入口流速变化条件下(图 3-37(a)),还是在入口流速相同、压力水平变化条件下(图 3-37(b)),正癸烷在裂解前后都呈现出不同的换热规律。在裂解区前,正癸烷的流动换热较为符合 DB 公式,在裂解区后,正癸烷的流动换热显著偏离 DB 曲线。

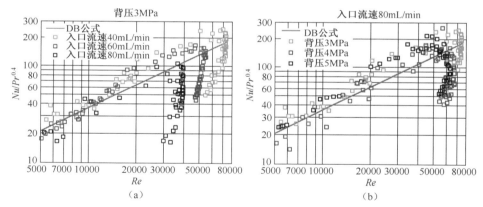

图 3-37　裂解条件下 $Nu/Pr^{0.4}$ 与 Re 的关系曲线

为了评估带有化学反应的流动与加热壁面的受迫对流换热,日本东京工业大学的 Kimura 和 Aritomi 提出了一种基于现象学的分析方法,避免了对化学反应复杂的机理和非线性分析[61,62]。

为了描述由化学反应引起的宏观的吸热变化,该方法引入了一个与具体化学反应有关的状态变量反应程度 ξ。同时,该方法假设将带有化学反应的流动与加热壁面的受迫对流换热过程视为两个独立的理想的状态变化过程:等压等化学反应程度过程和等压等温过程。借此,考虑化学反应吸热的比焓则成为温度 T 与反应程度 ξ 的状态参数。基于此,再次引入与 ξ 相关的化学比热容 $\hat{h}_{p,T}$,借此统一流体的受热与化学反应两个过程。

$$d\xi = \frac{dN_1}{\nu_1} = \frac{dN_2}{\nu_2} = \cdots = \frac{dN_i}{\nu_i} = \frac{dN_n}{\nu_n} \tag{3-103}$$

$$\hat{h}_{p,T} \equiv (\partial \hat{h}/\partial \xi)_{p,T}(\text{J}/(\text{kg} \cdot \text{mol})) \tag{3-104}$$

比焓可进一步表示为

$$d\hat{h}(T,\xi) = \hat{c}_{p,\xi}dT + \hat{h}_{p,T}d\xi \tag{3-105}$$

$$\hat{c}_{p,\xi} \equiv (\partial h/\partial T)_{p,\xi}(\text{J}/(\text{kg} \cdot \text{K})) \tag{3-106}$$

其中。$\hat{h}_{p,T}$ 与 $\hat{c}_{p,\xi}$ 的具体物理含义见图 3-38。

带有化学反应的流动与加热壁面的受迫对流换热量取决于与 T、$\hat{c}_{p,\xi}$ 有关的物理吸热量和与 ξ、$\hat{h}_{p,T}$ 有关的化学吸热量。通过傅里叶定律的类比,引入无量纲参数 Pr_ξ/Pr_T 用于描述传热过程与化学反应过程输运比;引入无量纲参数 Γ_p 描述总热量在物理吸热和化学吸热中的分布。

$$\Gamma_p \equiv \frac{\hat{h}_{p,T,w}\Delta\xi_w}{\hat{c}_{p,\xi,w}\Delta T_w} = \frac{(\partial \hat{h}^*/\partial \xi^*)_{p,T}|_{y=0}}{(\partial \hat{h}^*/\partial T^*)_{p,\xi}|_{y=0}} = \frac{\hat{h}^*_{p,T,w}}{\hat{c}^*_{p,\xi,w}} \tag{3-107}$$

最终,有效换热能力 Nu 与不包括化学反应的传热能力 Nu_ξ 的比值 Nu^* 在实际过程中与参数 Pr_ξ/Pr_T 和 Γ_p 相关。而等式右边的部分指的就是实际化学反应吸热过程带来的对流换热能力增益。

$$Nu_x^* = 1 + \frac{Pr_{\xi,w}}{Pr_{T,w}} \cdot \frac{d\xi^*}{dT^*}\bigg|_{y=0} \cdot \Gamma_p \tag{3-108}$$

考虑实际的对流换热过程中,流体的状态可能是层流,也可能是湍流。但是由能量守恒可以知道,壁面与流体的实际换热量也就是流体在壁面的边界层中通过的热量。因此,评估带有化学反应的流动在加热壁面的受迫对流换热能力,只要评估壁面边界层流体的换热能力就能说明问题。因此,可以将边界层理论应用到该方法中。

Kimura 和 Aritomi 发现,虽然湍流和层流有不同的流动状态和传热能力,但是若对充分发展的湍流边界层做下面三点假设,则两种流动状态下的实际有效换热能力 Nu^* 的表达式会统一起来:

(1) Boussinesq 假设。

(2) 湍流边界层 Pr 类比。

在湍流边界层的黏性底层内,垂直于流动方向的热流密度变化为零;流体输运

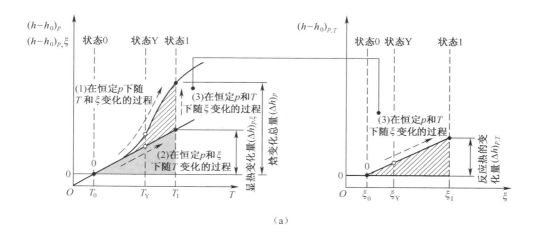

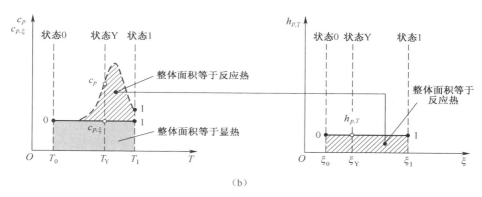

图 3-38　$\hat{h}_{p,T}$ 与 $\hat{c}_{p,\xi}$ 具体物理含义示意图

(a) $\hat{h}_{p,T}$；(b) $\hat{c}_{p,\xi}$。

性质不受湍流涡黏效应的影响;黏性底层内流体温度 T、径向速度 u_y、化学反应程度 ξ 均呈线性变化。

(3) 湍流边界层 Re 类比。

湍流边界层分为黏性底层和湍流层,黏性底层可以忽略,而湍流层的行为可以代表整个湍流边界层的行为。

最终,带有化学反应的流动与加热壁面的受迫对流换热过程中,流体实际的有效换热能力可以统一表达如下:

$$Nu_x^* \approx 1 + \Gamma_p \tag{3-109}$$

$$Nu_x^* \approx Nu_{x,\xi}(1 + \Gamma_p) \tag{3-110}$$

Γ_p 的计算与流体的实际流动状态有关。当流体内的化学反应为吸热反应时,

$\Gamma_p > 0, Nu^* > 1$,代表化学反应促进该对流换热过程;而当流体内的化学反应为放热反应时,$\Gamma_p < 0, Nu^* < 1$,代表化学反应抑制该对流换热过程;而如果流体内部没有化学反应发生,则 $\Gamma_p = 0, Nu^* = 1$。

　　总体来看,该方法具有积极的意义,但是还未考虑热裂解分层对流动换热关联式带来的影响,在未来的研究中,还将会出现更加完善的能够描述带有热裂解反应的流动换热关联式。

参考文献

［1］Salakhutdinov G M. Development of methods of cooling liquid propellant rocket engines (Zh RDs),1903~1970 [J]. History of Rocketry and Astronautics,1990:115-122.

［2］于文力. 超临界压力下正癸烷对流换热实验研究[D]. 哈尔滨:哈尔滨工业大学,2014.

［3］王夕. 超临界压力吸热型碳氢燃料热裂解及传热特性研究[D]. 北京:清华大学,2013.

［4］Ward T A, Ervin J S, Striebich R C,et al. Simulations of flowing mildly-cracked normal alkanes incorporating proportional product distributions[J]. Journal of Propulsion and Power, 2004, 20(3): 394-402.

［5］Ward T A, Ervin J S, Zabarnick S, et al. Pressure effects on flowing mildly-cracked n-decane[J]. Journal of Propulsion and Power,2005,21(2): 344-355.

［6］Stewart J, Brezinsky K, Glassman I. Supercritical pyrolysis of decalin, tetralin, and n－decane at 700 ~ 800K. product distribution and reaction mechanism[J]. Combustion Science and Technology,1998,136(1 - 6):373-390.

［7］Jiang R, Liu G, Zhang X. Thermal cracking of hydrocarbon aviation fuels in regenerative cooling microchannels [J]. Energy & Fuels, 2013, 27(5):2563-2577.

［8］Zhou H, Gao X K, Liu P H, et al. Energy absorption and reaction mechanism for thermal pyrolysis of n-decane under supercritical pressure[J]. Applied Thermal Engineering, 2016,112:403-412.

［9］Wang Y, Zhao Y, Liang C,et al. Molecular-level modeling investigation of n-decane pyrolysis at high temperature[J]. Journal of Analytical and Applied Pyrolysis, 2017, 128: 412-422.

［10］Pioro I L, Duffey R B. Experimental heat transfer in supercritical water flowing lnside channels (survey)[J]. Nuclear Engineering & Design, 2005, 235(22):2407-2430.

［11］Duffey R B,Pioro. Experimental heat transfer of supercritical carbon dioxide flowing lnside channels (survey) [J]. Nuclear Engineering & Design, 2005, 235(8):913-924.

［12］Cheng X, Schulenberg T, Karlsruhe F, et al. Heat transfer at supercritical pressures-literature review and application to an HPLWR [R]. karlsruhe:Forschungszentrum Karlsruhe GmbH,2001.

［13］David E,Harry B. Experimental and numerical investigations of an endothermic fuel cooling capacity for scramjet application[C]//AIAA Paper 2005-3404,2005.

［14］Ackerman J W. Pseudo-boiling heat transfer to supercritical pressure water in smooth and ribbed tubes[J]. Heat Transfer, 1970,92:490-498.

［15］Nishikawa K,Ito T, Yamashita H. Free-convection heat transfer to a supercritical fluid[J]. Journal of Heat Transfer,1973,89:187-191.

[16] Mceligot D M, Jackson J D. "Deterioration" criteria for convective heat transfer in gas flow through non-circular ducts [J]. Nuclear Engineering and Design, 2004, 232(3): 327-333.

[17] Kao M T, Min L, Ferng Y M, et al. Heat transfer deterioration in a supercritical water channel [J]. Nuclear Engineering & Design, 2010, 240(10): 3321-3328.

[18] Pizzarelli M, Urbano A, Nasuti F. Numerical analysis of deterioration in heat transfer to near-critical rocket propellants [J]. Numerical Heat Transfer, Part A: Applications, 2010, 57(5): 297-314.

[19] Wen Q L, Gu H Y. Numerical simulation of heat transfer deterioration phenomenon in supercritical water through vertical tube [J]. Annals of Nuclear Energy, 2010, 37(10): 1272-1280.

[20] Zhou W, Bao W, Qin J, et al. Deterioration in heat transfer of endothermal hydrocarbon fuel [J]. Journal of Thermal Science, 2011, 20(2): 173-180.

[21] Lei X, Li H, Zhang Y, et al. Effect of buoyancy on the mechanism of heat transfer deterioration of supercritical water in horizontal tubes [J]. Journal of Heat Transfer, 2013, 135(7): 071703.

[22] Liu L, Xiao Z, Yan X, et al. Heat transfer deterioration to supercritical water in circular tube and annular channel [J]. Nuclear Engineering & Design, 2013, 255:97-104.

[23] Wang Y, Li S, Dong M. Numerical study on heat transfer deterioration of supercritical n-decane in horizontal circular tubes [J]. Energies, 2014, 7(11): 7535-7554.

[24] Dang G, Zhong F, Zhang Y, et al. Numerical study of heat transfer deterioration of turbulent supercritical kerosene flow in heated circular tube [J]. International Journal of Heat and Mass Transfer, 2015, 85: 1003-1011.

[25] Jackson J D, Hall W B. Influences of buoyancy on heat transfer to fluids flowing in vertical tubes under turbulent conditions [J]. 1979, 2:613-640.

[26] Hiroaki T, Ayao T, Masaru H, et al. Effects of buoyancy and of acceleration owing to thermal expansion on forced turbulent convection in vertical circular tubes—criteria of the effects, velocity and temperature profiles, and reverse transition from turbulent to laminar flow [J]. International Journal of Heat & Mass Transfer, 1973, 16(6):1267-1288.

[27] Kurganov V A, Kaptilnyi A G. Flow structure and turbulent transport of a supercritical pressure fluid in a vertical heated tube under the conditions of mixed convection. experimental data [J]. International Journal of Heat and Mass Transfer, 1993, 36(13):3383-3392.

[28] Yamagata K, Nishikawa K, Hasegawa S, et al. Forced convective heat transfer to supercritical water flowing in tubes [J]. International Journal of Heat & Mass Transfer, 1972, 15(12):2575-2593.

[29] Koshizuka S, Takano N, Oka Y. Numerical analysis of deterioration phenomena in heat transfer to supercritical water [J]. International Journal of Heat & Mass Transfer, 1995, 38(16):3077-3084.

[30] Urbano A, Nasuti F. Onset of heat transfer deterioration in supercritical methane flow channels [J]. Journal of Thermophysics And Heat Transfer, 2013, 27(2):298-308.

[31] Jackson J D, Hall W B. Influences of buoyancy on heat transfer to fluids flowing in vertical tubes under turbulent conditions [J]. 1979, 2:613-640.

[32] 顾毓珍. 湍流传热导论 [M]. 上海:上海科学技术出版社, 1964.

[33] 胡志宏,陈听宽,罗毓珊,等. 超临界压力下煤油传热特性试验研究[J]. 西安交通大学学报, 1999, 33 (9):62-65.

[34] Masters P A, Aukennan C A. Deposit formation and heat-transfer characteristics of hydrocarbon rocket fuels

[J]. Journal of spacecraft and Rockets,1985,22(5):574-580.

[35] 祁锋. 液体火箭发动机推力室的再生冷却模型及计算仿真[J]. 推进技术,1992,2:31-37.

[36] Giovanetti A J,Spadaccini L J,Szetela E J. Deposit formation and heat-transfer characteristics of hydrocarbon rocket fuels [J]. Spacecraet,2012,22:574-580.

[37] Stiegemeier B,Meyer M L,Taghavi R. A thermal stability and heat transfer investigation of five hydrocarbon fuelas [C]//AIAA Paper 2002-3873,2002.

[38] Bao W, Li X, Qin J, et al. Efficient utilization of heat sink of hydrocarbon fuel for regeneratively cooled Scramjet[J]. Applied Thermal Engineering, 2012, 33:208-218.

[39] Qin J, Zhang S, Bao W, et al. Experimental study on the performance of recooling cycle of hydrocarbon fueled Scramjet engine[J]. Fuel, 2013, 108:334-340.

[40] Jiang P, Yan J, Yan S, et al. Thermal cracking and heat transfer of hydrocarbon fuels at supercritical pressures in vertical tubes[J]. Heat Transfer Engineering, 2018:1-13.

[41] 英克鲁佩勒 F P,德维特 D P,伯格曼 T L. 传热和传质基本原理[M]. 葛新石,叶宏,译. 北京:化学工业出版社, 2007.

[42] Edwards T, Zabarnick S. Supercritical fuel deposition mechanisms[J]. Industrial & Engineering Chemistry Research, 1993, 32(12):3117-3122.

[43] Zhang C B, Tao Z, Xu G, et al. Heat transfer investigation of the sub- and supercritical fuel flow through a U-turn tube[C]. Proceedings of Turbine-09, the ICHMT Int. Symposium on Heat Transfer in Gas Turbine Systems, Antalya, 2009.

[44] Deng H, Zhu K, Xu G, et al. Heat transfer characteristics of RP-3 kerosene at supercritical pressure in a vertical circular tube[J]. Journal of Enhanced Heat Transfer, 2012, 19 (5):409-421.

[45] 张斌,张春本,邓宏武,等. 超临界压力下碳氢燃料在竖直圆管内换热特性[J]. 航空动力学报, 2012, 27(3):595-603.

[46] Zhang C, Xu G, Gao L, et al. Experimental investigation on heat transfer of a specific fuel (RP-3) flows through downward tubes at supercritical pressure[J]. The Journal of Supercritical Fluids, 2012, 72:90-99.

[47] Huang D, Li W, Zhang W, et al. Experimental study on heat transfer of supercritical kerosene in a vertical upward tube[C]. Proceedings of the ASME 2013 Heat Transfer Summer Conference, Minneapolis, 2013.

[48] Zhang L, Zhang R L, Xiao S D, et al. Experimental investigation on heat transfer correlations of n-decane under supercritical pressure[J]. Int. J. Heat Mass Transfer, 2013, 64:393-400.

[49] Fu Y, Tao Z, Xu G, et al. Experimental study on heat transfer characteristics to supercritical hydrocarbon fuel in a horizontal micro-tube[C]. Proceeding of ASME Turbo Expo 2014:Turbine Technical Conference and Exposition, Düsseldorf,2014.

[50] Giovanetti A J, Spadaccini L J, Szetela E J. Deposit formation and heat-transfer characteristics of hydrocarbon rocket fuels[J]. Journal of Spacecraft and Rockets, 1985, 22(5):574-580.

[51] Hitch B, Karpuk M. Enhancement of heat transfer and elimination of flow oscillations in supercritical fuels [C]. Proceedings of the 34th AIAA/ASME/SAE/ASEE Joint Propulsion Conference & Exhibit, Cleveland,1998.

[52] 胡志宏,陈听宽,罗毓珊,等. 高热流条件下超临界压力煤油流过小直径管的传热特性[J]. 化工学报, 2002, 53(2):134-138.

[53] Stiegemeier B, Meyer M L, Taghavi R. A thermal stability and heat transfer investigation of five hydrocarbon

fuels:JP-7, JP-8, JP-8+100, JP-10, and RP-1[C]. Proceedings of the 38th AIAA/ASME/SAE/ASEE Joint Propulsion Conference & Exhibit, Indianapolis,2002.

[54] Zhong F, Fan X, Yu G, et al. Heat transfer of aviation kerosene at supercritical conditions[C]. Proceedings of the 44th AIAA/ASME/SAE/ASEE Joint Propulsion Conference & Exhibit, Hartford, 2008.

[55] Li X, Huai X, Cai J, et al. Convective heat transfer characteristics of China RP-3 aviation kerosene at supercritical pressure[J]. Applied Thermal Engineering, 2011, 31(14):2360-2366.

[56] Liu B, Zhu Y H, Yan J J,et al. Experimental investigation of convection heat transfer of n-decane at supercritical pressures in small vertical tubes[J]. Int J HeatMass Transf 2015,91:734-46.

[57] 陈玮玮. 管内超临界流动传热特性及应用研究[D]. 南京:南京航空航天大学,2016.

[58] Dittus F W, Boelter L M K. Heat transfer in automobile radiators of the tubular type[J]. University of California Publications in English,1930, 2:443-461.

[59] Sieder E N, Tate G E. Heat transfer and pressure drop of liquids in tubes[J]. Industrial&Engineering Chemistry, 1936, 28(12):1429-1435.

[60] Gnielinski V. New equations for heat and mass-transfer in turbulent pipe and channel flow[J]. International Chemical Engineering, 1976, 16(2):359-368.

[61]Kimura H, Aritomi M. Method for evaluation of effective forced-convective heat transfer rate associated with chemical heat absorption of heated fluid mixture:Part I [J]. International Journal of Heat and Mass Transfer, 2011, 54(9-10):2144-2153.

[62] Kimura H , Aritomi M . Method for evaluation of effective forced-convective heat transfer rate associated with chemical heat absorption of heated fluid mixture:Part II [J]. International Journal of Heat and Mass Transfer, 2011, 54(11-12):2703-2712.

第<big>4</big>章 超燃冲压发动机再生冷却结构设计优化

本书第 3 章对超燃冲压发动机再生冷却通道内的基础流动换热原理进行了详细的介绍,本章主要是在此基础上针对再生冷却超燃冲压发动机的应用非常重要的方面——冷却通道的结构设计进行介绍,为再生冷却超燃冲压发动机的实际工程应用提供参考。

超燃冲压发动机的再生冷却通道最常见的结构形式为矩形结构,冷却结构设计参数主要是指冷却通道的高度、宽度、上下壁面厚度、肋厚。其结构参数设计优化的首要目标是保证发动机的安全运行。在此基础上,兼顾发动机的强度等其他特性。

超燃冲压发动机再生冷却通道的结构参数设计通常以发动机冷却通道受热均匀为前提假设进行,在这一假设前提下,本章将首先介绍超燃冲压发动机再生冷却结构参数的优化设计原则,对常用的再生冷却通道结构参数设计原则进行分类和介绍;然后对超燃冲压发动机再生冷却通道结构参数设计的一维、多维设计方法和模型进行总结及分析;在此基础上介绍再生冷却通道结构参数对冷却性能的影响和优化结论。最后,本章将对实际超燃冲压发动机热载荷不均匀的情况进行补充,介绍非均匀热载荷条件下并联冷却通道设计的特点以及相应的设计方法和结果。

4.1 再生冷却结构优化设计原则

对于所有的航空发动机而言,其冷却系统的首要目标都是在有限的冷却剂流量下保证发动机不被烧毁,能够稳定地运行。在此前提上,结合发动机的性能需求等,可以提出其他的补充优化设计原则。

一般来说,常见的再生冷却系统设计是以满足发动机壁面最大热载荷处的冷却需求来进行设计。这样,在冷却通道结构不变的情况下,就需要以最大的冷却燃料流量来对发动机进行整体的冷却。这种原则实施起来较为简单直接,可以保障整个发动机可靠工作,但是这种设计原则存在一定的弊端:冷却剂在低热载荷处必然会带走过多的热量,导致该低热载荷处壁温过低,造成过度冷却,一方面会增大冷却用燃料流量,另一方面考虑到发动机热壁面温度对燃烧过程的影响,在一定程度上会影响燃烧室内部的燃烧效率,降低发动机的性能;同时飞行器实际运行时,冷却用燃料流量与燃烧用燃料流量可能存在的不匹配性导致多余冷却用燃料被抛弃,而用最大热载荷冷却需求来进行冷却设计,相对抛弃的就更多,这也将大大降低发动机的性能[1]。

针对上述问题,哈尔滨工业大学高超声速技术研究中心提出一种再生冷却结构设计原则,以期能够在满足发动机冷却需求的前提下,最大限度地发挥有限燃料的冷却能力,从而提升被冷却能力所限制的发动机飞行马赫数。这种冷却设计原则是"等壁面温度设计原则"[2],其核心思想是借鉴压力容器的等强度设计原则,要求在设计过程中保证发动机的壁面温度均保持在统一的温度水平,且低于燃烧室壁面的许用温度。这一设计原则的实现方式主要是在发动机壁面热流密度低处使用换热系数较低的换热结构,在热流密度高处使用增强型的换热结构,从而使发动机冷却后的壁面温度尽可能达到统一。另外值得指出的是,这种设计原则有助于减轻发动机壁面的热应力,提升发动机热结构的可靠性。

哈尔滨工业大学的谢凯利等[3]从再生冷却通道为带有化学反应的换热器这一视角,提出再生冷却过程是一个化学回热过程,在满足冷却的前提下,需要尽可能地提高化学回热效率,以提升发动机总体性能。

4.2 再生冷却结构设计流程及模型

4.2.1 再生冷却结构设计流程

超燃冲压发动机再生冷却系统参数优化设计一般采用模型设计结合实验验证的方式。如图4-1所示,首先需要根据需求设定发动机再生冷却系统优化指标,然后利用准一维或者一维快速分析设计模型对冷却系统进行初步的设计和优化;其次用多维数值仿真模型进行局部或特殊结构的合理性验证;最后根据设计结果设计原理性实验件及模型样机进行实验验证,并根据实验结果决定是否重新迭代。

4.2.2 再生冷却结构设计准一维模型

在高超声速飞行器结构设计阶段,需要针对推进系统进行大量性能预测,这要求 CFD 仿真技术能够适用于任何结构,且要求有效率较高的计算方法能够很快预

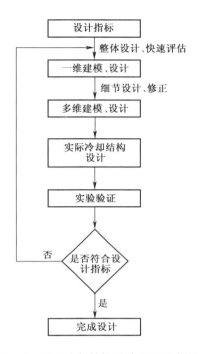

图 4-1　再生冷却结构设计流程示意图

测不同发动机构型下的推进系统性能,因此,计算效率高的一维模型在结构设计阶段被广泛应用[4]。本节以哈尔滨工业大学段艳娟等[5]开发的冷却结构设计准一维模型为例,对再生冷却结构设计准一维模型进行详细的介绍。

　　超燃冲压发动机的再生冷却结构设计模型主要考虑燃气与冷却剂之间的换热,整体的换热过程包含三个环节:高温燃气和热侧壁面之间的对流换热、燃烧室壁面的导热过程和冷却剂与冷却侧壁面之间的对流换热三个环节。图 4-2 为发动机再生冷却结构传热过程示意图。

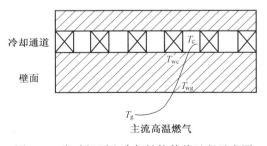

图 4-2　发动机再生冷却结构传热过程示意图

需要特别指出的是,作为燃气的主要产生过程,燃烧室内的燃烧过程对再生冷却通道结构设计至关重要。一方面,燃烧室内超声速来流带来的气动热和燃料燃烧释热所引起的热载荷,通过燃烧室壁面传到冷却通道,被通道内的冷却剂带走,从而引起冷却剂在通道内逐渐升温;另一方面,从冷却通道出来的被加热的冷却剂进入燃烧室内燃烧,燃料作为冷却剂在冷却通道内所吸收的热量重新注入燃烧室,给燃烧室带来了质量添加和能量添加。再生冷却利用持续流动的冷却剂带走燃烧室传过来的热量,冷却剂吸热后喷入燃烧室燃烧,这一循环过程有助于提高系统的效率[6]。燃料在冷却通道内吸热引起的焓增注入燃烧室时,给燃气带来另外一种形式的能量添加,考虑焓增的重新添加,才能充分体现燃料冷却吸热的热量回注过程。燃气向壁面的散热损失对燃气流动参数影响很大,而燃气的温度和压力等参数以及壁面温度分布又影响到燃气和燃烧室壁面之间的热通量,考虑再生冷却过程对燃烧过程的影响,才能合理设计主动冷却通道结构。

基于上述分析,哈尔滨工业大学的段艳娟等建立了如图4-3所示的考虑燃烧影响的再生冷却过程耦合传热模型维逻辑框图,燃料注入为燃烧室带来了质量、动量以及能量添加。燃烧模型为冷却过程模型提供高温燃气的参数分布,如压力、温度以及速度等。

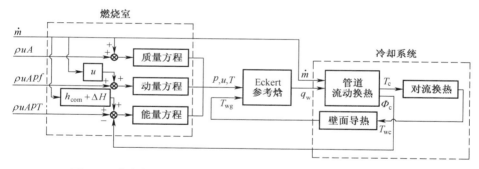

图4-3 考虑燃烧影响的再生冷却过程耦合传热模型组成示意图

再生冷却过程耦合换热模型主要包括超燃冲压发动机燃烧过程模型、燃气与燃烧室壁面之间的换热、壁面导热、冷却通道内冷却剂的吸热与裂解和冷却通道侧壁面与冷却剂的对流换热模型。

整个再生冷却过程耦合换热模型的具体计算过程为:给定一个初始的燃烧室高温侧壁面温度,利用参考焓方法给出燃烧室内高温燃气和热侧壁面之间的热流密度;燃烧室散失的热量均被冷却剂带走,通过热平衡,可得到冷却剂在冷却通道内的流动参数;接着,根据冷却剂和壁面之间的对流换热过程,可得到冷却通道侧壁面温度,再经由壁面导热得到一个新的燃烧室侧壁面温度;这个新的燃烧室高温侧壁面温度与之前给定的相对比,如不在误差范围内,校正燃烧过程以及高温燃气侧壁面温度,继续进行运算,直到前后两次运算的温度值在误差范围内,认为计算收敛。接下来将对整个模型中的各个子过程进行详细的介绍。

4.2.2.1　考虑再生冷却过程影响的超声速燃烧模型

超燃冲压发动机燃烧室模型的控制方程采用的方式和文献[7]中相同,由于考虑再生冷却过程的影响,不同的是方程源项考虑了散热损失以及焓增重新添加。方程组基于以下假设:

（1）燃烧室内流动为准一维流动,所有的流动参数以及通道面积都是轴向距离 x 的函数;

（2）在横截面方向,流动参数是均匀的;

（3）燃烧室内流体看作理想气体。

Navier-Stokes 方程可简化为以下形式:

$$\partial \overline{U}/\partial t + \partial \overline{F}/\partial x = \overline{W} \tag{4-1}$$

其中

$$\overline{U} = \begin{bmatrix} \rho A \\ \rho u A \\ \rho E A \end{bmatrix} \tag{4-2}$$

$$\overline{F} = \begin{bmatrix} \rho u A \\ \rho u^2 A + p A \\ \rho u H A \end{bmatrix} \tag{4-3}$$

$$\overline{W} = \begin{bmatrix} \dfrac{\partial \dot{m}}{\partial x} \\ F_{\text{wall}} + p \dfrac{\partial A}{\partial x} \\ h_{\text{com}} \dfrac{\partial \dot{m}}{\partial x} + \Delta H \dfrac{\partial \dot{m}}{\partial x} - \dfrac{\partial \Phi_{\text{c}}}{\partial x} \end{bmatrix} \tag{4-4}$$

燃料喷入燃烧室带来的质量添加体现在质量守恒方程中,$\dfrac{\partial \dot{m}}{\partial x}$ 表示燃料的质量添加过程[8];由于采用的是垂直喷嘴,燃料注入方向和高温燃气流动方向垂直,忽略了动量添加的影响;$h_{\text{com}} \dfrac{\partial \dot{m}}{\partial x}$ 代表燃料在点燃后燃烧释热所引起的能量添加[9],$\Delta H \dfrac{\partial \dot{m}}{\partial x}$ 表示冷却剂吸热引起的焓增的重新添加,能量守恒方程中的 $\dfrac{\partial \Phi_{\text{c}}}{\partial x}$ 代表燃烧室沿轴向方向单位长度内向冷却系统的热流量,即被冷却剂带走的热量。

要使方程封闭,需补充以下条件及方程:

(1) 燃烧室横截面面积 A 随着距离入口 x 位置的关系;

(2) 壁面摩擦系数[10]:

$$f = 0.472 \left(\lg Re_L \right)^{-2.58} / \left(1 + \frac{\gamma - 1}{2} Ma^2 \right)^{0.467} \tag{4-5}$$

(3) 混合长度[11]:

$$\frac{\partial \dot{m}}{\partial x} = \dot{m} \frac{\partial \eta_m}{\partial x} \tag{4-6}$$

$$\eta_m = \left\{ \frac{x}{L_m} + \frac{1}{50 + 1000\alpha} \right\}^\omega \tag{4-7}$$

其中 $\omega = 0.17 \sim 0.25$, $\frac{L_m}{b} \approx 0.179 C_m^{1.72\varphi}$ ($\varphi \leqslant 1$), $C_m = 25 \sim 60$。

(4) 高温燃气总内能和总焓为

$$E = e + \frac{u^2}{2} \tag{4-8}$$

$$H = e + \frac{u^2}{2} + \frac{p}{\rho} \tag{4-9}$$

采用 MacCormack's 方法[12]来对燃烧室内的流动过程进行求解,该方法在空间方向和时间方向都是二阶精度,最后求解得到的是准一维气流参数分布。

4.2.2.2 再生冷却过程耦合换热模型

再生冷却过程耦合换热模型采用基于热平衡计算的热分析方法[13],整个过程的主要假设有:

(1) 燃烧室传递出去的所有热量均被冷却剂吸收;

(2) 在冷却通道截面上的参数是均匀的;

(3) 忽略燃烧室壁面的轴向导热。

在计算过程中,燃烧室向冷却通道侧的换热过程考虑了高温侧对流换热、壁面导热以及冷却侧对流换热。

借鉴液体火箭发动机再生冷却热平衡计算方法,本文所采用超燃冲压发动机再生冷却过程耦合热模型分为四部分:燃气与燃烧室壁面之间的换热、壁面导热、冷却剂吸热裂解及冷却通道侧对流换热,再生冷却结构如图 4-4 所示。

1. 燃气与燃烧室壁面之间的换热

哈尔滨工业大学的艾青等[14]研究表明,超燃冲压发动机燃烧室内部黑体壁面时,辐射热流平均占壁面总热流的 5.2% ~ 7.8%,和对流换热的热流相比,该热

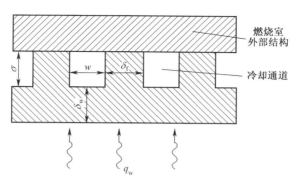

图 4-4　再生冷却结构传热示意图

流是比较小的,且燃烧室通道较小,壁面之间的辐射相互反射吸收。因此,燃气和燃烧室壁面之间的换热主要考虑其对流换热的热流密度,往往忽略辐射的影响。

参考焓方法被用来预测激波干涉下的边界层效应,准一维边界层分析的先决条件就是气体的物性必须可靠,能够反映整个边界层截面上的特点。当边界层截面上的温度变化时,就需要一个参考温度或者参考焓来确定气体物性。对层流和湍流附面层,常用方法为 Eckert 参考焓方法[15]。超燃冲压发动机燃烧室内部的流动和燃烧过程中,燃气流动速度很高,Eckert 参考焓方法是计算高速可压缩流动换热的经典方法,采用一个合适的平均参考温度或者参考焓值,假设边界层是恒定性质,换热过程可被描述如下:

$$q_{w} = St^{*} \cdot \rho_{e} V_{e} (h_{aw} - h_{w}) \tag{4-10}$$

式中　St^{*}——参考焓下的斯坦顿数,上标 * 意味着在参数计算中涉及的用参考温度计算作为定性温度的燃气物性;

　　　h_{aw}、h_{w}——绝热壁面温度下和壁面温度下的气体的焓值;

　　　ρ_{e}、V_{e}——燃烧室内高温燃气的密度和速度。

在典型的零压力梯度、固定壁面温度的平板流动条件下,St 数通过以下方程得到:

层流:

$$St^{*} = \frac{0.332}{Pr_{g}^{*\frac{2}{3}} Re_{gx}^{*\frac{1}{2}}} \tag{4-11}$$

湍流:

$$St^{*} = \frac{0.0287}{Pr_{g}^{*\frac{2}{5}} Re_{gx}^{*\frac{1}{5}}} \tag{4-12}$$

2. 壁面导热

燃烧室气动加热和燃烧释热所引起的热载荷通过燃烧室壁面传给冷却通道内

的冷却剂,通过燃烧室和冷却通道间的壁面导热过程如下所示:

$$q_{\mathrm{w}} = \frac{\lambda_{\mathrm{w}}}{\delta_{\mathrm{w}}} (T_{\mathrm{wg}} - T_{\mathrm{wc}}) \qquad (4-13)$$

超燃冲压发动机燃烧室内的热载荷比较大,为了使燃烧室内的热量能够尽快传到冷却侧被冷却剂带走,燃烧室壁面一般选取导热性能较好的金属材料,而且壁面尽量薄,有利于导热。较薄的结构就要求所选金属材料具有较高的强度,而能承受燃烧室的高温环境。

3. 冷却剂的吸热与裂解

通过燃烧室壁面传到冷却侧的热量在稳态情况下,全部被冷却剂吸收,冷却剂的吸热分为物理吸热与化学吸热,如下所示:

$$\Phi_{\mathrm{c}} = q_{\mathrm{w}} A_{\mathrm{c}} = \dot{m} (H_{\mathrm{p}} + Z H_{\mathrm{chem}}) \qquad (4-14)$$

式中　$\dot{m}$——冷却剂质量流量(kg/s);

Z——裂解率;

H_{p}——物理热沉(J/kg);

H_{chem}——单位燃料完全裂解所需要吸收的热量(J/kg)。

燃料的焓值是状态量,和燃料的定压比热容以及温度有关,可通过如下公式进行计算:

$$H_{\mathrm{p}} = \int_{T_{\mathrm{in}}}^{T_{\mathrm{out}}} c_{\mathrm{p}} \mathrm{d}t \qquad (4-15)$$

在冷却剂的吸热与裂解过程中,裂解率的计算比较复杂。已有的研究结果表明温度、压力和驻留时间等参数对碳氢燃料化学裂解的程度、裂解物总气相液相产物的成分等都有影响。驻留时间对燃料裂解的影响反映了流动和化学反应之间的关系,流动快慢能影响到相同距离内燃料化学反应的转化率。为了反映流动和化学裂解之间的关系,需要建立考虑流动特性的碳氢燃料裂解特性的模型,来模拟冷却剂在冷却通道内的裂解特性。

目前,对碳氢燃料化学裂解进行描述的模型主要有三种:详细机理模型、集总机理模型和一阶集总模型。对于一维模型,一阶集总模型具有较为广泛的适用性和经济性,因此本书主要介绍一阶集总模型的嵌入方法。下面以正癸烷作为碳氢燃料的代表来进行介绍。

正癸烷(n-Decane)作为航空煤油的代表,其分子式为 $C_{10}H_{22}$,临界温度和压力分别为617.7K和2.11MPa。本章所采用的一阶集总模型来自 Ward 等[15]的工作。Ward 等研究了在一个较广压力范围(3.45~11.38MPa)下的正癸烷裂解机理,得到了其裂解产物的分布情况。在试验中,壁面温度最高达到了873K。在实验的基础上,Ward 等总结出一种简化的成比例的产物分布裂解模型(PPD)。

PPD 模型不考虑二次裂解反应,其在轻度裂解时精度很高,当裂解率高于 25%时,其精度开始逐渐地下降。本章中,采用的 PPD 模型的产物分布如表 4-1 所示,产物分布是通过多次实验平均得到的。在 PPD 模型中,在一定的压力范围内,产物的分布不随着压力和温度的改变而改变。

表 4-1　PPD 模型中正癸烷裂解产物组成及质量分数

序号	产物名称	分子式	质量分数
1	hydrogen	H_2	0.0021
2	methane	CH_4	0.0162
3	ethane	C_2H_6	0.0267
4	ethylene	C_2H_4	0.0506
5	propane	C_3H_8	0.0559
6	propylene	C_3H_6	0.0682
7	n-butane	C_4H_{10}	0.0419
8	Butane	C_4H_8	0.0777
9	1-pentene	C_5H_{10}	0.0848
10	n-pentane	C_5H_{12}	0.0630
11	1-hexene	C_6H_{12}	0.1160
12	n-hexane	C_6H_{14}	0.0538
13	1-heptene	C_7H_{14}	0.1171
14	n-heptane	C_7H_{16}	0.0506
15	1-octene	C_8H_{16}	0.1199
16	n-octane	C_8H_{18}	0.0099
17	1-nonene	C_9H_{18}	0.0468
18	n-nonene	C_9H_{20}	0.0025

根据表 4-1 中的正癸烷裂解产物组成,PPD 模型的反应方程式为

$$C_{10}H_{22} \longrightarrow 0.151H_2 + 0.143CH_4 + 0.256C_2H_4 + 0.126C_2H_6 + 0.230C_3H_6 + 0.180C_3H_8 + 0.196C_4H_8 + 0.102C_4H_{10} + 0.171C_5H_{10} + 0.124C_5H_{12} + 0.195C_6H_{12} + 0.089C_6H_{14} + 0.169C_7H_{14} + 0.072C_7H_{16} + 0.152C_8H_{16} + 0.012C_8H_{18} + 0.053C_9H_{18} + 0.003C_9H_{20}$$

$$(4-16)$$

根据 Arrhenius 公式,碳氢燃料裂解反应速率 k 表达式如下:

$$k = A_c \cdot e^{-\frac{E_a}{RT_f}} \tag{4-17}$$

式中　A_c——指前因子(s^{-1})；

　　　E_a——活化能(J/mol)；

　　　R——气体常数(J/(mol·K))。

因为采用一阶集总机理模型，则反应过程中燃料浓度变化关系式如下：

$$\frac{dN_k}{dt} = -kN_k \tag{4-18}$$

由式(4-18)可得燃料浓度表达式如下：

$$N_{out} = N_{in}e^{-kt} \tag{4-19}$$

其中，N_{in}为碳氢燃料在单位距离内入口浓度，式(4-19)中的时间 t 为燃料流过单位距离的时间，可见燃料裂解率还与流动特征时间相关。

定义燃料的裂解率为发生裂解的燃料浓度，燃料到达某个位置的裂解率为

$$Z_{out} = 1 - N_{out} = 1 - N_{in}e^{-kt} = 1 - (1 - Z_{in})e^{-kt} \tag{4-20}$$

式中　Z_{in}——碳氢燃料在反应器内单位距离内入口的裂解率。

化学反应时间不仅影响裂解的程度，而且影响裂解开始的时间，中国科学院力学研究所范学军等[16]针对航空三号煤油的研究发现，RP-3 起始裂解温度大约为800K，且这个温度随着停留时间的降低而增大，针对不同的停留时间，开始裂解的温度范围为 800~1000K。可见对碳氢燃料的裂解过程来说，停留时间的影响很大。因此，在研究碳氢燃料吸热裂解时需要考虑流动特征对裂解过程的影响。

考虑到热侧传过来的热量全部被燃料吸收，通过燃料温度和裂解率以及物理吸热量的关系，即可得到通道内冷却剂温度沿程分布。研究者根据研究需要和研究的最新进展，可对本书中提及的反应机理进行相应的替换。

4. 物性处理方法

当碳氢燃料的压力处于超临界压力以上时，燃料的物性在拟临界温度附近会发生剧烈的变化。另外，由于化学反应的存在，化学反应后燃料裂解混合物的物性也将与反应前燃料的物质有很大的区别。由于超临界态和化学反应产生的物性剧烈变化将会对碳氢燃料的流动和传热产生很大的影响，因此找到能够较为准确的计算流体临界点附近物性以及混合物物性处理方法，是研究超临界状态下裂解型碳氢燃料流动换热以及热沉释放特性的关键。NIST 的数据库具有正癸烷详细的物性数据，但是其可使用温度范围仅到 675K，而且对于正癸烷的一些小分子裂解产物，NIST 并不能提供物性数据。因此，有必要采用物性计算的工程性算法并对物性处理方法进行一定程度的验证。

物质的密度用实际气体状态方程 Peng-Robinson 方程，其表达式为

$$P = \frac{RT}{V-b} - \frac{a}{V+2bV-b^2} \tag{4-21}$$

式中　P、T、V——流体的压力、温度和比体积。参数 a 和 b 可以通过如下方程进行计算。

$$a = a_0 \left[1 + n(1 - (T/T_c)^{0.5}) \right]^2 \qquad (4-22)$$

$$a_0 = \frac{0.457247R^2 T_c{}^2}{P_c} \qquad (4-23)$$

$$n = 0.37464 + 1.54226\omega - 0.26992\omega^2 \qquad (4-24)$$

$$b = \frac{0.07780RT_c}{P_c} \qquad (4-25)$$

式中　T_c、P_c——临界温度和临界压力；

　　　R——通用气体常数；

　　　ω——偏心因子，密度可以通过将比体积 V 作为变量来求解立方型方程(4-21)而得到。

本书中采用 Chung 等的办法[17] 来计算流体的黏度和热传导系数，考虑了流体工作在高压条件下，并且具有较大的密度。对于流体的定压比热容等热物性，我们可以根据采用的实际气体状态方程以及热力学基本关系式得到。

为了保证所采用的物性方法能够准确可靠地反映实际流体的物性，需要对所采用的物性方法进行验证。

由于本书所涉及的工况一般是在 3MPa 左右的压力下进行的，因此物性的验证选择了 3MPa 和 4MPa。对正癸烷的密度、比热容、黏度和热传导系数进行了温度从低到高的计算，分别与美国国家数据库中的标准物性进行对比。对比的情况如图 4-5~图 4-8 所示。从图中可以看到，随着温度的增加，在临界温度附近流体的密度、比热、黏度和导热系数均出现了剧烈的变化，其中比热容是急剧上升的，密度、黏度和导热系数则是下降的。而在临界温度以后，物性的变化趋于平稳。从图 4-5~图 4-8 可以看出，在流体温度高于 350K 以上时，本书所介绍的物性计算方法可以将物性的计算误差控制在 ±10% 以内。

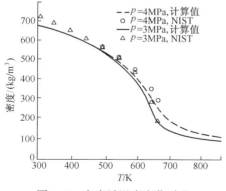

图 4-5　密度随温度变化对比

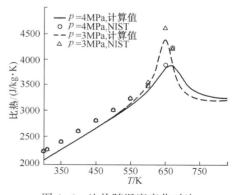

图 4-6　比热随温度变化对比

研究者还可以根据需要采用其他的物性计算方法进行相应的修正。不同的物性计算方法在液体区、气体区,特别是拟临界温度附近的计算精度有较大差别。

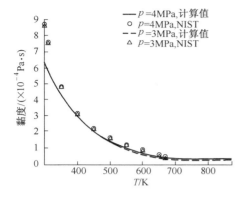

图4-7 黏度随温度变化对比

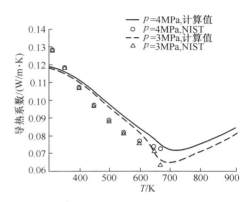

图4-8 导热系数随温度变化对比

裂解反应发生后,燃料变成由燃料及其产物的混合物,需要采用适当的混合物物性算法对其物性进行估算。本书介绍一种准临界方法来计算混合物的物性,这种方法认为混合物可以看作一种纯物质来看待,但是需要给定其恰当的临界参数。混合物的临界参数是各个组分的占比和组分本身的临界参数的函数,通常被称为准临界参数。这些计算出的准临界参数可能与实验所测得的混合物临界参数相比有一定的误差,但是鉴于获得混合物真实临界参数的困难性以及本书所介绍研究的目的并不是精确计算流体的物性,准临界参数是可以接受来用作工程计算的。

根据准临界方法,方程(4-21)也被应用在混合物的物性计算中,其中的临界参数都被替换成混合物的准临界参数。混合物的准临界参数的计算需要用到混合规则,单流体范德瓦耳斯规则是一个比较合适的选择。

5. 冷却通道侧壁面与冷却剂的对流换热

超燃冲压发动机的冷却通道一般采取槽道结构,冷却剂侧的对流换热相当于带有肋片的换热器,在考虑冷却侧壁面和冷却剂之间的对流换热时,需考虑肋效应:

$$\varPhi_c = A_t \eta_t h_c (T_{wc} - T_c) \qquad (4-26)$$

式中 $\varPhi_c$、h_c、T_{wc}、T_c——冷却通道内对流换热过程中的热通量、冷却通道侧对流
     换热系数、冷却通道侧壁面温度和冷却剂温度;

A_t——总面积,包括肋面积 A_f 以及肋基面积 A_b,其中肋面积提供了肋基面
     积之外的换热面积,相当于对换热过程的强化换热。

对流换热系数 h_c 采用第3章介绍的换热关联式,并根据工况条件对换热关联式进行适当修正。

η_t 为总肋片换热效率：

$$\eta_t = \frac{A_b + \eta_f A_f}{A_b + A_f} \qquad (4-27)$$

η_f 为肋效率：

$$\eta_f = \frac{\text{th}(mH')}{mH'} \qquad (4-28)$$

式中　$m = \sqrt{2h_c(\delta_f + \mathrm{d}x)/(\lambda \delta_f \mathrm{d}x)}$；

$H' = \sigma + \delta_f/2$，σ 为冷却通道高度，δ_f 为冷却通道肋厚。

6. 冷却通道内阻力计算

冷却剂沿冷却通道流动的压降是一个重要的参数，其可以用 Dcy-Weisbach 公式来计算[18]：

$$\Delta P = ff \frac{\rho L_c u^2}{2D} \qquad (4-29)$$

式中　L_c——计算点距离冷却通道进口的长度。摩擦系数可经过查表得出。

4.2.2.3　考虑燃烧过程影响的再生冷却耦合传热换热过程计算方法

超燃冲压发动机再生冷却通道内冷却剂的流动方向一般和燃气流动方向相反，采用逆向冷却方式，这样可以将燃料冷却能力最强的部分用于热载荷最大的位置。由于上述逆向冷却方式，计算过程中必须先得到燃气沿轴向的分布，才能反方向来计算冷却通道侧的参数。

对燃烧室模型来说，已知 i 时刻燃气一维分布以及燃烧室向冷却通道侧散热和冷却剂焓增，输入到燃烧室模型内，得到 $i+1$ 时刻的燃气一维分布。

换热过程中，通过给定燃烧室高温侧壁面温度 T_{wg}，利用参考焓方法预测热流密度，热平衡下通过冷却剂吸热得到冷却剂的温度。运用冷却通道侧的对流换热过程以及燃烧室壁面的导热过程，重新得到一个 T_{wg}，与初始给定的 T_{wg} 相比较，如果不在误差范围内，则重新校正，在误差范围内则认为当前时刻的冷却剂侧的计算已经收敛，然后得到 $i+1$ 时刻的燃烧室向冷却侧换热的热通量和冷却剂焓增，再重新输入到燃烧室模型，计算下一个时刻的燃气参数和冷却通道侧参数。如果当前时刻的燃气参数和上一个时刻的参数在误差范围内，则认为计算收敛，结束整个计算，输出燃气参数、壁面温度分布以及冷却剂的参数分布。整个计算过程是沿时间方向的一维迭代过程，对冷却通道侧的计算来说，在某个时刻内，内部还有壁面温度的迭代循环。

冷却通道侧计算方法如图 4-9 所示，根据燃烧室模型得到燃烧室轴向不同位置上的燃气参数后，从冷却通道入口开始，将冷却通道侧也分成若干个单元，每个计算单元和燃烧模型的计算单元相吻合。计算过程中，每个单元的出口参数为下一个计算单元的进口参数,就可得到每一个计算单元的壁面温度以及热流密度,从而得到沿冷却通道方向的壁面温度分布、热流密度分布以及冷却剂参数分布。

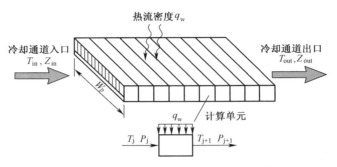

图 4-9　冷却通道侧计算过程示意图[19]

由计算方法可见,$i+1$ 时刻燃烧模型中的燃烧室散热损失以及冷却剂焓增通过 i 时刻冷却通道侧换热模型得到,整个计算流程是典型的采用非稳态模型计算稳态参数的过程。

4.2.3　再生冷却结构设计多维模型

基于一维模型,可以快速方便地得到发动机再生冷却结构的初步优化结果。但是值得指出的是,一维模型中,需要假设冷却通道横截面上的速度、温度及化学反应速率均匀分布,换热系数则采用了基于实验和经验的换热关联式进行计算。这种分析存在以下几个问题:首先,虽然超燃冲压发动机与火箭发动机的再生冷却系统工作原理类似,但是前者最大的特点是具有很大的热载荷/冷却剂流量比,可以达到火箭发动机再生冷却系统的 6 倍以上,再加上超燃冲压发动机的冷却通道多为单面加热的矩形通道,可以预见在冷却通道高度方向,从通道被加热面到非加热面之间将存在较大的温度梯度。并且由于化学反应跟温度直接相关,其分布也会受到很大的影响。因此,冷却通道横截面上温度和化学反应程度均匀的假设将会对流动换热分析带来很大的误差。目前的一维分析中采用的换热关联式还不能考虑由于较大热分层带来的误差。其次,超燃冲压发动机的燃烧室室压较低,冷却通道背压虽然有保证喷射、掺混以及避免沸腾传热恶化的需求,但是考虑供给系统的功耗问题,其不宜设置得过高,这样冷却通道内压力与冷却剂的临界压力较为接近,这就导致在冷却通道中,冷却剂在通道横截面上物性的变化较为剧烈,这将对冷却剂的流动传热特性产生剧烈的影响,比如在热流密度较高的情况下可能会产生超临界压力下的伪沸腾或者伪膜态沸腾,从而产生传热恶化。目前一维分析中采用的换热关联式还不能很好地预测碳氢燃料跨临界时的换热情况。最后,在冷却通道的后半段,由于裂解吸热反应的发生,使得冷却剂的流动换热特性更加难以用换热关联式进行描述。因此,有必要针对超燃冲压发动机这种具有大热载荷/冷却剂流量比特性的发动机冷却系统建立带有裂解反应的再生冷却多维数值模型,以便对其热分层等现象及其对流动换热的影响进行充分研究。

　　用于超燃冲压发动机再生冷却系统通道参数设计修正的三维模型一般是基于Fluent 商业软件和部分自编程软件来实现的。碳氢燃料超燃冲压发动机再生冷却系统的三维设计模型其内核是第 3 章所介绍的碳氢燃料跨临界化学反应流动换热模型,这里不再赘述。当这一内核模型应用到再生冷却结构设计上时,主要考虑真实结构参数下,各结构参数对整体冷却性能的影响。

4.3　再生冷却结构设计案例及分析

4.3.1　再生冷却发动机物理模型及边界条件

　　本节的所有案例以哈尔滨工业大学直连式实验台的燃烧室为物理模型,其示意图如图 4-10 所示。燃烧室的模型分为两个基本部分:入口部分和出口部分。入口部分为三段,第一段气流通道横向截面面积是常数,第二段为扩张段,第二段出口和第二段进口的扩张比为 1.5,在入口部分的第三段为等直段,燃烧室入口部分的末端相对于燃烧室入口处扩张比为 1.5;燃烧室出口处由三个扩张段构成,相对于燃烧室入口处面积,其扩张比分别为 2.1、2.45 以及 3.15。

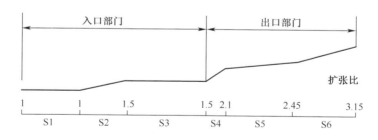

图 4-10　哈尔滨工业大学直连式试验台燃烧室结构示意图

　　整个设计的过程中,摩尔比变化范围为 0.1 到 1,冷却用燃料流量和燃烧用燃料流量为 1∶1。燃烧室壁面材料选用镍基合金,许用温度为 1100K,冷却方式采用逆流冷却或顺流冷却。

　　燃烧室的入口条件以飞行器实际飞行工况来确定。对运动的飞行器来说,在

飞行包线内采用等动压飞行是超燃冲压发动机通常选用的飞行策略。动压 q_0 用如下的表达式定义:

$$q_0 = \frac{\rho_0 u_0^2}{2} \tag{4-30}$$

式中,下标 0 代表的是从参考系来看,远离飞行器头部未受干扰的自由来流条件。u_0 代表来流条件,和当地声速的关系为

$$u_0 = a_0 Ma_0 \tag{4-31}$$

式中　a_0——当地声速,那么动压就可表示为

$$q_0 = \frac{\rho_0 a_0^2 M_0^2}{2} \tag{4-32}$$

超燃冲压发动机飞行速度为马赫数 5 时,选取飞行高度为 20km,此时的动压为 $q_0 = 96780\text{N/m}^2$,此动压下飞行马赫数不同时,由进气道压缩后燃烧室进口条件如表 4-2 所列。

表 4-2　不同飞行马赫数下的燃烧室进口条件(注:下标 2 代表 S2 段入口)

序号	Ma_0	H_f/km	Ma_2	P_2/kPa	T_2/K
1	5	20	1.76	276.92	765
2	5.5	21.22	2.15	225.58	765
3	6	22.34	2.52	186.94	765
4	6.5	23.37	2.86	157.42	765
5	7	24.34	3.19	133.99	765

4.3.2　再生冷却结构设计结果

4.3.2.1　设计思路及设计约束

本节的再生冷却结构设计以最为常规的冷却系统设计原则作为指导:满足发动机壁面温度不超限,工作在容许的壁面材料许用温度之下,且本节的设计结果仅为结构参数的设计结果。

整个设计过程中的设计约束如下:首先,根据超燃冲压发动机运行的实际情况,选取合适的燃烧当量比,在固定飞行马赫数情况下,根据燃烧摩尔比即可算出作为再生冷却所用的燃料质量流量;同时,为了避免燃料强可压缩性产生的管道振荡问题,再生冷却通道出口冷却剂速度一般应约束在小于马赫数 0.2~0.25 的范围内。根据沿程的压降要求以及再生冷却通道出口的速度约束,能够确定再生冷却通道进口冷却剂的速度范围,结合加工工艺的限制可以进而初步确定再生冷却通道大致尺寸。根据初步确定的再生冷却系统尺寸进行计算,得到初步的冷却效

果。最后,根据初步的冷却效果分析,同时防止超温现象的出现,对冷却效果进行优化。

在这里需要特别指出的是,上述设计约束中,冷却通道的大致尺寸范围确定后,其最优值的选取过程一般有两种思路。

(1) 确定一个基准的冷却通道结构参数,然后将各个结构参数进行小范围的单变量变化,用以确定每个结构参数的最优值,这种方式不考虑结构参数之间由于流动换热带来的相关联性,变化原则简单,但是不能保证所得到的值是最优值。在本书的例子中,这种思路下,单个冷却通道的基准高度、宽度及肋厚均为 1mm,分析某个尺寸的影响时,将该尺寸从 1mm 变化到 3mm,其余尺寸均为 1mm。

(2) 合理考虑由于流动换热带来的冷却通道结构参数之间的关联性,在确定结构参数基准值范围后,以高宽比为变量进行结构参数的协同变化。在本书的例子中,这种思路下,给定冷却剂的总质量流量、肋厚和流通面积,对于一个确定的通道高宽比,冷却通道的高度、宽度以及通道数目可以由方程式(4-33)~式(4-35)得到。

$$AR = h/b \tag{4-33}$$
$$N(b + t_w) = \text{const} \tag{4-34}$$
$$NARb^2 = \text{const} \tag{4-35}$$

式中　h、b——冷却通道的高度和宽度;

　　　N——沿发动机燃烧室周向的冷却通道总数目。

针对上述两种设计思路,研究人员均进行了相应的研究,两种设计思路得到的优化结果虽稍有区别,但是殊途同归。本书将以第一种设计思路为主介绍一维设计的结果。在一维设计结果的基础上,介绍考虑三维分布参数效应下对一维结果的验证和修正,最终对再生冷却通道的设计结果进行了简单的总结。

4.3.2.2　一维设计结果分析

1. 再生冷却总体特性对比

飞行马赫数越高,超燃冲压发动机燃烧室进口气流的总温就越高,从而增加了燃烧室内高温气流的气动热。马赫数越高,要求燃料的冷却能力越强。当量比越大,燃料冷却能力越强。为了分析采用碳氢燃料作为冷却剂的超燃冲压发动机的运行范围,选取不同马赫数下,当量比均为 1 时来进行分析。另外,本部分特性对比分析采用一组固定的冷却通道尺寸,高度、宽度及肋厚均设置为 1mm,燃烧室入口的周长为 280mm。

图 4-11 为燃烧室热侧最高壁面温度随马赫数的关系,马赫数越高,燃烧室壁面最高壁面温度越高,说明冷却越困难。图 4-12 为马赫数 6、6.5、7 三种工况下,高温侧壁面温度沿冷却通道长度方向的分布。可见,当马赫数为 6.5 时,壁面最高

温度稍高于1100K,说明所选构型的碳氢燃料超燃冲压发动机的运行最高马赫数稍小于6.5,约为6.4。飞行速度为马赫数7时,在燃料冷却能力最大情况下壁面仍然超温。

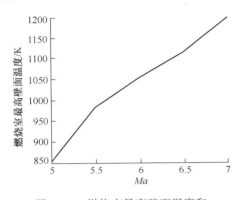 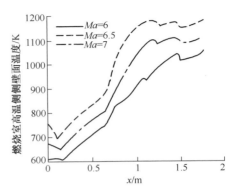

图4-11 燃烧室最高壁面温度和   图4-12 燃烧室高温侧壁面温度沿
马赫数关系($\varphi=1$)   冷却剂流动方向分布($\varphi=1$)

图4-13为燃料裂解率和马赫数的关系,图中可见,裂解率在马赫数5.5以上迅速增加,说明这些工况下,碳氢燃料的化学热沉释放较快,对燃料热沉整体需求大。马赫数6.5时,壁面已经超温,而此时燃料裂解率还未达到0.5,如通过合理优化设计冷却通道来使裂解率增加,释放更多的化学热沉,就有可能能使发动机在马赫数6.5时也能安全运行。对比结果充分说明了需要通过再生冷却通道结构的合理设计,来合理利用碳氢燃料的热沉。

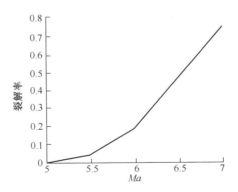

图4-13 燃料裂解率和马赫数关系,$\varphi=1$

2. 再生冷却通道结构优化

1) 顺流/逆流条件下再生冷却特性对比

顺流设计和逆流设计是再生冷却系统设计的一个自由度。当再生冷通道内冷却剂的流动方向与燃烧室中主流流动方向相同,称为顺流流动,当再生冷却通道内冷却剂的流动方向与燃烧室中主流流动方向相反,称为逆流流动。再生冷却顺流和逆流对发动机壁面热流分布以及温度分布会产生一定的影响,也会对冷却效果和冷却特性造成影响。如图 4-14 所示,对比了再生冷却在顺流逆流两种情况下主流侧壁面温度分布以及热流密度的分布。从图中可以看出,逆流情况下热流密度分布更均匀,热流密度的相对均匀分布可以导致壁面热应力的相对减小。由于再生冷却通道进口位置热流密度相对较大,冷却剂温度低流速较低,从而导致进口位置处出现进口传热恶化现象。

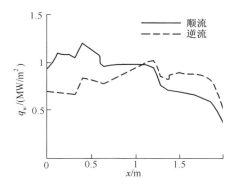

图 4-14 再生冷却顺流逆流热流密度比较

从图 4-15 主流侧壁面温度分布可以看出,由于再生冷却逆流流动时再生冷却通道进口热流密度较小,采用再生冷却通道变几何的方式能够有效消除壁面进口传热恶化问题。

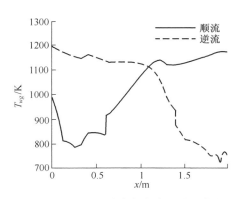

图 4-15 顺流、逆流两种冷却方式下热流密度比较

从以上分析可知,再生冷却逆流流动方式在不增加额外优化措施的基础上能够一定程度减弱进口传热恶化,同时热流密度相较于顺流流动分布较为均匀,壁面

热应力较小。在具体问题中,应根据实际情况以及实际需求选取合适的流动方式,也可以采用顺逆流相结合的方式。

2)再生冷却通道结构尺寸设计

之前的分析已经指出燃料的裂解程度受停留时间和温度的影响,通道尺寸影响冷却剂在流动过程中的停留时间大小,因此冷却剂在冷却通道中裂解程度会受到通道尺寸的影响。在燃烧室出口部分即冷却通道入口部分燃料未发生裂解,故冷却剂入口部分为未裂解区,冷却通道出口部分为裂解区,采用分区设计的思想,即按照裂解特性来分析不同区域通道尺寸对冷却效果的影响。图4-16为沿冷却剂流动方向的裂解区和未裂解区分区示意图。

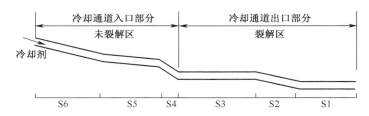

图 4-16　沿冷却剂流动方向的裂解区和未裂解区分区示意图
（注：S1-S6 的含义与图 4-10 中的含义一致）

在壁面不超温前提下,定义再生冷却系统的过度冷却率,来评估燃料对壁面的过度冷却水平以及燃烧室实际的冷却需求:

$$\delta H = \frac{Q_c - H_{ideal}}{H_{ideal}} \tag{4-36}$$

式中　　Q_c——为单位质量冷却剂实际吸收的热量;

H_{ideal}——为壁面温度均为 1100K 时需单位质量冷却剂带走的热量。

过度冷却率表达了燃烧室实际冷却需求和最小冷却需求之间的偏差。如能在壁面不超温前提下,最小化过度冷却率,就能使燃烧室实际冷却需求最小,从而减小冷却用燃料流量。冷却通道结构设计的目的或目标是在不超温条件下,使得过度冷却率最小。

（1）冷却通道未裂解区尺寸选取规律。裂解区冷却通道尺寸保持不变,未裂解区冷却通道尺寸变化会影响到未裂解区出口冷却剂温度。由阿累尼乌斯公式可知燃料裂解特性和温度有关,温度越高燃料越容易裂解。即未裂解区通道结构尺寸参数变化带来的影响,会传递至裂解区。在这里,以第一种设计约束思路为例,确定基准结构参数尺寸后,单一变化高度,分析未裂解区尺寸对过度冷却率及换热的影响。

图 4-17 为未裂解区冷却通道高度对过度冷却率和燃烧室壁面最高温度的影

响,可见未裂解区通道高度增加,再生冷却过程过度冷却率减小,燃烧室最高壁面温度降低。未裂解区通道高度增加不影响通道间流量分配,单根冷却通道流通面积增加,冷却通道数目不变,发动机截面上冷却剂有效流通面积减小,从而使流动速度减小,换热系数减小。未裂解区通道高度增加时,此区域换热被弱化,壁面平均温度水平上升,因此未裂解区通道尺寸增加,过度冷却率减小。

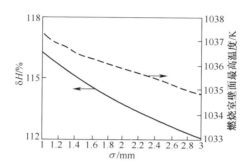

图 4-17   不同未裂解区通道高度下过度冷却率及燃烧室壁面最高温度

图 4-18 为未裂解区通道高度变化对燃料在冷却通道出口温度的影响以及燃料在冷却通道内裂解特性的影响。随着未裂解区通道高度的增加,进入裂解区燃料的温度有所降低,从而使得裂解区的燃料温度较低,燃料裂解率也比较低,燃料出口温度随未裂解区通道高度增加而减小,表明燃料总的吸热量随未裂解区通道高度的增加而减小。

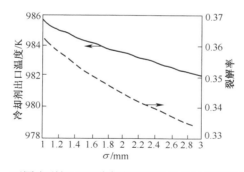

图 4-18   不同未裂解区通道高度下燃料出口温度和燃料裂解率

图 4-19 为冷却通道高度为 1mm 和 3mm 时的壁面温度分布对比,可见在未裂解区,通道高度减小换热增强,壁面温度降低,裂解区的壁面温度变化是燃料温度和裂解率等共同作用的结果,总体上平均温度水平随高度增加而增加。因此,未裂解区通道高度增加冷却剂吸热量减小,从而引起过度冷却率减小。

未裂解区通道宽度增加,影响通道间流量分配,单根冷却通道流通面积增加,

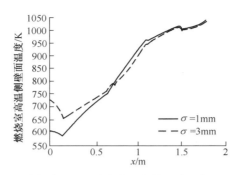

图 4-19   不同未裂解区通道高度下燃烧室高温侧壁面温度分布

未裂解区冷却通道数目减小,但发动机截面上冷却剂有效流通面积增加,其对过度冷却率的影响和高度的影响基本一致。因其减小了未裂解区冷却通道数目,因此其影响要小于通道高度对换热特性的影响。

从上述未裂解区冷却通道结构尺寸对过度冷却率和换热特性的影响来看,未裂解区冷却通道选择大尺寸有利于降低过度冷却率和燃烧室最高壁面温度。

(2) 冷却通道裂解区尺寸选取规律。在分析冷却通道裂解区尺寸变化对换热的影响时,固定未裂解区冷却通道尺寸,改变裂解区通道的高度、宽度和肋厚。这里仍然以第一种设计思路为例,在基准结构参数的基础上进行结构参数单一变量的变化。基准的高度、宽度和肋厚均为 1mm。

图 4-20 给出了随裂解区冷却通道高度增加,过度冷却率和燃烧室壁面最高温度的变化趋势。图中可见,随裂解区高度增加,过度冷却率存在极值点,通道高度较大时对过度冷却率的影响较大,燃烧室壁面最高温度随通道高度增加而降低。未裂解区通道高度变化时,过度冷却率是下降的,裂解区与未裂解区两者的区别在于燃料裂解特性的影响。

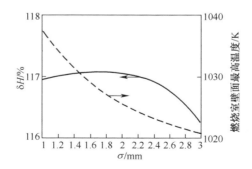

图 4-20   不同裂解区高度下过度冷却率及燃烧室壁面最高温度

图 4-21 可见,随裂解区通道高度增加,冷却剂出口温度降低、裂解率增大。通过冷却剂出口温度和裂解率变化可得,随着通道高度增加,物理吸热量减小而化学吸热量增加,因此总吸热量存在最优点,使得过度冷却率也存在最大值。

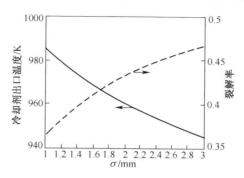

图 4-21　不同裂解区高度下冷却剂出口温度和燃料裂解率

由于燃料裂解率不仅和燃料温度有关,也和化学反应停留时间有关。通道高度增加会引起有效流通道面积增加,流动速度降低,有效停留时间增加,燃料裂解率增加。通道高度增加,冷却剂流动速度减小,换热系数减小,虽然对换热产生了不利影响,但高度增加引起了换热面积和化学吸热量的增加,这种影响占主导地位,而且燃料裂解率增大在一定程度上有利于强化换热,因此壁面最高温度随着裂解区高度的增加而减小。

图 4-22 为不同裂解区通道高度下的高温侧壁面平均温度,可见随通道高度增加,壁面平均温度有最小值,而且对应的通道高度和过度冷却率最高点对应的通道高度一致。平均温度有最低点,间接说明壁面平均温度的变化趋势和总吸热量相关。图 4-23 为裂解区通道高度为 1mm 和 3mm 时壁面温度分布,图中可见,裂解区通道高度增加时,在裂解区前端,换热弱化占主要地位,壁面温度较高,裂解区后端随着冷却剂温度增加以及冷却通道尺寸增加,燃料裂解率较大,使得壁面温度有所降低。

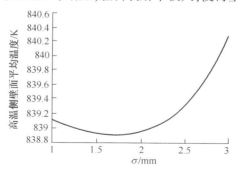

图 4-22　不同裂解区通道高度下的高温侧壁面平均温度

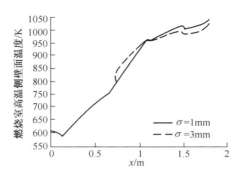

图4-23 不同裂解区通道高度下燃烧室高温侧壁面温度分布

从裂解区通道高度和过度冷却率的关系来看,通道高度较小时过度冷却率小,但是最高壁面温度高,通道高度在1.8mm左右时,过度冷却率最大,通道高度继续升高,过度冷却率减小,最高壁面温度降低。因此,针对燃料热沉不足的工况,如果需要通过增加冷却用燃料流量来保证壁面在材料温限以下,裂解区通道高度较大时,不仅能够降低过度冷却率,减少冷却用燃料流量,而且能够降低最高壁面温度,燃料裂解率也相应增大。

综合冷却通道尺寸影响分析结果发现,冷却通道未裂解区尺寸较大时有利于降低过度冷却率以及最高壁面温度,但燃料裂解率减小;冷却通道裂解区尺寸较大时,也有利于降低过度冷却率以及最高壁面温度,且燃料裂解率增加。可见,从节省冷却用燃料流量角度出发,冷却通道尺寸均为大尺寸时有利,从增加燃料裂解率角度来看,冷却通道未裂解区小尺寸、裂解区大尺寸比较有利,裂解率增大,有利于降低燃料最高使用温度,从而降低燃料高温带来的结焦风险。为同时兼顾节省燃料流量及提高燃料裂解率两个方面,再生冷却系统宜采用通道变截面设计的方法。

3) 再生冷却通道变截面设计

(1) 优化燃料裂解率的冷却通道结构设计。选马赫数5.5、当量比0.5为典型设计工况,对冷却通道结构进行优化设计,分析燃料冷却能力足够的情况下,变截面冷却通道对主动热防护特性的影响。

表4-3 变截面冷却通道结构优化尺寸

位置	S6	S5	S4	S3	S2	S1
高度	1mm	1mm	1mm	1.2mm	3mm	3mm
宽度	1mm	1mm	1mm	1.4mm	3mm	3mm

通过采用高效率的遗传算法对马赫数5.5,当量比0.5的冷却通道尺寸进行

优化,得到如表4-3所列,S1-S6位置如图4-16所示。可见,冷却通道未裂解区尺寸较小,裂解区尺寸较大。其中,S3段尺寸介于最大最小尺寸之间,因为此段内未裂解区长度大于裂解区长度。

图4-24为优化前后燃料裂解率对比,图中可见,优化之后的裂解率提高了12%,而且裂解区通道尺寸较大时,燃料一旦开始裂解,化学热沉释放速度很快。在裂解区后端,因为燃料裂解率增大较多,使得燃料出口温度相比优化前会降低,从而有助于降低燃烧室最高壁面温度。优化前采用固定几何的冷却通道结构尺寸。

图4-25是燃料在冷却通道内压降对比,冷却通道后端采用较大尺寸时,增加了冷却剂的有效流通面积,从而使流速减慢,降低了通道内的压降,在一定程度上这对保证冷却通道内流动稳定性十分有利。

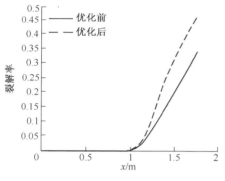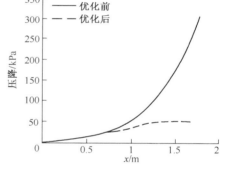

图 4-24　优化前后燃料裂解率对比　　　图 4-25　优化前后通道内压降对比

图4-26为优化后,通道冷却侧壁面温度下所对应的肋基肋顶温差和最大允许温差对比,可见,实际的肋深方向温差均在最大允许温差以下。燃料冷却能力足够的工况下,冷却通道结构优化设计的结果充分说明了,保证燃料裂解率最大,需采用冷却通道未裂解区通道高度和宽度较小、裂解区高度和宽度较大的变截面冷却通道结构,从换热(降低燃烧室最高壁面温度)、裂解和流动(减小压降)三个角度来说,这种变截面冷却通道结构都是有利的。

(2) 优化过度冷却率的冷却通道结构设计。超燃冲压发动机在巡航过程中,最关心的状态量就是燃烧室壁面的温度。温度超温,发动机的运行及安全肯定会受到影响。选马赫数6.5、当量比0.5的工况,通过优化过度冷却率来设计冷却通道结构。该工况下,前面分析结果表明燃料最大冷却能力远小于燃烧室最小冷却需求,因此给定冷却用燃料流量为燃烧用燃料流量的2倍,即 $\gamma = 2$。

对马赫数6.5、当量比0.5工况下的过度冷却率优化之后,得到冷却通道尺寸

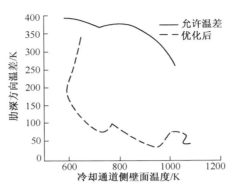

图 4-26　肋深方向温差与允许温差对比

优化结果如表 4-4 所列。可见,此时的冷却通道结构下,冷却通道前端的尺寸相应减小,而后端则仍为大尺寸通道,为变截面冷却通道。冷却通道入口尺寸相应较小,为了避免入口传热恶化而引起的肋深方向温差较大。在未裂解区后端仍为大尺寸,裂解区为变截面通道,目的是使壁面温度水平尽量一致,从而减小过度冷却率,减小保证壁面不超温所需冷却用燃料质量流量。

表 4-4　过度冷却率最小时的通道尺寸,$Ma = 6.5$,$\varphi = 0.5$

位置	S6	S5	S4	S3	S2	S1
高度	1.85mm	3mm	3mm	3mm	2.4mm	2mm
宽度	1mm	3mm	3mm	3mm	2.8mm	2.4mm

冷却通道后端的尺寸与刚开始裂解段的尺寸相比略微降低,是因为在冷却通道高度和宽度共同变化时,通道尺寸从 1mm 开始逐渐增加,换热弱化,燃料裂解率增加,换热弱化的结果是此区域壁面温度升高,燃料裂解率增加的结果是壁面温度降低,只有壁面温度分布比较均匀时,对应的过度冷却率才会减小。因此,在换热和裂解共同作用下,此区域的尺寸处于 1mm 和 3mm 之间。

通道结构优化前后的壁面温度分布如图 4-27,从壁面温度对比可见,优化之后的平均壁面温度远高于优化前,而且优化之后所需冷却用燃料流量相比燃烧用燃料流量增加了 61%,和优化前相比,节省了 39%。

由图 4-28 燃料裂解率对比可见,裂解区前端采用大尺寸通道,迅速增加了燃料的裂解速率,在很短距离内,裂解率迅速升高,优化前后燃料裂解率增加了 24.4%。可见,采用优化后的通道结构,不仅能够减小冷却用燃料流量而且能大幅度增加燃料裂解率。

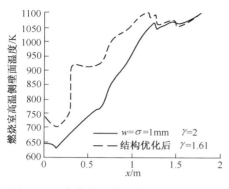

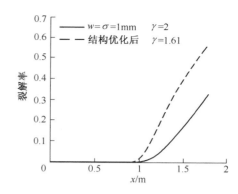

图 4-27 优化前后高温侧壁面温度对比 　图 4-28 优化前后燃料裂解率对比

图 4-29 为优化前后冷却通道内压降对比,图中可见,优化前通道内压降达到了 1MPa,这对燃料流量调节控制十分不利,优化后通道内压降还未达到 0.1MPa,可见采用大尺寸通道可大幅度降低通道压降,从而保证流动稳定性。

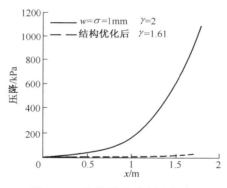

图 4-29 优化前后通道压降对比

过度冷却率优化后的通道结构尺寸相应增大,在马赫数 6.5、当量比 0.5 时,能节省 39% 的冷却用燃料流量,且增加燃料裂解率、降低通道内压降。可见,冷却通道整体上可以分为非裂解段、裂解段,沿着燃烧室长度方向,根据热流大小,可以进行变截面设计,变截面通道结构对换热、裂解以及流动都有利。

4.3.2.3　超燃冲压发动机再生冷却结构设计多维验证及优化

碳氢燃料超燃冲压发动机再生冷却系统一维评估和设计模型虽然可以实现快速评估及整体评估的功能,但是一维模型假设了流体温度、速度以及裂解率等参数在其横截面上保持均匀一致的状态,但是在实际的再生冷却通道中,尤其是在超燃冲压发动机再生冷却通道中,具有极其严重的热分层和裂解率分层。其显著的三维分布参数效应、复杂的物性变化使得一维设计的结果可能产生较大的误差。因此,在一维设计的基础上,非常有必要使用考虑分布参数效应的三维模型对再生冷却系统的一维设计结果进行进一步的可靠性验证和优化。本节主要是以再生冷却通道最重要的尺寸参数——高宽比为例说明多维设计模型如何对一维设计模型的验证和进一步优化。

1. 冷却通道尺寸参数变化原则

与一维设计相似,在多维设计过程中,也需要根据超燃冲压发动机的工作特点,选择合理的限制条件来确定冷却通道的尺寸参数。在本部分的分析中,采取一维设计中的第二种设计思路,考虑结构参数之间的流动换热关联性,以高宽比作为变量进行冷却通道结构参数的变量。

2. 设计结果

在4.1.2小节建立的三维模型的基础上,与一维设计过程保持一致,将再生冷却系统分为非化学反应区和化学反应区,分别对两个区域内的流动换热进行数值模拟。通过对两个区域考虑三维分布效应情况下的流动换热特性进行深入的机理分析,为冷却通道结构参数的最终确定提供参考,对一维的设计结果进行最终的优化和修正。

1)非化学反应区通道尺寸对流动换热特性的影响规律分析

图4-30给出了不同高宽比下冷却通道燃气侧中心线上的温度分布图。从图上可以看到,当再生冷却系统的高宽比从1变到4时,冷却通道燃气侧最高温度随着高宽比的增大而减小。而这可以从随着高宽比增大而减小的水利直径 D_h 得到解释。冷却剂的换热系数 h 与质量流率 G 和冷却通道的水利直径有关,

$$h \sim \frac{G^{0.8}}{D_h^{0.2}} \tag{4-37}$$

而在本小节中,冷却通道的质量流率是常数。当高宽比分别为1、2、4时,冷却通道的水利半径分别为2mm、1.61mm和1.23mm。较小的通道水利直径对于传热是有利的,从而会使得燃气侧最高壁面温度较低。进行更深层次的探索发现,对于质量流率不变的冷却流来说,更大高宽比下的较小的通道水利直径意味着冷却通道有着更大的换热面积,从而对流动换热有利。这在一维的冷却通道结构参数设计分析中,也是一种常见的结论。

但是在三维数值仿真的结果中,当高宽比从4上升到8时,期待中的燃气侧壁面最高温度的下降并没有出现,其反而有了一个较大的上升,如图4-30所示。从图4-31也能看到,当高宽比从1到4时,换热系数总体呈上升趋势,但是当高宽比从4上升到8时,虽然冷却通道前半部分的换热系数有所上升,但是冷却通道后半部分的换热系数却有了大幅的下降。这种换热系数的反常变化导致了燃气侧壁面最高温度最终的上升。

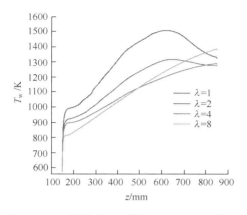

图 4-30 不同高宽比下燃气侧壁面温度沿程
分布(背压 3MPa)

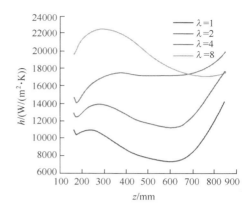

图 4-31 不同高宽比下换热系数沿程
分布(背压 3MPa)

这一结果和火箭发动机中的一些研究结果类似:在考虑三维效应的情况下,通道高宽比增大时所带来的换热增强效应在高宽比过大时效果就会消失。而在超燃冲压发动机中,比较特别的是通道高宽比在一个很小的值时就达到了换热增强的极值。

这一现象产生的原因可以简单解释如下:持续的增大高宽比在带来肋效应增强的同时,也会带来热扩散系数的降低,热分层的加重,如图 4-32 所示。

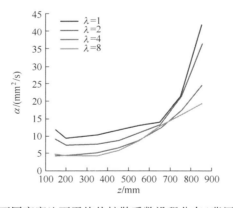

图 4-32 不同高宽比下平均热扩散系数沿程分布(背压 3MPa)

需要特别指出的是,考虑三维分布参数效应下的设计结果与一维设计结果有较大的不同,在一维设计结果中,在同样的结构参数变化原则下,高宽比往往是越大越好的,这是因为一维设计中所使用的换热关联式无法预测由于高热流密度带来的强热分层以及相应的传热恶化现象。

2）化学反应区通道尺寸对流动换热特性的影响规律分析

在化学反应区,存在着流动、换热和裂解反应的非线性耦合,这种耦合关系在分布参数情况下变得更加复杂,从单纯的流向方向的耦合变为流向和流向垂直方向的双重耦合关系,这使得结构参数变化所带来的效果不确定性加大,必须要进行三维数值模拟的验证和优化。

图4-33给出了沿冷却通道长度方向不同位置处的湿周平均温度,而图4-34是相应位置处的换热系数。在图4-34中可以看到,换热系数在进口处有一个非常快速的下降,这是因为流体被突然加热,热边界层还没有充分发展所致。在本小节中,进口热效应在接下来的分析中都被忽略。

从图4-34可以看到,在冷却通道的前半段,换热系数随着高宽比的增大而增大,而这与图4-33所示的在这一区域中,冷却通道的湿周温度随着高宽比的增大而减小的趋势相符。然而在冷却通道的后半部分,增大高宽比会使得换热系数降低,而相应的冷却通道的湿周温度会相应的上升。最终,在较大的高宽比下,冷却通道的最大湿周温度也会比较高,这与非化学反应区所得到的规律有所不同。

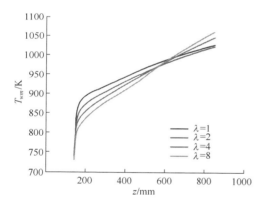

图4-33 化学反应区不同高宽比下冷却通道
湿周温度沿程分布

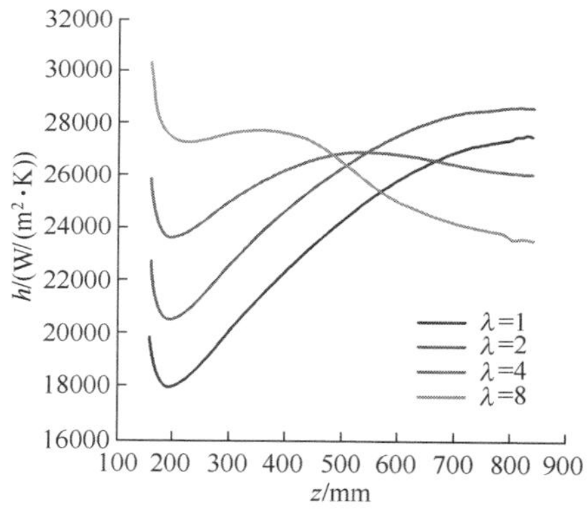

图4-34 化学反应区不同高宽比下换热
系数沿程分布

上面所提到的换热系数以及相应的壁面温度的变化原因非常复杂,因为冷却剂最终的换热系数由很多因素共同决定。在所有因素中,有些是对提升换热能力是有利的,而有些是有害的。例如,肋的存在可以有效地提高换热能力。而另一方面,像热分层这一类的因素会使得传热恶化。并且需要特别指出的是,在化学反应区,裂解反应会吸收热量,这会对换热有利,但是裂解率的不均匀分布则有可能阻碍湍动能的传递,从而对换热不利。当高宽比增大时,对换热有利的和不利的因素都会被增强或者被减弱。最终换热是否会被增强是由所有的负面因素和正面因素的平衡结果来决定的。下面将详细讨论在高宽比变化过程中，所有不利影响因素和有利影响因素的变化。

（1）肋效应是一个对换热特性起到决定性作用的因素。由于肋的存在，在燃气侧给定的热流不仅可以从冷却通道的底面传递给冷却剂，同时也可以从冷却通道的侧面和上面进行传递。高宽比的增大会增强肋效应，使得更多的热可以从侧面和上面传递给流体，大大提升热扩散的效果，减轻温度的不均匀性，最终使得换热有所增强。上述声明可以从图 4-35 得到证据。从图 4-35 中可以看到，当燃气侧壁面被给定 $3MW/m^2$ 的热流密度时，高宽比从 1 变到 8，冷却通道内底面的热流密度有明显的减少，这也就意味着更多的热从侧面和上面传递给了流体。

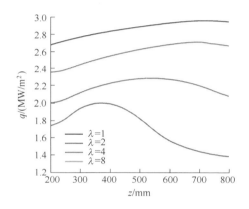

图 4-35　不同高宽比下冷却通道被加热面中心线热流密度分布

（2）热分层是会对换热带来不利影响的一个因素。由热分层所造成的加热面附近较大的密度梯度会使得流体加速，从而产生 M 型的速度分布，使得湍流的扩散受阻，造成传热的恶化。图 4-36 给出了不同高宽比下，冷却通道沿程的截面平均热扩散系数。从图中可以看到在化学反应区，热扩散系数随着高宽比的增大而减小。这表明热分层更加严重，而这可以从图 4-37 中温度的不均匀系数随着高宽比的变化规律看出。大的温度不均匀系数代表着大的温差，也就是更严重的热分层。

（3）尽管热裂解反应是一个吸热的反应，能够增强换热，但是裂解率的不均匀却会和热分层一样对传热带来不利的影响。这是因为热裂解是一种将长链的大密度碳氢燃料分解成小分子小密度的产物的过程。另外，从加热底面到冷却通道上壁面单调减小的裂解率会使得原本就存在的近壁面处的由热分层引起的密度梯度更大，从而使得 M 型的速度分布更加容易形成。

图 4-38 和图 4-39 给出了不同裂解率下裂解率的不均匀性，从图中可以看

到,冷却剂的裂解率随着高宽比的增大持续地升高。

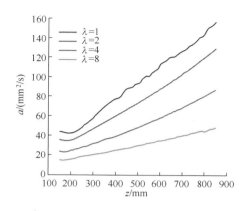

图 4-36　不同高宽比下平均热扩散系数
沿程分布

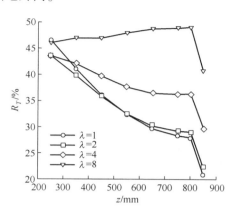

图 4-37　不同高宽比下温度不均匀系数
沿程分布

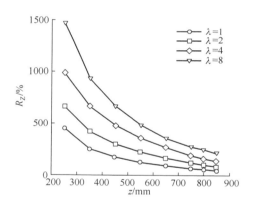

图 4-38　不同高宽比下裂解率不均匀
系数沿程分布

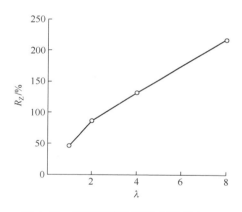

图 4-39　不同高宽比下冷却通道出口
裂解率不均匀系数

因此,从上述分析可以看到,热分层和裂解率分层都会通过改变速度分布来对传热带来负面的影响。并且增大高宽比会使得热分层更加严重,裂解率分布更加不均匀,对传热不利。

(4) 需要指出的是,在冷却通道的化学反应区,裂解率本身的大小也对换热系数有着巨大的影响作用,因为热裂解是一个吸热反应,而吸热量的大小与裂解率成正比。从图 4-40 可以看到,大的高宽比会导致裂解率的不均匀,从而使得冷却通道内的平均裂解率偏低。一个较低的裂解率就意味着通过化学反应所吸收的热量减小,这对换热是不利的。

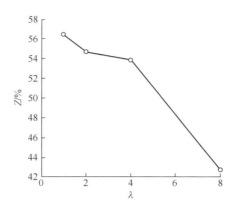

图 4-40　不同高宽比下冷却通道出口裂解率

从上述所有的分析中,可以得知:一方面,增大高宽比会增强肋效应,对换热过程有利;另一方面,更大的高宽比会导致更严重的热分层,更大的裂解率不均匀性和更小的平均裂解率,这对于换热是不利的。因此正如图 4-33 和图 4-34 所展示的那样,在冷却通道的前半部分,高宽比增大所带来的有利效应大于其所带来的不利效应。但是在冷却通道的后半部分,高宽比增大所带来的不利效应则大于有利效应,最终使得燃气侧最高壁面温度呈现出随着高宽比的增大而增大的趋势。冷却通道的前半部分和后半部分呈现出不同的随着高宽比变化而变化的换热规律,这是因为在冷却通道的前半部分,热边界层还没有完全发展,热分层以及裂解率分层等都比冷却通道的后半部分弱得多。考虑到在真实的冷却通道中,热边界层最终都会充分发展,因此在冷却通道的裂解区,一般可以得到结论,在本书给出的算例中,高宽比越小越好,也就是选择高宽比 1 有利于冷却通道裂解区整体的冷却效果。

4.3.2.4　超燃冲压发动机再生冷却结构参数设计小结

4.3.2.1 小节 ~4.3.2.3 小节系统介绍了再生冷却结构设计的思路、约束、一维设计和优化结果以及考虑三维效应下的一维设计结果修正。总体来看,由于超燃冲压发动机高超声速飞行和吸气式工作的特点,其冷却通道结构参数的设计必须依赖于一维设计工具和三维设计工具的有机结合,充分考虑强烈热分层带来的一系列三维分布参数效应。而从上述的一维设计和三维设计结果来看,对于使用吸热型碳氢燃料的超燃冲压发动机,采用逆流冷却、裂解区和非裂解区分区设计、采用小高宽比能够有效地降低壁面最高温度、增大结构参数的设计裕度、扩宽发动机的工作范围。而分区变截面设计方法和等壁面温度设计原则相结合则可以进一步增大结构参数的设计裕度,并达到降低热结构热应力的效果。

4.4 并联通道视角下的再生冷却结构设计

4.4.1 并联通道视角下冷却通道结构设计问题分析

超燃冲压发动机再生冷却通道由数以百计的冷却通道并联而成,本书在4.3小节的冷却结构参数设计和优化介绍中,假设并联冷却通道流量分配均匀,因此将再生冷却通道简化成了单一冷却通道来进行分析。但是在实际的发动机工作过程中,并联的冷却通道中其流量的分配存在一定的偏差。而热载荷在并联冷却通道周向上的非均匀性往往会加剧这种流量分配的不均匀性。流量在并联冷却通道间的非均匀性可能会导致发动机冷却系统的失败:燃料流量小的通道中,冷却能力不足,容易出现传热恶化,发生超温现象;燃料流量大的冷却通道中,燃料温度偏低,热沉得不到充分的利用。由此来看,有必要深入了解并联通道流量分配的机理,并在冷却通道结构参数设计时充分考虑冷却通道并联所带来的影响,从而保证发动机结构安全。

本部分的内容分析须建立在对问题的全面认识上,如此才能抓住影响此问题的关键因素,尽量追求"寥寥几笔,栩栩如生"的效果。因此,本部分首先对碳氢燃料并联通道流量分配问题进行抽象,此抽象过程基于但不限于本书所展示的研究结果。

如图4-41所示,此问题中存在的两个基本耦合关系,并联通道的物理结构决定了不同通道间存在流量耦合关系;紧密布置的发动机冷却通道间由于存在肋结构,不同通道间存在热量交换,从而形成通道间的热耦合关系。

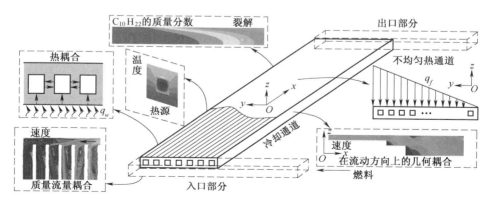

图4-41 碳氢燃料并联通道流量分配问题分析

此外,从边界条件角度出发,对于发动机冷却壁面,热载荷分布并不均匀,而是存在明显的偏差,这导致不同通道中的受热量有所差异。而由于热量是从加热面向流体传递,靠近加热面的流体温度更高,从而出现热分层,降低了流固之间热量传递能力。另一方面,碳氢燃料在高温时将发生裂解,受热量的差异最终将导致不同通道间温度差异,从而使得碳氢燃料裂解反应的程度有所不同。

以上视角整体上都是不同通道间的横向对比。事实上,通道流向的参数变化也将改变并联通道与分流腔之间的阻力关系,最终影响流量分配。图 4-41 中涵盖本书中涉及的基本过程和因素,旨在指导后续的研究。

4.4.2　考虑并联通道影响的再生冷却结构设计研究工具简介

对于超燃冲压发动机再生冷却来说,冷却通道并联布置在发动机壁面中,数量往往数以百计,其中往往还存在分汇流集管、局部异形部件(如喷油岛)等不规则结构。其结构相对复杂,且随不同发动机总体设计差异很大,故直接针对真实冷却通道结构进行流量分配研究有很大困难。事实上,即便冷却通道结构不完全一致,只要抓住影响问题的关键因素建立模型,研究得到的结论也将有可观的普适性,因此,超燃冲压发动机再生冷却并联通道设计本着发现问题、合理假设、抽象问题、研究问题的基本方法,由浅入深、循序渐进的基本原则,对并联冷却通道进行合理抽象。超燃冲压发动机再生冷却并联通道设计方法通常分为理论分析方法、实验研究方法和数值模拟方法三种,下面分别对这三种方法进行介绍。

实验研究方法基于双并联通道机理实验系统,实验系统如图 4-42 所示。

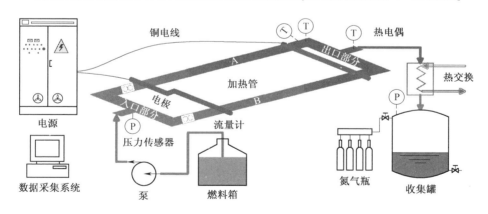

图 4-42　实验系统示意图

实验所采用的燃料为 RP-3 航空煤油,通过柱塞泵供给;实验段使用内径 2mm、壁厚 1mm 高温合金管(GH3128)来模拟两根冷却通道,通过折形电极(两通道加热段长度不同)实现两管非均匀加热;燃料流经实验段之后,经过水冷器冷却,最终进入背压罐中;背压罐中的高压氮气保持系统处于超临界压力。

实验中使用压力传感器来测量背压以及实验段进出口压力(量程:5MPa,相对精度0.5%)。每个通道出口设置有 K 型热偶来测量油温,误差为0.75%T,其中 T 是目标温度。每个通道入口设置有涡轮流量计,分别测量各通道流量,量程32.5g/s,相对精度为0.5%。

在实验研究过程中,定义加热功率较低的通道为基准通道(A),较高的为偏差通道(B)。两者加热功率偏差按照式(4-38)定义,其中 P_A 为基准加热功率,P_B 为偏差加热功率。

$$\Delta P_{\text{heat}} = P_B/P_A \tag{4-38}$$

燃料出口油温偏差和流量偏差按照以下两式定义:

$$\Delta m = \frac{m_A - m_B}{m_A} \times 100\% \tag{4-39}$$

$$\Delta T_f = \frac{T_{fB} - T_{fA}}{T_{fA}} \times 100\% \tag{4-40}$$

理论研究方法则是基于由 Chao 等[20]提出的局部敏感性分析方法,通过敏感性分析方法分析燃料热物性,以及像加热功率偏差等运行条件对流量分配结果产生影响的具体程度。超燃冲压发动机再生冷却并联通道研究是稳态研究,但是涉及不同稳态温度点的结果分析。所以油温 T_f 就类似于文献[20]中的时间输入项 t,对于任一输入 p_l (例如,ρ,c_p 等),输出 $f(T_f,p)$ (例如 ΔT_f,m_B 等)的局部敏感性系数 $S_l(T_f)$ 定义为

$$S_l(T_f) = \frac{\partial f(T_f,\boldsymbol{p})}{\partial p_l}\bigg|_{p^0}, \qquad l = 1,2,\cdots,n_p \tag{4-41}$$

$\boldsymbol{p}^0$ 是输入 $\boldsymbol{p}$ 的基准值。为了便于直接比较不同输入,一种敏感性系数的无量纲形式可推导如下:

$$S_{j,l} = \frac{\partial\{\ln[f(T_{f,j},\boldsymbol{p})]\}}{\partial[\ln(p_l)]}\bigg|_{p^0} = \frac{p_l}{f(T_{f,j},p^0)}\frac{\partial f(T_{f,j},\boldsymbol{p})}{\partial p_l}\bigg|_{p^0}, \qquad \begin{cases} j = 1,2,\cdots,n_{T_f} \\ l = 1,2,\cdots,n_p \end{cases} \tag{4-42}$$

使用中央差分计算式(4-39)右边项 $\dfrac{\partial f(T_{f,j},p)}{\partial p_l}\bigg|_{\boldsymbol{p}^0}$ 之后,此式可变形为

$$S_{j,l} = \frac{p_l}{f(T_{f,j},\boldsymbol{p}^0)}\frac{f(T_{f,j},p_l^0+\Delta) - f(T_{f,j},p_l^0-\Delta)}{2\Delta}, \qquad \begin{cases} j = 1,2,\cdots,n_{T_f} \\ l = 1,2,\cdots,n_p \end{cases} \tag{4-43}$$

其中 p_l^0 是基准值向量 $\boldsymbol{p}^0$ 中的第一个输入,其在敏感性分析中将会被施加一

个扰动 Δ(下面的结果分析中 $\Delta = 5\% p_l^0$)。在所有热物性的敏感性分析中,对任一输入 p_l 施加 $\pm 5\%$ 的扰动时,$\mathrm{d}p_l/\mathrm{d}T_f$ 保持不变。

数值模拟方法与再生冷却系统多维数值模拟采用相同的数值模型,物理模型以及热边界条件存在差异。单通道与多通道之间的最大区别就是通道之间存在的热耦合关系,在单通道的研究中,这种热耦合关系被简化为对称影响,而在并联通道的研究当中,热耦合关系则有可能是非对称的。

另外需要强调的是,本书中提到的流量分配过程,指的是发动机并联冷却通道中燃料的分配。故流量分配效果的评价,需要根据不同流量偏差诱因来进行区分。针对均匀热流、几何有差的情况,壁面热载荷均匀条件下流量和温度分配越均匀越好,以期达到更好的冷却效果;针对几何均匀、热流诱因情况,流量分配应该和热流分布相呼应,热流大的通道,流量相对更多,定义这种情况为好的流量分配效果。

为了方便后文对问题结果的描述,此处定义一些流量分配情况的评价参数:流量偏差定义如下

$$\beta_i = \frac{m_i - \overline{m}}{\overline{m}} \tag{4-44}$$

式中　i——通道编号;

$\quad\quad m_i$——第 i 个通道的流量;

$\quad\quad \overline{m}$——各个通道流量的理想平均值。

为了整体上评价流量分配的合理性,采用相对标准差(RSD)的概念来描述分配。流量分配的 RSD 定义为

$$\phi_m = \sqrt{\frac{1}{n_c}\sum_{i=1}^{n_c}\beta_i^2} \tag{4-45}$$

式中　n_c——冷却通道数量。

出口油温的 RSD 定义为

$$\phi_{T_f} = \sqrt{\frac{1}{n_c}\sum_{i=1}^{n_c}\left(\frac{T_{\mathrm{fout},i} - \overline{T_{\mathrm{fout}}}}{\overline{T_{\mathrm{fout}}}}\right)^2} \tag{4-46}$$

对于热流诱因算例,由于施加热流不再是均匀的,那么热沉利用也就并非越均匀越好,先定义和此时热流分布相对应的理想热沉分配为

$$q_r = \int_i q_f L \mathrm{d}y, \quad\quad i = 1,2,\cdots,n_c \tag{4-47}$$

式中　L——通道长度;

$\quad\quad \mathrm{d}y = t + b$。

此时热沉利用的 RSD 值定义为

$$\phi'_q = \sqrt{\frac{1}{n_c} \sum_{i=1}^{n_c} \left(\frac{q_i - q_{r,i}}{q_{r,i}}\right)^2} \qquad (4\text{-}48)$$

式中 $q_{r,i}$ —— q_r 的第 i 个元素。

热流诱因情况下,热沉越接近理想热沉分配,认为燃料流量分配效果越好。

对于裂解区通道,定义碳氢燃料转化率 RSD 值为

$$\phi_Z = \sqrt{\frac{1}{n_c} \sum_{i=1}^{n_c} \left(\frac{Z_i - \overline{Z}}{\overline{Z}}\right)^2} \qquad (4\text{-}49)$$

4.4.3 再生冷却并联通道流量偏差机理及规律

在进行考虑并联冷却通道效应进行冷却通道的结构参数设计时,最重要的是并联冷却通道流量偏差产生的机理是什么,只有以此为基础,才能更好地进行并联冷却通道的结构参数设计工作。

为了简化研究,寻找规律,并考虑研究成本,并联冷却通道流量偏差机理的研究主要是以理论结合数值模拟的方式。

4.4.3.1 发动机并联冷却通道流量偏差放大机制

对发动机的并联冷却通道进行总体分析,不难得出这样一种结论,并联冷却通道的流量分配由流动和热偏差两方面来决定。而进一步的分析和实验现象使得研究者认识到燃料的热物性,以及如加热功率偏差等运行条件对流量分配结果有显著影响,但是具体程度仍不得知,而这正是敏感性分析所擅长处理的问题。因此本节介绍了采取敏感性分析方法来研究流量和油温分配对不同影响因素的敏感程度,加深对流量分配机理的认识。

首先是热物性对并联冷却通道流量分配的敏感性分析,ρ,c_p,λ,μ,$\mathrm{d}\rho/\mathrm{d}T_f$ 这些参数将作为敏感性分析的主要输入。

在所有热物性的敏感性分析中,对任一输入 p_l 施加 $\pm 5\%$ 的扰动时,$\mathrm{d}p_l/\mathrm{d}T_f$ 保持不变。需要指出的是,两通道的流量在油温低于临界温度时非常接近,这意味着此时 Δm 的误差比较大,故敏感性分析中选择偏差通道流量 m_{B} 作为表征流量分配的输出。表征油温分配的输出仍使用油温偏差 ΔT_f。

流量和油温分配对 RP-3 四个主要热物性参数的敏感性系数如图 4-43 和图 4-44 所示,可知 c_p 是四个主要热物性参数中最敏感的。尤其是在偏差通道油温超过拟临界温度之后的温区,c_p 的敏感性急剧增加。此外,油温偏差对 c_p 的敏感性系数为负值,这说明燃料 c_p 增大有利于抑制油温偏差。m_{B} 对 c_p 的敏感性系数为正,这说明燃料 c_p 增大将使得 m_{B} 增大,可知 $m_{\mathrm{B}} < m_{\mathrm{A}}$,故 m_{B} 增大意味着流量分配也更加均匀。因此可知燃料 c_p 增大将使得流量和油温分配都更加均匀。

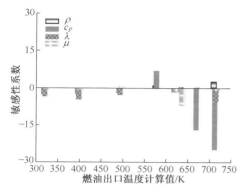
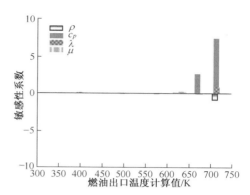

图 4-43　油温偏差对不同物性敏感性系数　　图 4-44　偏差管流量对不同物性敏感性系数

c_p 之所以出现显著的敏感性主要是因为其大小直接影响油温。RP-3 燃料 c_p 整体上随温度增加而增加,且在拟临界温度附近有明显的峰值。所以同样是 5% 的扰动,其在拟临界温度附近乃至更高温区的影响就会因为 c_p 基值增加而更为显著。结合图 4-43 和图 4-44 可知,c_p 敏感性系数最大的最后两个温度稳态点正好是 T_{fB} 处于拟临界温区,但是 T_{fA} 仍处于亚临界温度区。因此,对于 c_p 的扰动将更多地影响偏差通道 B。出口油温从 $T_{fB} = 694.78K$,$T_{fA} = 592.54K$(+ 5% 扰动)变化为 $T_{fB} = 775.16K$(- 5% 扰动),$T_{fA} = 613.08K$。c_p 增大时,T_{fB} 变化幅度要远大于 T_{fA},且 T_{fB} 变化区域正是从超临界温区回到拟临界温区,偏差通道中的密度大幅升高,两通道密度偏差减小,流量分配更加均匀。

和 c_p 相比,λ ,μ 的敏感性都比较低。甚至密度 ρ 的敏感性也并不显著,其被认为是连接油温偏差和阻力偏差的关键因素,这个结果初看并不合理。因此又开展了针对密度变化率 $\mathrm{d}\rho/\mathrm{d}T_f$ 的敏感性分析。

在此分析中,保持起始温度点密度值不变,对 $\mathrm{d}\rho/\mathrm{d}T_f$ 的值进行了 ±5% 的扰动。结果如图 4-45 和图 4-46 所示,$\mathrm{d}\rho/\mathrm{d}T_f$ 显然是一个敏感因素,其增大使得油温分配和流量分配都发生了明显恶化。敏感性系数表现出两个典型特征:① $\mathrm{d}\rho/\mathrm{d}T_f$ 在 $T_{fB} < T_{\mathrm{critical}}$ 时敏感性系数很低;当 $T_{fB} > T_{\mathrm{critical}}$ 时,油温分配和流量分配对 $\mathrm{d}\rho/\mathrm{d}T_f$ 敏感性急剧增加。②当 $T_{fB} > T_{\mathrm{critical}}$ 时,$\mathrm{d}\rho/\mathrm{d}T_f$ 的敏感性系数要远高于 c_p ,ρ ,λ ,μ 等热物性参数。这实际上也说明了密度影响流量分配的路径,并不是通过密度的大小,而是通过密度随温度变化率。$\mathrm{d}\rho/\mathrm{d}T_f$ 增大将使得 ρ 随温度升高降低得更快。这意味着加热功率偏差引起同样的 ΔT_f 时,大 $\mathrm{d}\rho/\mathrm{d}T_f$ 将导致更大的密度偏差。而更大的密度偏差意味着更大的阻力偏差趋势,从而整个流量重新分配过程变得更加剧烈。流量分配的变化最终重新作用到油温分配上,形成正反馈作用,使得流量和油温分配都变得更差。

根据 RP-3 密度曲线可知，$d\rho/dT_f$ 首个峰值出现在拟临界温度区域。这也解释了出现在拟临界温度区域的偏差放大现象，c_p 和 $d\rho/dT_f$ 在此温区都出现了峰值，根据上面分析可知其导致了流量和油温偏差放大现象，这里称为跨临界偏差放大机制。当碳氢燃料发生裂解时，生成小分子，密度急剧降低，将再次出现 $d\rho/dT_f$ 峰值；此部分数值研究没有涉及裂解工况，但对应流量和油温偏差放大现象并结合上面分析可知，随裂解出现的 $d\rho/dT_f$ 峰值再次导致了偏差放大现象，将其称为裂解偏差放大机制。通过对热物性进行敏感性分析从而解释了双偏差放大机制。

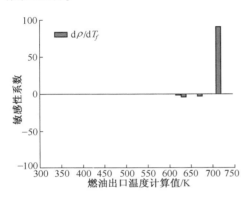

图 4-45　ΔT_f 对 $d\rho/dT_f$ 的敏感性系数　　图 4-46　m_{fB} 对 $d\rho/dT_f$ 的敏感性系数

此外，在实际应用过程中，$d\rho/dT_f$ 的大小往往和系统压力变化耦合在一起。压力水平越高，碳氢燃料密度随温度变化变得越发平缓[21]，这就意味着高压对应较低的 $d\rho/dT_f$。所以对 $d\rho/dT_f$ 敏感性分析的结果，一定程度上证明了流量分配对压力的敏感性。实际上对燃料热物性的测量一般是在一个特定压力条件下开展的，本章模拟采用了 3MPa 下测量的 RP-3 热物性，因此无法开展针对压力的敏感性分析，幸运的是，通过对 $d\rho/dT_f$ 敏感性分析能够一定程度上展现两者之间的联系。

另外值得指出的是，加热功率偏差是引起碳氢燃料在并联通道中流量分配不合理的重要诱因。对其进行敏感性分析也是十分必要的。分析中扰动同样是 $\pm5\%$，结果如图 4-47 和图 4-48 所示。和之前因素不同的是，油温偏差和流量分配对加热功率偏差敏感性系数并不同步。由于加热功率偏差直接引起油温偏差，油温偏差对加热功率偏差在涉及的温区都比较敏感，包括 $T_{fB}<T_{\text{critical}}$ 区域。敏感性系数虽然小于 $d\rho/dT_f$，但是仍远大于 ρ,c_p,λ,μ。但是对于流量分配，加热功率偏差只有在 $T_{fB}>T_{\text{critical}}$ 温区，才表现出一定的敏感性。

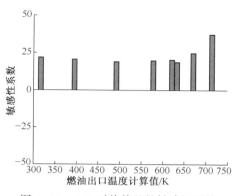
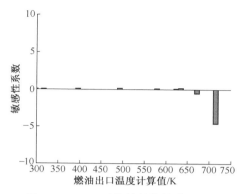

图 4-47　ΔT_f 对热偏差的敏感性系数　　　图 4-48　m_{fB} 对热偏差的敏感性系数

　　油温分配和流量分配对加热功率偏差敏感性系数不同步虽然比较好理解,但是实际上有助于深化对流量分配过程中正反馈效应的认识。加热功率偏差是诱因,直接触发油温偏差,进而是密度偏差,引起阻力偏差趋势,最后发生流量再分配过程。流量分配又直接引起油温偏差的加剧,形成正反馈。基于上述敏感性分析的结果,不难发现这个正反馈过程只有在 $T_{fB} > T_{\mathrm{critical}}$ 或者说某通道油温达到、超过拟临界温度才会变得明显。

4.4.3.2　并联冷却通道流量分配规律

　　如图 4-49 所示,碳氢燃料在冷却通道中不断吸收热量,往往导致其发生热裂解。在非裂解区燃料主要经历流动换热过程,组分并不发生变化,此过程主要提供物理热沉;而在裂解区,燃料发生化学反应,生成小分子产物,组分发生变化,生成小分子,并提供额外的化学热沉,换热和冷却效果影响机制也更加复杂,这部分内容在前面两章也多次提及。而对于并联冷却通道来说,非裂解区和裂解区则分别对应了两种偏差放大机制,为了使介绍更有针对性,本小节将两区域分开单独进行介绍。另外,从导致发动机并联冷却通道中流量分配不合理的诱因来看,常见的为热流诱因和分流诱因,而两种偏差放大机制下均可针对两种诱因开展研究,故本节的介绍将分为四类问题来进行。

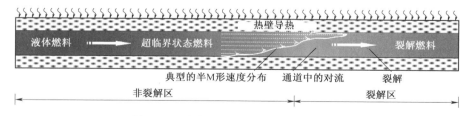

图 4-49　冷却通道中碳氢燃料状态变化

综上,结合超燃冲压发动机真实冷却结构和冷却过程,本节将冷却通道非裂解区和裂解区分开,按照不同的偏差放大机制和流量偏差诱因对问题进行分类,得出更贴近发动机真实工况的碳氢燃料流量分配规律,支撑燃料热沉利用和再生冷却效果研究,以期对后续通道参数影响规律提供参考。

本节主要是基于数值模拟来进行问题的说明,发动机冷却通道结构参数根据文献[22]中超燃冲压发动机燃烧室实验模型确定。为了能够模拟出不同通道间存在的多种耦合路径,本章物理模型包括6根并联通道。马赫数为5时发动机总冷却流量为232g/s。根据周向比例,本节算例入口流量为16.5g/s。固体材料使用高温合金GH3128,其物性见文献[23]。考虑到以整个燃烧室壁面作为研究对象需要的计算资源和时间太长,如图4-50所示,在不影响效果的前提下,沿燃烧室周向选取20mm宽一段壁面来代表燃烧室冷却壁面。计算模型入口给定质量流量,出口给定背压,本章依然设定背压为3MPa,处于n-Decane的超临界压力。如图4-50D所示,在冷却通道热侧壁面设定热流边界。热流均值选取凹腔型超燃冲压发动机中典型热流值3MW/m²。对于非裂解区的研究,为了保证大部分燃料处于非裂解态,期望出口平均油温为700K,根据正十烷的物性可以计算所需的加热量,又因热流均值和加热面宽度已经确定,通道长度即可计算得出,为350mm。对于裂解区的研究,由于没有真实型号发动机做限制,仍先保持和非裂解区通道相同的热流水平和通道长度。

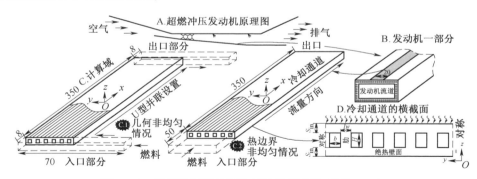

图4-50　超燃冲压发动机冷却通道示意图(单位:mm)

如图4-50C所示,本节中将针对两类流量分配问题进行研究:①热流诱因诱发类;②分流诱发类。①类问题对应发动机燃烧室支板或者凹腔附近壁面,由于燃烧组织的影响,壁面热流明显不均匀。对此部分算例,设置50mm长入口段作为分流腔,起到均匀分流作用,称为均流型分流腔。在碳氢燃料不受热时,其能够均匀地把燃料分配到各个通道中去,以在热流诱因研究时屏蔽非均匀几何即分汇流腔的影响。此时y向坐标值最小的通道为No.1,然后沿y向依次递增;②类问题对应燃烧室或喷管部分远离支板或凹腔的壁面,燃烧在此处充分发展,壁面热流相对均匀。但此时,分汇流腔仍足以导致燃料在冷却通道中的显著不合理分配。定义最靠近入口的通道为 No.1 沿远离入口的方向依次递增。在此部分算例中,设置典型 U 型分汇流腔搭配均匀热流边界条件。

如图 4-50D 所示冷却通道截面参数包括通道宽度 b ,高度 H ,肋厚 t 和壁厚 $s_w = 1mm$ 。冷却通道结构参数尺寸的变化原则按照 4.3.2 小节中的式(4-33) ~ 式(4-35)来确定。设置肋厚初值 $t_0 = 2mm$,非裂解区算例入口流速设置为 $u_0 = 2.25m/s$,通道高宽比设置为 AR=1,即为常见的方形通道。结合总流量、通道高宽比,即可计算出其他通道几何参数 b, H, n_c, A_t 等。在介绍流量分配规律时,冷却通道截面参数为通道宽度 $b = 1.27mm$,高度 $H = 1.27mm$,肋厚 $t = 2mm$ 和壁厚 $s_w = 1mm$ 。

热流诱因算例中,热流具体分布如图 4-51 所示,沿平板 y 方向变化,沿 x 方向保持一致。q_{f1} 为较为简单的线性非均匀分布,q_{f2} 在 50% 位置处设置热流峰值,用来模拟支板或者凹腔等燃烧组织局部热区;q_{f3} 在 75% 位置处设置热流峰值,用来模拟其他特殊设计造成的热流峰值;如式(4-50)所示,定义热流偏差,因为对于流量分配问题来讲,热流偏差大小决定了热流诱因的大小。参考文献[24]中实验数据,不同热流分布均保持热流偏差为 1.5,以增强对比性。分流腔诱因算例中,热侧壁面给定 $3MW/m^2$ 均匀热流。考虑到实际发动机中,冷侧壁面将与其他无法耐高温的部件,如机载电子设备等接触,必须做隔热处理,因此冷侧壁面设置为绝加热面。同理,两侧壁面也设置成绝热加热面。

$$\Delta q_f = q_{fmax} / q_{fmin} \tag{4-50}$$

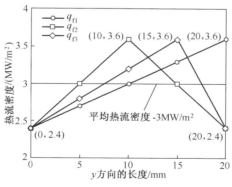

图 4-51　加热面上热流分布

1. 跨临界放大机制下分流诱因对碳氢燃料流量分配影响

首先介绍分流诱因主导的流量分配问题。此种情况主要发生在发动机燃烧室下游,此时燃烧和流动都相对稳定,壁面热流相对均匀,热偏差不再是主导因素;但由于分汇流腔和其他局部结构引起的分流诱因影响,燃料在冷却通道中的流量分配往往仍不合理,亟待研究。本部分涉及的物理模型见图4-50C.1。需要声明的是,U型分汇流设置下的流量分配结果还与分汇流腔尺寸相关,以下结果在当前分汇流腔尺寸下得到,此部分研究重点是分析U型分汇流设置下流量分配的机制。

在跨临界温区,流量分配和油温分布结果如图4-52和图4-53所示,整体上看,由于U型分汇流腔布置的影响,远离进出口的通道获得的流量最少,其油温也最高。其中通道No.6的油温较高,但此处仅为分析整体流量分配趋势,不追求定量结果,仍未考虑裂解的影响。裂解带来的影响将一并在下一条内容进行解释。燃料热沉利用情况如图4-54所示,可以发现其规律和流量分配相似,整体上从No.1到No.6热沉利用量逐渐减小。值得注意的是,从No.1到No.6通道燃料温度逐渐升高,即No.6通道燃料温度已经很高,使得结构安全受到威胁,但此时燃料热沉利用量反而更小;No.1通道中燃料温度较低,热沉并未充分利用,但热沉总量却更大,这是流量分配过多的表现,同时这无疑是对燃料热沉的极大浪费。

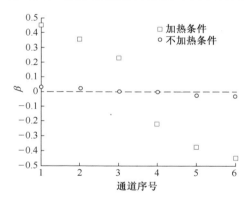

图4-52 U型并联结构中流量分配结果　　图4-53 U型并联结构中的出口油温分布

从问题的定义来看,这是由于分流诱因U型分汇流布置的冷态初始分流效果直接导致的。通道No.6距离进出口最远,流程最长,总阻力最大,因此如图4-55所示,通道No.6分到的流量最小,靠近进出口的通道No.1分到的流量最大。

但实际上,这其中还叠加了碳氢燃料自身特性的影响。如图4-52所示,不加热时,冷态碳氢燃料在此并联通道中流量分配要均匀得多,这说明虽然分流诱因算例中为均匀热流加热,U型分汇流布置导致的冷态初始流量偏差仍在加热过程中得到了显著的放大。此放大过程和碳氢燃料自身物性随温度变化有着密切的联系。

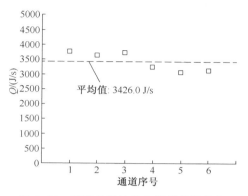

图 4-54　U 型并联结构中燃料热沉分布

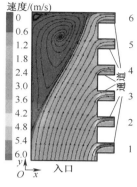

图 4-55　入口分流腔速度分布

图 4-56 和图 4-57 为不同通道中心面的流体温度和密度云图。由图中分布可知,初始流量偏差使得远离进出口的通道中流量偏低,油温更高,从而密度更低;较低的密度导致更大的流速、流阻,使得这些通道中的燃料流量进一步降低。这是由于碳氢燃料密度在拟临界温区的急剧降低,流量分配对燃料密度随温度变化率十分敏感,因此上述正反馈效应也十分明显,最终导致出现 No.6 通道中严重偏高的油温和偏低的密度。这也解释了为何冷态时并不明显的流量偏差在跨越拟临界温度之后,发生了如此严重的放大。

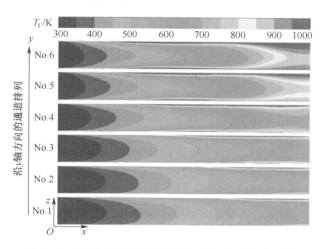

图 4-56　跨临界温区 U 型并联通道中心面温度云图

2. 裂解放大机制下分流诱因对碳氢燃料流量分配影响

当油温继续升高,碳氢燃料将发生裂解,裂解成为碳氢燃料流量分配的第二个偏差放大机制。

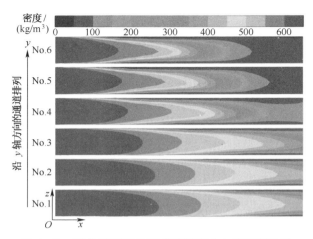

图 4-57　跨临界温区 U 型并联通道中心面密度云图

　　裂解放大机制下分流诱因导致的流量分配结果如图 4-58~图 4-61 所示,和非裂解区相比,整体上有两个点值得注意:①流量、油温和热沉利用分布趋势和跨临界区相类似;②裂解区出现的各个偏差水平相较跨临界机制下都更小。

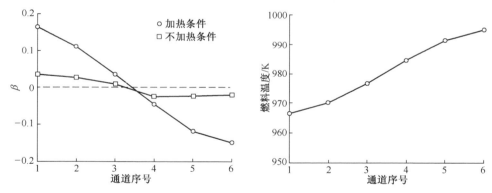

图 4-58　U 型并联裂解通道中流量分配　　　图 4-59　U 型并联裂解通道中油温分布

　　进一步看,分流诱因主导时为均匀加热,但仍出现第 1 点,这说明无论裂解与否,只要是分流诱因主导,流量偏差的机制存在一定的相似性,如此才会出现相似的流量油温分布结果。取出裂解算例中密度和转化率分布,如图 4-62 和图 4-63 所示,初始流量偏差在加热作用下导致了油温偏差,致使燃料转化率出现差别。而燃料裂解过程会导致密度急剧降低,类似于跨临界过程,所以编号更大的通道中流阻增加,流量进一步降低,出现了以化学反应为传递因子的正反馈过程,最终使得初始并不明显的流量偏差发生了放大。不同的是,较高的转化率意味着编号更大

通道中的化学热沉利用更多,一定程度上抑制了其中油温的显著升高,这一定程度
上也解释了为何裂解区油温分布相对均匀。

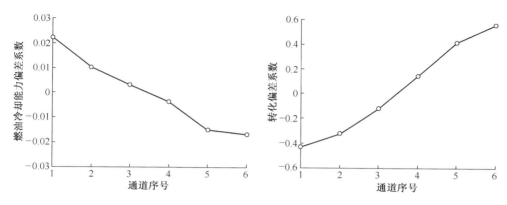

图 4-60　U 型并联裂解通道中热沉利用分布　　　图 4-61　U 型并联裂解通道中转化率分布

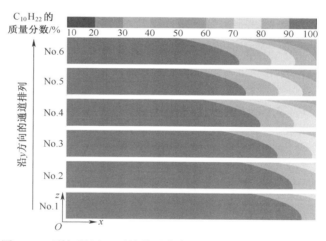

图 4-62　裂解温区 U 型并联通道中心面正十烷质量分数云图

　　第 2 点说明裂解区引起的密度变化幅度远不如拟临界区,从而出现的偏差水
平也都更低。但值得注意的是,这是将非裂解区和裂解区分开各自研究的结果。
如果在一个并联段就将燃料加热到裂解温度,那么裂解区的偏差放大将变得十分
危险。因为其将基于跨临界放大机制的基础上再次放大,且此时燃料温度已然很
高,威胁结构安全。这一方面证明了适当增加分汇流腔对流量偏差控制的积极作
用;另一方面也说明裂解区偏差水平虽小,但是燃料温度很高,仍十分危险,需要进
行调控。

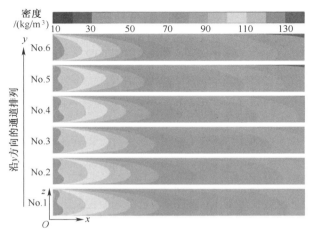

图 4-63　裂解温区 U 型并联通道中心面密度云图

3. 跨临界放大机制下热流诱因对碳氢燃料流量分配影响

下面开始介绍热流诱因主导的流量分配问题,其主要出现在靠近支板或者凹腔的燃烧室壁面,由于燃烧组织的影响,壁面存在局部热区,周向热流十分不均匀,进而影响燃料在冷却通道中的流量分配。物理模型采用图 4-50C,热流设置采用图 4-51 所示 q_{f1},通道 No.1～No.6 所对应加热量递增。流量仍为 16.5g/s,背压为 3MPa。热流诱因算例中,流量和温度分布结果如图 4-64 所示。由于采用均流型分流结构,如果没有热流诱因 q_{f1},流量应该在各个通道间等量分配;但施加 q_{f1} 之后,热流较大的通道中油温自然更高,流量反而更低,即燃料分配与冷却需求完全不匹配,燃料并没有被分配到最需要的通道中。

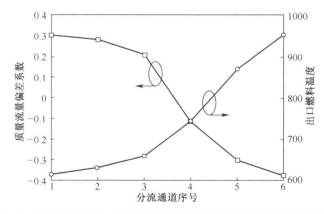

图 4-64　跨临界偏差放大机制下热流诱因主导的流量和温度分配结果

由于采用均流型分流腔,所有流量偏差都来源于不均匀热流的影响。整体上看,热流更大的通道中,平均油温更高,平均密度更低,平均流速更快,从而流阻整体上增大,使得该通道流量降低。最终,最需要冷却的高热流区域,燃料反而最少。但是从通道内部具体来看,热量由固体部分传递至流体部分,但通道截面上的流体温度和物性等参数并不能完全均匀一致,由于传热发生的温度梯度,通道内流体中将出现热分层现象,大大加剧了上述正反馈过程。如图 4-65 所示通道中燃料密度云图所示,首先从单个通道视角看,靠近上壁加热面的流体温度早早跨过拟临界温度,密度急剧降低,出现明显的低密度区;从多个并联通道视角看,远离 y 轴原点的通道热流更大,近壁面流体被过度加热,温度急剧升高。这大大降低了流固之间的传热性能,从而出现更严重的热分层,近加热面局部低密度区也更加明显。而低热流通道中没有出现明显的热分层,整体上油温尚未跨过拟临界温度,其密度分布整体上更均匀,没有明显的低密度区。最终这些高热流通道中明显的低密度区将大大增加其中的流阻,使其和低热流通道中通流能力出现差异,加剧了流量再分配过程,导致如图 4-64 所示的流量和温度分布结果的出现。

由此可知,热流诱因主导的流量分配问题中,热分层现象是主要中间因子,放大了热流对流量再分配过程的影响,加剧了流量偏差。

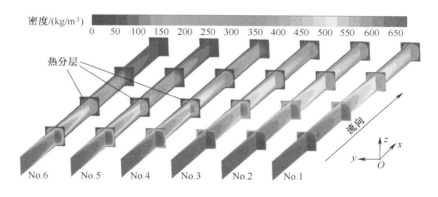

图 4-65　热流诱因算例不同通道中密度云图

4. 裂解放大机制下热流诱因对碳氢燃料流量分配影响

随着油温继续升高,裂解区成为研究重点。物理模型同上一条中,入口燃料温度设置为 700K,热流边界为 q_{f1},背压 3MPa。流量和温度分布规律与非裂解区类似,如图 4-66 所示,整体上仍呈现为高热流通道中燃料更少,油温更高;更高的油温也导致了更高的燃料转化率。另外,类似于分流诱因主导情况,热流诱因主导时,裂解区的流量和油温偏差水平也都低于非裂解区。

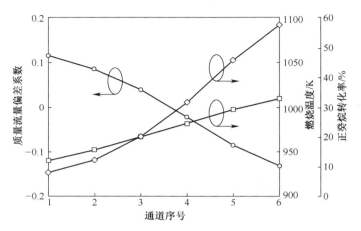

图4-66 热流诱因裂解区并联通道流量分配结果

通道中正十烷质量分数分布如图4-67所示,整体上与分流诱因主导时相似,但是引起转化率偏差的原因却有所不同。分流诱因主导时为初始流量偏差随均匀加热不断放大的缘故;而热流诱因算例中,热流差异直接导致了燃料温度差异,最终致使燃料转化率有差。高热流通道中较高的裂解率使得小分子产物增加,密度降低,如图4-68所示,热分层此时主要表现为裂解分层,从而导致近壁面出现低密度区,类似于非裂解区低密度区作用,出现裂解导致的正反馈偏差放大现象,流量分配恶化。

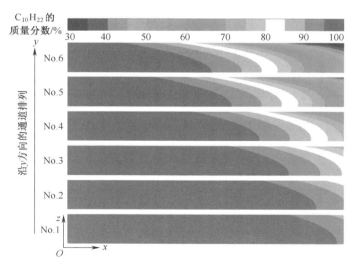

图4-67 热流诱因裂解区并联通道中心面正十烷质量分数云图

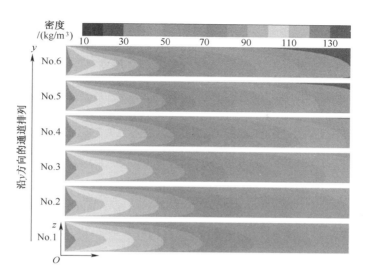

图 4-68　热流诱因裂解区并联通道中心面密度云图

4.4.4　考虑并联通道效应的冷却通道结构参数设计优化结果

本小节中冷却通道结构参数的变化原则与尺寸参数与 4.4.3.2 小节中的保持一致,这一设计原则和参数与单通道设计优化一致,以便与单通道的设计结果进行综合评估。本节的介绍按照分流诱因主导分流作用和热流诱因主导热分层效应对研究进行分类。

4.4.4.1　分流诱因主导时通道截面参数变化作用

首先来看分流作用主导的情况,此是发动机中最常见的非均匀几何诱发因素。以典型的 U 型分汇流布置方式来代表几何诱发因素,此布置中并联系统进出口方向相反,呈 180°。此部分研究涉及的通道尺寸见表 4-5。本节研究采用均匀热流边界条件, $q_f = 3\mathrm{MW/m^2}$,属于 4.4.3.3 小节中定义的②类问题,对应远离支板或凹腔的下游壁面。当通道高宽比变化时,在非裂解区和裂解区,流量分配随通道参数的变化规律主要结果如图 4-69 和图 4-70 所示,这两个区域通道参数影响规律比较相似,整体上都表现为流量分配随着通道高宽比增加,变得更加均匀合理。为了避免重复,同时又考虑到裂解区耦合了化学反应的影响,影响规律和路径更加复杂,这部分仅以裂解区研究为例,分析通道截面参数变化对分流作用主导流量分配的影响。

表 4-5 U 型分汇流腔作用下裂解区流量分配研究并联通道几何参数

AR	H /mm	b /mm	SR	D_h /mm	ΔP_{ratio} /%	$C_{10}H_{22}$ /%	n_c	m_f /(g/s)
1	1.270	1.270	1.05	1.27	39.04	69.71	6	
2	1.700	0.850	1.35	1.13	17.90	69.78	7	16.50
4	2.260	0.565	1.77	0.90	9.33	69.42	8	
8	3.090	0.386	2.30	0.69	4.18	71.06	9	

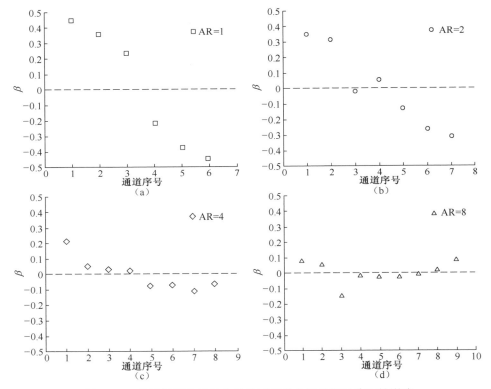

图 4-69 分流诱因主导的非裂解区通道参数对流量分配的影响

　　流量分配相关结果如图 4-70~图 4-73 所示,不难发现当前典型 U 型分汇流腔作用下,裂解区整体上流量和油温偏差水平并不是很大。以出口油温为例,各几何参数下不同通道出口油温相差不超过 50K。这自然与分汇流腔设计相关,但本书并不展开讨论此问题,仍是紧紧围绕通道几何和流量分配的主题开展介绍。虽然油温偏差不是极其夸张,但裂解区油温已然很高,本算例中最高平均出口油温将近 1000K,小偏差即已接近固体材料的使用温限。一言以蔽之,裂解区的流量分配问题导致超温的可能性大大增加,仍然需要重要关注。

流量、油温、燃料热沉利用和转化率分配在此用来评价流量分配问题的合理性。随着通道高宽比增加,此四个评价指标都更加均匀,这说明了带有 U 型分汇流腔的裂解区并联通道流量分配在大高宽比通道中更加合理。分析非均匀几何算例中流量分配的基本过程,分汇流腔是源头诱因。其决定初始分流效果,均匀热流只起到放大发展冷态初始流量偏差的作用。因此,对结果的解释须从分汇流腔决定初始流量偏差的机制入手。沿分汇流腔流动方向的压降是引起冷态初始流量偏差的关键因素,为了匹配进出口压力各个通道中流量将发生重新分配。由此可知,$\Delta P_{\mathrm{Header}}$ 越小,则 $\Delta P_{\mathrm{ratio}}$ 越小,初始流量分配越均匀。

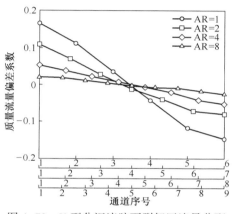

图 4-70　U 型分汇流腔下裂解区流量分配

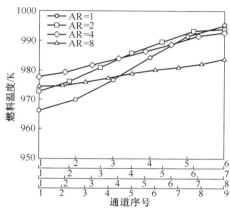

图 4-71　U 型分汇流腔下裂解区油温分布

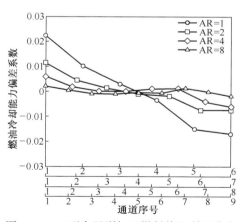

图 4-72　U 型布置裂解区燃料热沉利用分布

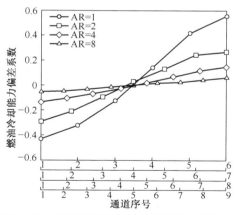

图 4-73　U 型布置下裂解区燃料转化率分布

如表 4-5 所列,$\Delta P_{\mathrm{ratio}}$ 随通道 AR 增加而减小,这说明分汇流腔中沿程压降比例在降低。究其原因,主要是随着通道高宽比增加,通道(支管)水力直径 D_h 减小,分汇流腔和通道流通面积比 S_R 增大,这都将使得 $\Delta P_{\mathrm{Channels}}$ 增加、$\Delta P_{\mathrm{Header}}$ 减小, ΔP_{ratio} 减小,最终流量分配更加均匀。而在均匀热流作用下,只要流量分配情况得到了改善,相应的温度分配、燃料热沉利用情况都会好转,整体裂解率分配也会更加均匀。由表 4-5 可知,通道出口平均转化率也随通道 AR 增大稍有降低,这主要是由于 AR = 8 算例中油温分配更均匀、整体水平较低。

如图 4-74 和图 4-75 所示,近上壁面低密度区主要是由裂解导致,由于近上壁面热流比较高,燃料温度比较高,此处裂解比较剧烈。且随着通道 AR 增大,近上壁面也有低密度区,但是流量分配依然得到优化。

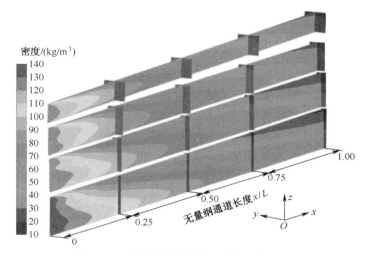

图 4-74 不同算例中最热通道的密度云图

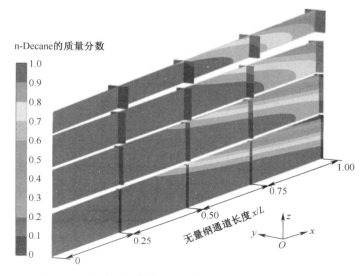

图 4-75 不同算例中最热通道的 n-Dencae 质量分数云图

这主要是因为此时流量分配不合理的源头是分流诱因,直接作用在初始流量分配上,只要冷态初始流量偏差得到优化,热态流量分配自然得到优化。近上壁面的低密度区只是初始流量偏差放大的结果。

整体各项参数分配都有所改善,冷却效果理应随之改善,但事实却并非如此。如图 4-76 所示,和 AR = 1 相比,AR = 2 最高壁温略有降低;但是 AR = 2,4,8 最高壁温十分接近,甚至略有回升。因为大高宽比通道使得热分层更严重,出现图 4-77 所示严重 M 型(半 M 型)速度分布,从而传热性能降低甚至恶化[25]。

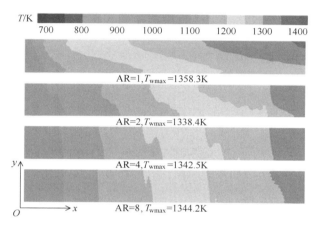

图 4-76　U 型分汇流腔作用裂解区壁面温度

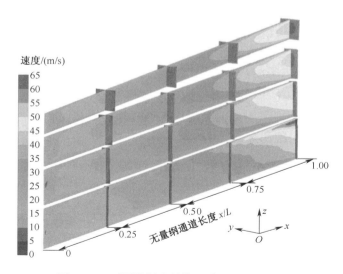

图 4-77　不同算例中最热通道速度分布云图

如图 4-78 所示,随着通道高宽比增加,上壁面流体换热系数迅速降低,虽然流量分配情况得到了优化,高热流区通道油温有所降低,但由于传热性能的恶化,最终热侧壁温水平并没有得到有效降低,甚至有所上升。这意味着对于 U 型非均匀几何裂解工况,大高宽比通道虽然有利于流量分配,但由于传热恶化,反而不利于提高冷却效果。

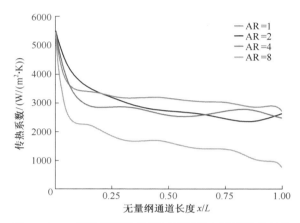

图 4-78　U 型分汇流腔作用下裂解区上壁面换热系数

总结而言,在 U 型分汇流腔并联系统中,通道大高宽设计比能够有效降低集管中压降占系统总压降的比例,使得初始流量分配比较均匀,进而优化整个热态碳氢燃料的流量分配。但是高宽比增大将导致更严重的热分层现象,从 AR = 2 开始,高宽比增大对流量分配的优化作用已经不及热分层的传热恶化作用,导致壁温不仅没有降低,反而有所上升。这说明对于 U 型分汇流腔裂解区通道来讲,大高宽比设计并不实用。尽管流量分配效果较差,但是在换热性能的限制下还是只能使用小高宽比设计。

4.4.4.2　热流诱因主导时通道截面参数变化作用

1. 非裂解区通道截面参数变化影响

本部分针对热流诱因导致的热分层效应主导情况进行研究,并联冷却通道几何参数如表 4-6 所列,并联通道总流通面积保持不变,热流边界为 q_{f1},热流沿 y 方向(通道编号递增方向)线性增加。

整体上流量和出口油温分配结果如图 4-79 和图 4-80 所示,流量分配效果随通道高宽比变化发生了明显的改善,温度分配也更加均匀合理。高热流区燃料流量增大,油温有显著降低;低热流区流量回落,油温则小幅上升,这与当前热流诱因边界来讲更加适配。

表 4-6　流量分配规律部分的通道几何参数

AR	H /mm	b /mm	t /mm	A_{HE} /m²	n_c	m_f /(g/s)
1	1.270	1.270	2.06	10.67×10^{-3}	6	
2	1.700	0.850	2.01	12.50×10^{-3}	7	16.50
4	2.260	0.565	1.94	15.82×10^{-3}	8	
8	3.090	0.386	1.84	21.90×10^{-3}	9	

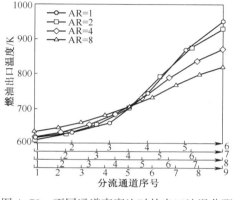

图 4-79　不同通道高宽比时的出口油温分配

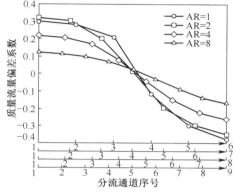

图 4-80　不同通道高宽比时的流量分配

究其原因,随着通道高宽比增加,通道侧面积增大,导致经过通道侧面的热交换通量更大。如图 4-81 所示,Q_{ratio} 随着通道高宽比增大而明显增加,说明更大比例的热量通过了和热侧不直接接触的通道侧面。如图 4-82 所示,由于流固间总

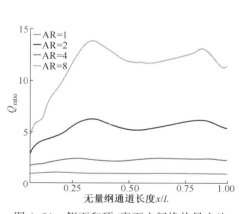

图 4-81　侧面和顶/底面之间换热量之比

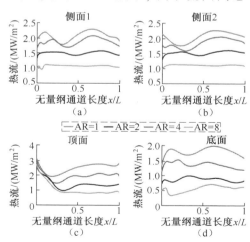

图 4-82　最热通道各内壁面的热流
(a)侧面 1;(b)侧面 2;(c)顶面;(d)底面。

换热面积 A_{HE} 随着通道高宽比增加而明显增大,这有效降低了通道各面的热流水平,尤其是最靠近加热面的通道顶面。

类似于多米诺骨牌,热流随高宽比的降低,会导致顶面热流的降低。为了便于分析,选出每个高宽比下燃料温度最高通道(AR=1 时为通道 No. 6,AR=2 时为通道 No. 7,以此类推),来代表高热流区通道的典型变化;低热流区通道的变化过程与之相反。图 4-83 即为不同最热通道中的密度云图。在 AR=1 和 AR=2 算例最热通道中,近壁面出现了明显的低密度区,这主要是由于过高的热流水平对近壁面燃料加热过度。对流量分配而言,这意味着即便这些通道出口平均油温并不高,但是近壁面严重的低密度区已然能够明显增加近壁面流速,进而显著增加流动阻力。为了保持各通道压降平衡,最热通道中的流量将大大下降,因此流量再分配过程将更加剧烈,流量分配不均也更加严重。而当高宽比增加至 4 和 8 时,各面热流明显降低,尤其是顶面。此时近壁面低密度区得到明显缓解,依照上述逻辑,流量分配也因此更加合理。类似最热通道中的现象同样会出现在高热流区别的通道中,而在低热流区通道中则发生相反的过程。这使得整体上流量分配都更加合理。

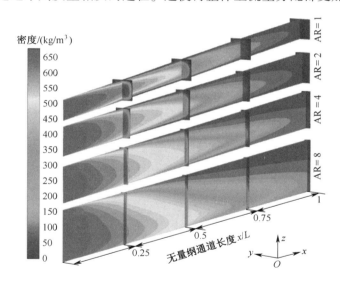

图 4-83 不同通道高宽比最热通道中密度

流量和油温分配都更加合理,如图 4-84 所示,燃料的热沉利用情况也有所好转。q_r 是根据 q_{f1} 计算得出的理想燃料热沉需求,随着通道高宽比增加,并联通道中燃料热沉分配情况越来越贴近 q_r ,这意味着燃料热沉利用更接近按需分配,有利于实现更好的冷却效果。如图 4-85 所示,热侧壁面上的传热恶化现象得到了显著的控制,最高壁温下降近 400K,这对冷却效果的提升很大。

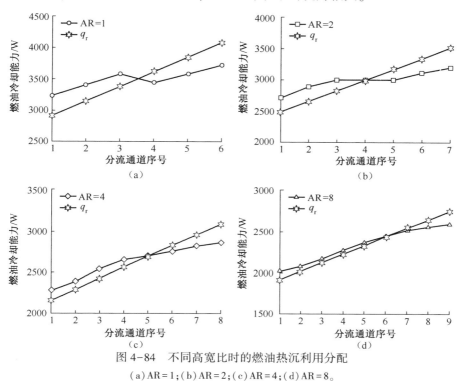

图 4-84　不同高宽比时的燃油热沉利用分配

(a)AR=1;(b)AR=2;(c)AR=4;(d)AR=8。

　　至此,流量分配规律的结果分析已毕,来总结其与通道几何参数之间的耦合关系。如图 4-86 所示,热流诱因边界条件能够直接导致并联通道中油温分配出现偏差,其影响通过密度偏差传递到流阻偏差上,引起流量重新分配;而流量分配在超过拟临界温度之后,又将引起油温分配进一步偏差,形成正反馈机制。在这个循环中,通道几何参数如高宽比的影响主要作用在密度偏差上,Q_{ratio},A_{HE},q_f 的变化共同导致近壁面低密度区的缓解,缩小了密度偏差,从而使整个循环作用减弱。最终流量分配和温度分配都更加合理,燃料热沉利用情况也得到了优化,作为冷却效果指标的热侧壁温也大幅降低。

　　非裂解区通道使用大高宽比设计能够增大传热面积,降低热流,从而有效优化流量分配效果。本文覆盖的最大高宽比 AR=8 已经能够保持优化效果。但通道高宽比并不是越高越好,如前所述,随通道高宽比的增加,将出现 M 型(半 M 型)速度分配,见图 4-87。在靠近壁面处随之出现零速度梯度点,这将导致壁面附近的湍流扩散大大减弱,从而出现传热性能降低甚至是恶化[25]。结合图 4-88 可知,在 $x/L>0.5$ 区域,显著的 M 型速度分布导致换热系数随通道高宽比增加而显

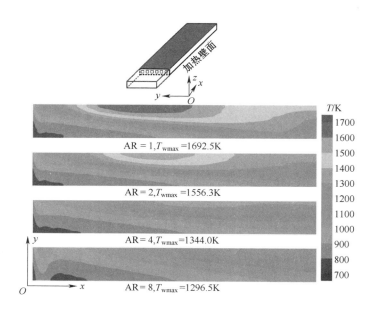

图 4-85　不同高宽比时的壁温云图

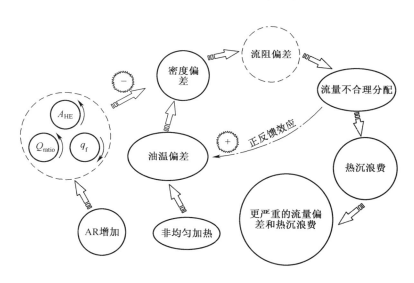

图 4-86　非均匀加热时并联通道参数对流量分配影响规律

著降低,最终导致严重的热分层现象。这意味着随着通道高宽比增加,虽然目前涉及的算例中,其对流量分配的正面作用抵消了热分层的影响,流量分配规律和冷却效果都逐步优化;但可以预计的是,过大的高宽比,终将导致热分层的影响比重过大,从而导致传热恶化,冷却效果下降。

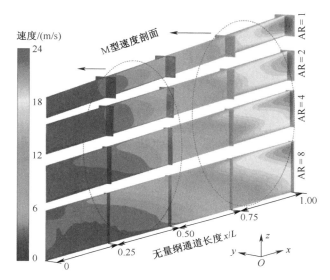

图 4-87　不同高宽比最高温通道中速度

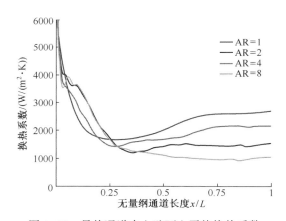

图 4-88　最热通道中上壁面上平均换热系数

文献[26]中针对超燃冲压发动机冷却通道设计进行了单通道研究,通道大小和形式与本文工作类似,故与其主要结论进行简单对比。单通道研究中 AR=4 即为高宽比效果的拐点,继续增加时热分层影响比重超过了增加换热面积的影响。而考虑流量分配的多通道设计研究结果表明,即便到 AR=8,换热面积增大带来的热流降低效应依然处于主导地位,其对流量分配结果的优化能力依旧强于热分层现象对传热的恶化作用。从而整体上,由于流量分配情况改善,冷却效果依旧得到提升。通过对比可知,考虑到发动机贴近真实多通道并联情况后,适用于非均匀热流条件的冷却通道高宽比上限更高。

2. 裂解区通道截面参数变化影响

根据 4.4.3.2 小节的介绍可知,热流诱因作用下流量分配规律相对复杂,当其与碳氢燃料热裂解相结合之后,会引起怎样的变化,将在本部分进行研究。热流诱因算例物理模型见图 4-50 中通道形式 C.2。热流分布边界条件如图 4-51 所示。裂解区通道参数也应根据发动机燃烧室几何确定,具体参数见表 4-7。

表 4-7　热流诱因裂解算例并联通道几何参数

AR	H/mm	b/mm	t/mm	A_{HE}/m^2	n_c	m_f/(g/s)
0.5	1.000	2.000	2.000	2.10×10^{-3}	5	
1	1.270	1.270	2.063	10.67×10^{-3}	6	
2	1.700	0.850	2.007	12.50×10^{-3}	7	16.50
4	2.260	0.565	1.935	15.82×10^{-3}	8	
8	3.090	0.386	1.836	21.90×10^{-3}	9	

如图 4-89 和图 4-90 所示,裂解区也存在流量分配不合理现象,分配到高热流区燃料反而较少,导致整个高热流区的油温明显偏高。这说明裂解区也遵循流量分配决定于密度变化的基本机理,高热流区热流大,燃料温度高,转化率也更高,密度较小,同样质量流量燃料产生的阻力更大。故在流量重新分配过程中,高热流区通道流量偏低。这在一定程度上也体现出正反馈机制,偏低的流量会进一步使得油温升高,类似于非裂解区机理,只不过此时引起密度降低的因素除了温度升高主要还受到裂解的影响。

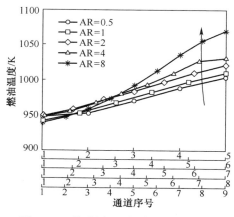

图 4-89　热流诱因裂解算例油温分布

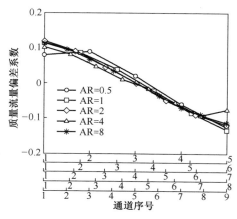

图 4-90　热流诱因裂解算例流量分布

　　值得注意的是,热流诱因时,裂解区的流量分配不合理程度要远小于非裂解区。流量偏差系数仅相当于非裂解区 AR = 8 算例中水平。究其根本有两方面原因:①非裂解区跨越的温区更大,其中包含物性急剧变化的拟临界区,某些通道燃料首先跨越拟临界温区之后,几十度的温差就可导致其与其他通道中燃料密度相差达到近 10 倍;而裂解区覆盖的温区相对较小,由裂解引起的物性变化远不如拟临界温区剧烈,密度随温度变化趋势相对平缓。②燃料在裂解时能够提供化学热沉,这意味着燃料完成同样吸热量需要的温升更小。面对同样热流诱因时,并联通道间出现的油温偏差就会较小,通道间密度偏差也会随之减小。无论出于哪方面原因,这都使得面对同样热流诱因时,裂解区并联通道间密度偏差相对较小,不足以引起和非裂解区同样剧烈的流阻变化和流量再分配。

　　与非裂解区的油温分布变化规律恰恰相反,随通道高宽比增加,裂解区通道整个高热流区油温明显升高,油温分布也出现明显恶化。如图 4-91 所示,通道高宽比增大导致严重热分层现象,热量从近上壁面向远端的传递变得非常困难,实际上近上壁面区域小部分燃料担负着主要冷却任务。这使得近上壁面区域油温明显升高,如图 4-92 所示,近上壁面区域的燃料转化率也因此非常高。例如 AR = 8 算例中,近上壁面区域的转化率接近 100%。虽然这里裂解模型采用 PPD 假设,高裂解率并不十分精确,但并不影响定性分析。近上壁面区域燃料化学热沉的迅速消耗将导致燃料单位温升吸热能力下降,从而燃料温度迅速升高。虽然通道底部燃料温度由于热分层的影响有所下降,但是整体上仍被顶部燃料温升幅度所抵消,最终高热流区通道出口平均温度上升,通道间平均出口油温偏差增大,油温分布情况显著恶化。

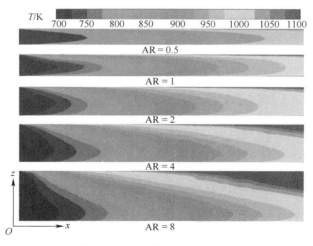

图 4-91　不同热流诱因裂解算例最热通道中心面温度云图

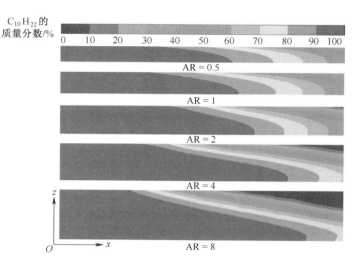

图 4-92 不同热流诱因裂解算例最热通道中心面正十烷质量分数云图

油温分布情况分析已毕,接下来分析流量分配结果。同样异于非裂解区,随通道高宽比增加,流量分配情况变化并不明显。此处联系到通道高宽比增加的另一重影响:通道总换热面积增大,通道各面热流因此降低,尤其是上壁面热流,见图 4-93。类似于非裂解区通道,通道顶面热流降低,将缓解高热流区近上壁面低密度区现象,其能部分抵消近上壁面高裂解转化率对燃料密度的影响。这得益于前文所述裂解区密度随温度变化相比跨临界温区更为缓和的特性。

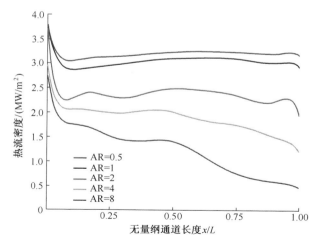

图 4-93 不同热流诱因裂解算例最热通道顶面热流密度

此外,由图 4-94 中最热通道中密度云图可知,近上壁面高转化率引起的密度降低范围有限,且此时通道下部分的密度有所升高。此消彼长,平均密度降低有限。高宽比变化过程中,并联通道中密度水平的相近,直接避免了剧烈的流量再分配过程,从而解释了流量分配情况不随通道高宽比明显变化的现象。

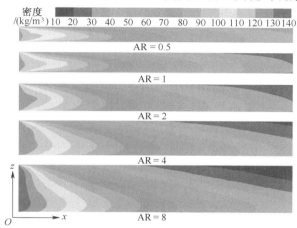

图 4-94　不同热流诱因裂解算例最热通道中心面密度云图

最后介绍燃料转化率分布情况,其与燃料热沉利用是否合理息息相关。如图 4-95 所示,随着通道高宽比增大,燃料转化率分布更加不合理。其直接表现为高热流区通道内转化率降低,低热流区域通道内转化率升高。

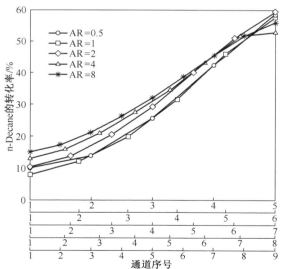

图 4-95　热流诱因裂解算例转化率分布

　　考虑到不同对比算例中压力相近,因此燃料转化率主要受到温度和停留时间的影响。首先看高热流区通道,如图 4-91 和图 4-92 所示,高宽比增大时,高热流区通道中严重的热分层导致只有近上壁面局部区域温度较高、转化率较高,热量无法及时传递到远端,使得通道下部燃料转化率大大降低,单个通道内转化率不均匀性极大,通道平均转化率反而降低。另一方面,如图 4-96 所示,近上壁面高转化率意味着大量低密度小分子产物的生成,导致该区域的流速大大增加;此外整体上更高的油温水平也会增加流速,两者都将减小燃料在通道中的停留时间,从而导致高热流区域通道转化率降低。

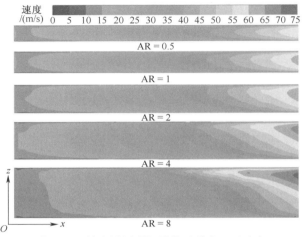

图 4-96　热流诱因裂解最热通道中心面速度

　　选取油温最低、最有代表性的通道 No.1 来分析低热流通道转化率变化,结果如图 4-95~图 4-98 所示。

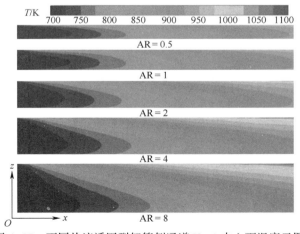

图 4-97　不同热流诱因裂解算例通道 No.1 中心面温度云图

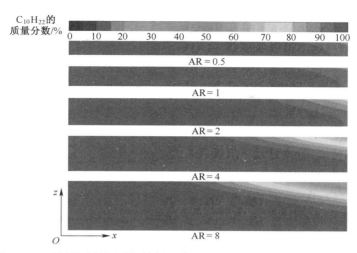

图 4-98　不同热流诱因裂解算例通道 No.1 中心面正十烷质量分数云图

不同高宽比时通道 No.1 出口温度处于 900~950K 范围(图 4-98),其燃料温度远低于高热流区通道,燃料转化率较低, AR = 8 算例中仅 15.09%。此时,随着通道高宽比增加出现的热分层现象没有高热流区严重,其主要使更多燃料进入明显裂解温区,促进了裂解,从而燃料转化率有所升高。

并联冷却通道流量分配的最终目标仍是实现良好的冷却效果,如图 4-98 所示,整体上看上壁面没有出现非裂解区中那么明显的局部传热恶化现象。随着通道高宽比的增加,壁温出现了明显的升高,这和上面展示油温分布结果,以及随高宽比出现的明显热分层和 M 型速度分布都相对应,这些影响传热效果的因素共同作用使得壁温逐渐升高,冷却效果变差。

在热流诱因裂解算例中,大高宽比通道设计导致严重的热分层并叠加了裂解的影响路径,对流量分配影响不大,但导致油温分配严重恶化,壁温也明显升高。因此整体上看热流诱因下的裂解通道无法使用大高宽比设计。

文献[27]中单通道均匀热流化学反应区高宽比研究表明,大高宽比设计中,热分层和温度分层共同作用使得燃料转化率降低;多通道中则不然,叠加流量分配偏差的影响之后,如图 4-99 所示,大高宽比设计使得整体上燃料转化率升高。只有在油温很高的几个通道中,热分层导致温度分层,出现了严重的 M 型速度分配,停留时间严重不足,才使得裂解率下降。在诸多温度相对较低的通道中,裂解率都有所升高,最终导致整体上燃料裂解转化率升高。这意味着考虑多通道影响之后,大高宽比通道不仅会引起传热恶化导致壁温升高,还浪费了更多的燃料化学热沉,实用性比单通道研究结果更差。

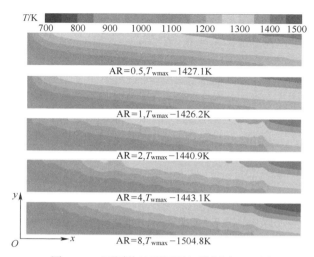

图 4-99　不同热流诱因裂解算例壁温云图

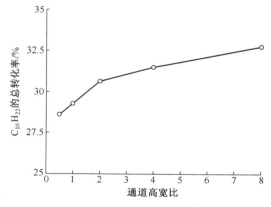

图 4-100　热流诱因裂解算例出口总转化率

4.4.4.3　并联通道效应下的再生冷却结构参数设计小结

根据上述 4.3 小节和 4.4 小节的介绍,对于使用吸热型碳氢燃料的超燃冲压发动机再生冷却系统结构参数设计可以得到如下的几个普适性的结论:

（1）超燃冲压发动机再生冷却系统宜采用分区设计和变截面设计的方式;

（2）在冷却通道的非裂解区,不论是单通道设计还是考虑并联通道流量分配不均的效应,都不宜采用大的高宽比;

（3）在冷却通道的裂解区,不论是单通道设计还是考虑并联通道的流量分配不均效应,都不宜采用大的高宽比;

（4）冷却流量在并联通道中的分配不均会严重影响发动机整体冷却效果,需要采取措施来尽量减小流量分配不均现象。

参考文献

[1] Woschnak A , Oschwald M . Thermo- and fluidmechanical analysis of high aspect ratio cooling channels[C]. 49th AIAA/ASME/SEA/ASEE Joint Propulsion Conference & Exhibit,California,2013.

[2] 周有新. 超燃冲压发动机再生主动冷却结构强化换热分析与设计[D]. 哈尔滨:哈尔滨工业大学,2007.

[3] 章思龙,秦江,周伟星,等. 高超声速推进再生冷却研究综述[J]. 推进技术,2018,39(10):2177-2190.

[4] Kanda T, Nobuo K, Murakami A. Autoignited combustion testing in a water-cooled scramjet combustor[J]. Journal of Propulsion and Power, 2004, 20(4): 657-664.

[5] 段艳娟. 超燃冲压发动机主动热防护结构及性能优化研究[D]. 哈尔滨:哈尔滨工业大学,2012.

[6] Youn B, Millst A. Cooling panel optimization for the active cooling system of a hypersonic aircraft[J]. Journal of Thermophysics and Heat Transfer, 1995, 9(1): 136-143.

[7] Anderson J. Computational fluid dynamics-the basics with applications[M]. New York:McGraw-Hill,1995.

[8] Jacques C. Unsteady quasi-one-dimensional nonlinear dynamic model of supersonic through-flow fan surge[J]. Journal of Propulsion and Power, 2006, 22(1): 188-196.

[9] Gamezo V, Oran E. Flame acceleration in narrow tubes: effect of wall temperature on propulsion characteristics [C]. 44th AIAA Aerospace Sciences Meeting and Exhibit,Nevada 2006.

[10] Mitani T, Tomioka S, Kanda T,et al. Scramjet performance achieved in engine tests from M4 to M8 flight conditions[C]. 12th AIAA International Space Planes and Hypersonic Systems and Technologies,Virginla.2003.

[11] Heiser W , Pratt D , Daley D,et al. Hypersonic airbreathing propulsion[M]. Washington, D C:AIAA,1993.

[12] Bao W , Xiao H , Cui T. Research on optimal regulating rule for scramjet control[C].14th AIAA/AHI Space Planes and Hypersonic Systems and Technologies Conference,Canberra,2006.

[13] Schuff R , Maier M , Sindiy O. Integrated modeling and analysis for a LOX/Methane expander cycle engine: focusing on regenerative cooling jacket design [C]. 42nd AIAA/ASME/SAE/ASEE Joint Propulsion Conference & Exhibit,Sacramento,2006.

[14] 艾青,夏新林,孙凤贤. 壁面热特性对超声速燃烧室热环境的影响[J]. 工程热物理学报, 2009, 30 (8): 1373-1375.

[15] Meador W , Smart M. Reference enthalpy method developed from solutions of the boundary-layer equations[J]. AIAA Journal, 2005, 43(1): 135-139.

[16] Ward T, Zabarnick S, Ervin J, et al. Simulations of flowing mildly-cracked normal alkanes incorporating proportional product distributions[J]. Journal of Propulsion & Power, 2004, 20(3):394-402.

[17] Zhong F, Fan X, Wang J,et al. Thermal cracking and heat sink capacity of aviation kerosene under supercritical conditions[C].45th AIAA/ASME/SAE/ ASEE Joint Propulsion Conference & Exhibit,Colorado,2009.

[18] Poling B E, Prausnitz J M, John Paul O C, et al. The properties of gases and liquids[M]. New York: McGraw-Hill, 2001.

[19] White F. Fluid mechanics[M]. 4th ed.New York:McGraw-Hill, 1999.

[20] 蒋劲. 超燃冲压发动机燃烧室再生冷却研究[D]. 西安:西北工业大学,2006.

[21] Deng H W, Zhang C B, Xu G Q, et al. Density measurements of endothermic hydrocarbon fuel at sub- and supercritical conditions[J]. Journal of Chemical and Engineering Data, 2011, 56(6):2980-2986.

［22］Yang Q, Chetehouna K, Gascoin N, et al. Experimental study on combustion modes and thrust performance of a staged-combustor of the Scramjet with dual-strut[J]. Acta Astronautica, 2016, 122: 28-34.

［23］《中国航空材料手册》编辑委员会. 中国航空材料手册[M]. 北京:中国标准出版社, 2002.

［24］Zhang C, Yao Z, Qin J, et al. Experimental study on measurement and calculation of heat flux in supersonic combustor of scramjet[J]. Journal of Thermal Science, 2015, 24(3): 254-259.

［25］Pizzarelli M, Urbano A, Nasuti F. Numerical analysis of deterioration in heat transfer to near-critical rocket propellants [J]. Numerical Heat Transfer, Part A: Applications, 2010, 57(5): 297-314.

［26］Zhang S, Qin J, Xie K, et al. Thermal behavior inside scramjet cooling channels at different channel aspect ratios[J]. Journal of Propulsion and Power, 2015, 32(1): 57-70.

［27］Zhang S, Feng Y, Jiang Y, et al. Thermal behavior in the cracking reaction zone of scramjet cooling channels at different channel aspect ratios[J]. Acta Astronautica, 2016, 127(1):41-56.

第**5**章　再生冷却对发动机性能影响分析

从再生冷却的概念可以看出,燃料在实现对超燃冲压发动机冷却的同时,还实现了热量再生和质量再生,一方面用于冷却的燃料被通入燃烧室进行燃烧,未浪费质量;另一方面,冷却过程中燃料作为冷却剂吸收的热量被回注至燃烧室,未浪费热量。因此,从质量惩罚、能量综合利用角度,再生冷却无疑是最佳的热防护方式,未给发动机带来额外的质量惩罚和能量浪费;特别值得一提的是,从回热角度,再生冷却实际回收了由发动机壁面散失的热量,还将有助于提升超燃冲压发动机的性能。

由于再生、回热这样的关系存在,再生冷却过程与超燃冲压发动机主工作过程之间存在着强耦合关系,特别是再生冷却过程与超声速燃烧过程之间耦合更为严重,如图 5-1 所示。一方面,再生冷却过程决定了燃烧过程中燃料初始所携带的能量大小、燃料裂解混合物组成和燃料喷射压力、动量大小;另一方面,再生冷却过程燃料吸热量大小、传热及裂解特性、工作压力,又由发动机工作过程中热载荷分布规律、燃烧室工作压力等所决定。

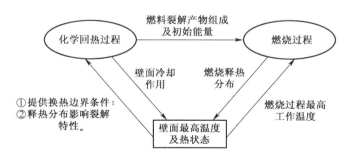

图 5-1　化学回热与燃烧过程多路径耦合关系示意图

特别地,超燃冲压发动机再生冷却过程与发动机主工作过程之间呈现具有分布参数特征的耦合关系。一方面,发动机热载荷分布规律将影响再生冷却过程中局部/当地的传热及裂解特性;另一方面,由于发动机壁面热状态由冷却过程与气动加热过程/燃烧过程共同决定,再生冷却过程当地的传热特性将影响发动机的壁面热状态,而壁面热状态会对发动机内流场近壁流动、燃烧过程产生影响。这种具有分布参数特征的耦合关系,沿发动机流动方向,对进气、燃烧、排气多个过程都有影响。

再生冷却过程与燃烧过程间的耦合关系更为紧密。燃料首先流经冷却通道对燃烧室壁面进行冷却,燃料吸热后从喷嘴注入燃烧室,与空气掺混并燃烧。与被动热防护燃烧室相比,再生冷却过程对燃烧过程的影响主要表现在燃料的喷射状态和燃烧边界的变化。一方面,燃料经冷却过程后温度和组成发生变化,这些会改变燃烧室中原有的释热规律,更高的燃料喷射温度以及分子更小的燃料意味着释热区前移;另一方面,更剧烈的燃烧也会显著增加壁面处的热流密度,从而加剧燃料的裂解。因此,再生冷却过程与燃烧过程存在强烈的耦合关系。

从回热视角,再生冷却过程又为化学回热过程,冷却通道又为裂解换热器及化学回热器,再生冷却过程与发动机主循环过程高度耦合。碳氢燃料首先在冷却通道内吸收发动机壁面散热,并发生裂解反应生成 H_2、CH_4、C_2H_4 等混合气,然后混合气再进入燃烧室进行燃烧,燃料吸收的热量也被回收后用于产生推力,部分热能被转化为化学能,如图 5-2 所示。因此,采用碳氢燃料的超燃冲压发动机的热力循环实质为化学回热循环。

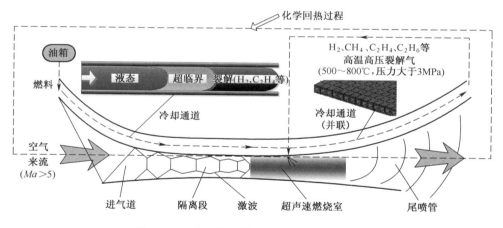

图 5-2　化学回热超燃冲压发动机工作原理图

综上所述,再生冷却过程与超声速燃烧过程、发动机主循环间存在强烈的耦合关系。从超燃冲压发动机整体性能分析角度来看,已不适合简单地把再生冷却过程仅仅当作冷却过程,而忽略其对发动机性能的影响。本章主要介绍再生冷却与燃烧过程的耦合机理,探讨再生冷却过程对发动机性能的影响,此外还从回热的视角分析发动机的真实性能。

⬛5.1　考虑冷却/回热的发动机性能分析模型

为了分析化学回热再生冷却超燃冲压发动机的性能,本章将介绍考虑冷却/回热的发动机性能模型。燃料冷却化学回热超燃冲压发动机的整个工作过程将经历燃料流动传热过程、燃料超声速燃烧过程、燃烧室与冷却通道耦合传热过程等。为了分析化学回热再生冷却超燃冲压发动机的特性,本章将分别介绍带有裂解反应的冷却过程流动传热模型、考虑散热的超声速燃烧过程模型、耦合传热过程计算分析模型,并介绍耦合传热求解方法。

化学回热再生冷却超燃冲压发动机的冷却过程和燃烧过程具有强分布参数特征。燃料在冷却通道中流动吸热,将先后经历液态、超临界态、裂解态。因此,发动机的回热过程是一种分布式化学回热过程。分布式化学回热过程与超声速燃烧过程是紧密耦合的。首先,超声速燃烧过程为分布式化学回热过程提供热边界条件,超声速燃烧过程的释热分布影响着分布式化学回热过程的沿程参数分布和化学反应程度;其次,燃料在冷却通道中完成化学回热过程之后进入燃烧室参与燃烧,由于燃料的组分和状态发生改变,进而影响到释热规律。为了客观而准确地反应发动机分布式化学回热过程与超声速燃烧过程各自的特性以及相互的耦合效应,发动机冷却过程和燃烧过程必须采用准一维模型,并进行耦合求解。

5.1.1　带有裂解反应的冷却/回热过程流动传热模型

为了研究碳氢燃料在发动机冷却通道中的流动传热过程,一个带有裂解反应的流动传热模型是不可或缺的。在热流边界条件下,再生冷却通道准一维模型能够求解冷却通道内含有化学反应的流场参数准一维分布,并通过强制对流换热计算获得冷却通道壁面温度。此外,高温燃油在喷嘴内的状态可作为冷却通道的出口条件进行求解,并为燃烧室的计算提供喷油条件。冷却通道和燃油喷嘴的示意图如图 5-3 所示。图中,w、σ、θ、δ 为冷却通道的几何参数,分别表示冷却通道的宽度、冷却通道的高度、燃烧室壁厚和冷却通道的肋厚。冷却通道内燃料质量流量为 $\dot{m}_f$,壁面热流密度为 q_w。冷却通道的入口和出口分别用截面 1 和截面 2 表示。燃油喷嘴通常采用声速喷射,因此,燃油喷嘴出口截面用 cr 表征其处于临界声速状态。在冷却和喷油系统的计算中,本书采用给定冷却通道入口燃油流量和总温,根据喷嘴出口声速的假设,匹配管道入口压力的方式进行求解。

本节中冷却通道准一维模型基于如下假设:

(1)准一维流动,冷却通道与燃烧室具有相同的长度和 x 轴,冷却通道均布在燃烧室周围;

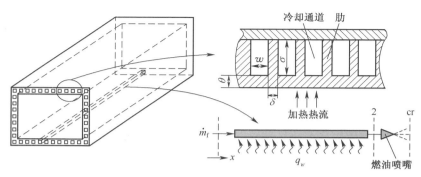

图 5-3 冷却通道和燃油喷嘴示意图

（2）具有燃料裂解反应的稳态流动；

（3）流动参数在横截面方向是均匀的；

（4）燃烧室传递的热量全部被燃料吸收；

（5）忽略流体、壁面的轴向导热；

（6）在冷却通道和燃油喷嘴内，燃料及其高温裂解混合物的物性按照真实气体采用 RK-PR 状态方程进行计算。

5.1.1.1 流动换热过程模型

冷却通道内的连续方程：

$$\frac{1}{\rho}\frac{\mathrm{d}\rho}{\mathrm{d}x} + \frac{1}{U}\frac{\mathrm{d}U}{\mathrm{d}x} + \frac{1}{A_{\mathrm{c}}}\frac{\mathrm{d}A_{\mathrm{c}}}{\mathrm{d}x} = 0 \qquad (5-1)$$

式中 ρ——燃料的密度（kg/m³）；

   U——燃料的流速（m/s）；

   x——冷却通道纵向坐标（m）；

   A_{c}——冷却通道横截面积（m²）。

冷却通道内的动量方程：

$$\dot{m}_{\mathrm{f}}\frac{\mathrm{d}U}{\mathrm{d}x} + A_{\mathrm{c}}\frac{\mathrm{d}p}{\mathrm{d}x} + \frac{1}{2}\frac{f}{D_{\mathrm{r}}}\dot{m}_{\mathrm{f}}U = 0 \qquad (5-2)$$

式中 $\dot{m}_{\mathrm{f}}$——燃料的质量流量（kg/s）；

   p——燃料的压力（Pa）。

由于冷却通道内一般为亚声速流动，因此，采用流体力学中的沿程阻力系数 f 来表征壁面摩擦的作用。在实际计算中，由于冷却通道内多为湍流，因此，f 可近似按照 Colebrook 公式迭代求得：

$$\frac{1}{\sqrt{f}} = -2\lg\left(\frac{\dfrac{\Delta}{D_{\mathrm{r}}}}{3.7} + \frac{2.51}{Re\sqrt{f}}\right) \qquad (5-3)$$

式中　$\dfrac{\Delta}{D_r}$——管道的相对粗糙度；

D_r——冷却通道的水力直径(m)；

Re——冷却通道内燃料流动的雷诺数。

采用多组分 RK-PR 状态方程：

$$p = \dfrac{\rho R_u T}{(\overline{M_{wf}} - b\rho)} - \dfrac{a\alpha(T)\rho^2}{(\overline{M_{wf}} + \delta_1 b\rho)(\overline{M_{wf}} + \delta_2 b\rho)} \tag{5-4}$$

由于涉及的参数较多，其微分形式较为复杂。限于篇幅，具体的推导过程在这里不再赘述，详见参考文献[1]。RK-PR 状态方程的最终微分形式如下：

$$\dfrac{dp}{dx} = \overline{A}\dfrac{d\rho}{dx} + \overline{B}\dfrac{dT}{dx} + \overline{C}\dfrac{d\overline{M_{wf}}}{dx} + \overline{D}\sum_{i=1}^{N} b_i \dfrac{dx_i}{dx} + \overline{E}\sum_{i=1}^{N}\sqrt{a_i\alpha_i}\dfrac{dx_i}{dx} + \overline{F}\sum_{i=1}^{N}\delta_{1,i}\dfrac{dx_i}{dx} \tag{5-5}$$

$$\overline{A} = \dfrac{R_u T \overline{M_{wf}}}{(\overline{M_{wf}} - b\rho)^2} - \dfrac{2a\alpha\rho\overline{M_{wf}}^2 + (\delta_1 + \delta_2)a\alpha b\rho^2 \overline{M_{wf}}}{(\overline{M_{wf}} + \delta_1 b\rho)^2(\overline{M_{wf}} + \delta_2 b\rho)^2} \tag{5-6}$$

$$\overline{B} = \dfrac{R_u\rho}{\overline{M_{wf}} - b\rho} - \dfrac{\sqrt{a\alpha}\rho^2}{(\overline{M_{wf}} + \delta_1 b\rho)(\overline{M_{wf}} + \delta_2 b\rho)}\sum_{i=1}^{N}\dfrac{\sqrt{a_i}x_i}{\sqrt{a_i}}\dfrac{\partial\alpha_i}{\partial T} \tag{5-7}$$

$$\overline{C} = \dfrac{2a\alpha\rho^2\overline{M_{wf}} + (\delta_1 + \delta_2)a\alpha b\rho^3}{(\overline{M_{wf}} + \delta_1 b\rho)^2(\overline{M_{wf}} + \delta_2 b\rho)^2} - \dfrac{\rho R_u T}{(\overline{M_{wf}} - b\rho)^2} \tag{5-8}$$

$$\overline{D} = \dfrac{\rho^2 R_u T}{(\overline{M_{wf}} - b\rho)^2} + \dfrac{(\delta_1 + \delta_2)a\alpha\rho^3\overline{M_{wf}} + 2\delta_1\delta_2 a\alpha b\rho^4}{(\overline{M_{wf}} + \delta_1 b\rho)^2(\overline{M_{wf}} + \delta_2 b\rho)^2} \tag{5-9}$$

$$\overline{E} = \dfrac{-2\sqrt{a\alpha}\rho^2}{(\overline{M_{wf}} + \delta_1 b\rho)(\overline{M_{wf}} + \delta_2 b\rho)} \tag{5-10}$$

$$\overline{F} = \dfrac{a\alpha b\rho^3\left[(\overline{M_{wf}} + \delta_2 b\rho) - 2\dfrac{(\overline{M_{wf}} + \delta_1 b\rho)}{(1 + \delta_1)^2}\right]}{(\overline{M_{wf}} + \delta_1 b\rho)^2(\overline{M_{wf}} + \delta_2 b\rho)^2} \tag{5-11}$$

$$\dfrac{dx_i}{dx} = \dfrac{\overline{M_{wf}}}{M_{w,i}}\dfrac{dy_i}{dx} + \dfrac{y_i}{M_{w,i}}\dfrac{d\overline{M_{wf}}}{dx} \tag{5-12}$$

式中　$\overline{M_{wf}}$——冷却通道内燃料的平均摩尔质量；

$\dfrac{dx_i}{dx}$——组分 i 的摩尔分数沿 x 轴的变化率，未经特殊说明，式中参数均与混合物对应，下标 i 表示组分 i 的参数；

R_u——通用气体常数（J/（kg·K））；

T——燃料的温度（K）；

$\overline{M_{wf}}$——燃料的平均摩尔质量（kg/mol）；

b、$a\alpha$、δ_1、δ_2——状态方程中的参数；

x_i——燃料混合物的摩尔分数；

y_i——燃料混合物的质量分数。

冷却通道中的混合物摩尔质量方程：

$$\frac{\mathrm{d}\overline{M_{wf}}}{\mathrm{d}x} = -\overline{M_{wf}}^2 \left(\sum_i \frac{1}{M_{w,i}} \frac{\mathrm{d}y_i}{\mathrm{d}x} \right) \tag{5-13}$$

冷却通道中的组分方程：

$$\frac{\mathrm{d}y_i}{\mathrm{d}x} = \frac{\dot{\omega}_i M_{w,i} A_c}{\dot{m}_f} \tag{5-14}$$

式中 $\dot{\omega}_i$——组分 i 的单位体积摩尔生成速率（mol/（m³·s））；

$M_{w,i}$——组分 i 的摩尔质量（kg/mol）。

冷却通道中能量方程的基本形式：

$$\frac{\mathrm{d}h}{\mathrm{d}x} + U \frac{\mathrm{d}U}{\mathrm{d}x} = \frac{q_w P_w}{\dot{m}_f} \tag{5-15}$$

式中 q_w——燃烧室向冷却通道的传热热流密度（W/m²）；

P_w——燃烧室壁的湿周长（m）；

h——燃料的比焓（J/kg）。

对于真实气体，焓的微分可表达为

$$\frac{\mathrm{d}h}{\mathrm{d}x} = B_T \frac{\mathrm{d}T}{\mathrm{d}x} + B_p \frac{\mathrm{d}p}{\mathrm{d}x} + \sum_{i=1}^{N-1} B_{y_i} \frac{\mathrm{d}y_i}{\mathrm{d}x} \tag{5-16}$$

$$B_T = C_{v,m} + \frac{\dfrac{T}{\rho^2}\left(\dfrac{\partial p}{\partial T}\right)_{\rho_i}^2}{\left(\dfrac{\partial p}{\partial \rho}\right)_{T,y_i}} = C_{p,m} \tag{5-17}$$

$$B_p = \frac{1}{\rho} - \frac{\dfrac{T}{\rho^2}\left(\dfrac{\partial p}{\partial T}\right)_{\rho_i}}{\left(\dfrac{\partial p}{\partial \rho}\right)_{T,y_i}} \tag{5-18}$$

$$B_{y_i} = (\tilde{e}_i - \tilde{e}_N) + \frac{\frac{T}{\rho}\left[\left(\frac{\partial p}{\partial \rho_i}\right)_{T,\rho_{j\neq i}} - \left(\frac{\partial p}{\partial \rho_N}\right)_{T,\rho_{j\neq N}}\right]\left(\frac{\partial p}{\partial T}\right)_{\rho_i}}{\left(\frac{\partial p}{\partial \rho}\right)_{T,y_i}} \qquad (5-19)$$

式中　$c_{v,m}$、$c_{p,m}$——混合物的比定容热容和比定压热容(J/kg·K)。

等式右边三项依次表征温度、压力和组分变化对混合物焓的影响。其系数可根据真实气体的基本热力关系进行推导,结果如式(5-17)~式(5-19)所示。

$\tilde{e}_i$ 表示组分 i 的偏密度内能,其定义和最终表达式:

$$\tilde{e}_i = \left(\frac{\partial \rho e}{\partial \rho_i}\right)_{T,\rho_{j\neq i}} = e_{0,i} + \frac{2}{(\delta_1 - \delta_2)\, b\, M_{w,i}\left[\sum_j x_j\left(T\frac{\partial(a_{ij}\,\alpha_{ij})}{\partial T} - a_{ij}\,\alpha_{ij}\right)\right]\ln\left(\frac{\overline{M_{wf}} + \delta_1 b\rho}{\overline{M_{wf}} + \delta_2 b\rho}\right)} +$$

$$\frac{b_i}{(\delta_1 - \delta_2)\, b\, M_{w,i}}\left[T\frac{\partial(a\alpha)}{\partial T} - a\alpha\right]\left[\frac{(\delta_1 - \delta_2)\,\rho\,\overline{M_{wf}}}{(\overline{M_{wf}} + \delta_1 b\rho)(\overline{M_{wf}} + \delta_2 b\rho)} - \frac{1}{b}\ln\left(\frac{\overline{M_{wf}} + \delta_1 b\rho}{\overline{M_{wf}} + \delta_2 b\rho}\right)\right]$$

$$(5-20)$$

式中　$e_{0,i}$——组分 i 的理想气体内能。

$$\left(\frac{\partial p}{\partial \rho_i}\right)_{T,\rho_{j\neq i}} = \frac{\overline{M_{wf}}\, R_u T}{M_{w,i}\,(\overline{M_{wf}} - b\rho)^2}\left[\overline{M_{wf}} + \rho(b_i - b)\right] - \frac{2\rho\,\overline{M_{wf}}\sum_j x_j\, a_{ij}\,\alpha_{ij}}{M_{w,i}\,(\overline{M_{wf}} + \delta_1 b\rho)(\overline{M_{wf}} + \delta_2 b\rho)} +$$

$$\frac{a\alpha\,\rho^2\,\overline{M_{wf}}\, D_d}{M_{w,i}\,(1 + \delta_1)\,(\overline{M_{wf}} + \delta_1 b\rho)^2\,(\overline{M_{wf}} + \delta_2 b\rho)^2} \qquad (5-21)$$

$$D_d = \rho\left[b^2\delta_{1,i}(\delta_2 - \delta_1) + 2b\delta_1\delta_2\, b_i(1 + \delta_1) - b^2\delta_1(\delta_2 - \delta_1)\right] +$$

$$\overline{M_{wf}}\left[-b\delta_{1,i}(\delta_2 - \delta_1) + (1 + \delta_1)(\delta_2 + \delta_1)\, b_i + b\delta_1(\delta_2 - \delta_1)\right] \qquad (5-22)$$

将上述标准形式的微分方程联立求解,可以得到如式(5-23)~式(5-28)所示的冷却通道准一维控制方程的求解形式。

$$\frac{dy_i}{dx} = \frac{\dot{\omega}_i M_{w,i} A_c}{\dot{m}_f} \qquad (5-23)$$

$$\frac{d\overline{M_{wf}}}{dx} = -\overline{M_{wf}}^2\left(\sum_i \frac{1}{M_{w,i}}\frac{dy_i}{dx}\right) \qquad (5-24)$$

$$\frac{\mathrm{d}U}{\mathrm{d}x} = \left[\frac{f\dot{m}_{\mathrm{f}}U(B_{\mathrm{T}} + \overline{B}\,B_{\mathrm{p}})}{2D_{\mathrm{r}}A_{\mathrm{c}}B_{\mathrm{T}}} - \frac{\overline{A}\rho}{A_{\mathrm{c}}}\frac{\mathrm{d}A_{\mathrm{c}}}{\mathrm{d}x} + \overline{C}\frac{\mathrm{d}\overline{M_{\mathrm{wf}}}}{\mathrm{d}x} + \overline{D}\sum_{i=1}^{N} b_i \frac{\mathrm{d}x_i}{\mathrm{d}x} + \overline{E}\sum_{i=1}^{N}\sqrt{a_i\alpha_i}\frac{\mathrm{d}x_i}{\mathrm{d}x} + \right.$$

$$\left. \overline{F}\sum_{i=1}^{N}\delta_{1,i}\frac{\mathrm{d}x_i}{\mathrm{d}x} + \frac{\overline{B}q_{\mathrm{w}}P_{\mathrm{w}}}{B_{\mathrm{T}}\dot{m}_{\mathrm{f}}} - \frac{\overline{B}}{B_{\mathrm{T}}}\sum_{i=1}^{N-1}B_{yi}\frac{\mathrm{d}y_i}{\mathrm{d}x} \right] \bigg/ \left[\frac{\overline{B}U}{B_{\mathrm{T}}} + \frac{\overline{A}\rho}{U} - \frac{(B_{\mathrm{T}} + \overline{B}\,B_{\mathrm{p}})\dot{m}_{\mathrm{f}}}{B_{\mathrm{T}}A_{\mathrm{c}}} \right]$$

$$(5-25)$$

$$\frac{\mathrm{d}p}{\mathrm{d}x} = -\frac{f\dot{m}_{\mathrm{f}}U}{2D_{\mathrm{r}}A_{\mathrm{c}}} - \frac{\dot{m}_{\mathrm{f}}}{A_{\mathrm{c}}}\frac{\mathrm{d}U}{\mathrm{d}x} \qquad (5-26)$$

$$\frac{\mathrm{d}\rho}{\mathrm{d}x} = -\frac{\rho}{U}\frac{\mathrm{d}U}{\mathrm{d}x} - \frac{\rho}{A_{\mathrm{c}}}\frac{\mathrm{d}A_{\mathrm{c}}}{\mathrm{d}x} \qquad (5-27)$$

$$\frac{\mathrm{d}T}{\mathrm{d}x} = \frac{q_{\mathrm{w}}P_{\mathrm{w}}}{B_{\mathrm{T}}\dot{m}_{\mathrm{f}}} - \frac{B_{\mathrm{p}}}{B_{\mathrm{T}}}\frac{\mathrm{d}p}{\mathrm{d}x} - \frac{1}{B_{\mathrm{T}}}\sum_{i=1}^{N-1}B_{yi}\frac{\mathrm{d}y_i}{\mathrm{d}x} - \frac{U}{B_{\mathrm{T}}}\frac{\mathrm{d}U}{\mathrm{d}x} \qquad (5-28)$$

可采用常微分方程组求解器对上述微分方程组进行求解,具体的求解方法在后面会详细介绍。

5.1.1.2 裂解反应过程模型

碳氢燃料在冷却通道内的高温裂解反应过程十分复杂,其完整的机理模型一般含有上千步基元反应和上百种组分[2,3]。但已有的相关研究表明[4,5],即使采用一阶总包反应机理模型,也可以得到与实验结果基本一致的流场主要参数的计算结果。考虑到总包反应机理在工程应用领域具有简单、快速等诸多优势,基于已有的一阶总包反应模型[5],通过将常温下种类繁多的液态产物用1-庚烯替代,得到正癸烷一阶裂解总包反应方程式:

$$\mathrm{C_{10}H_{22}} \longrightarrow 0.119H_2 + 0.185CH_4 + 0.377C_2H_6 + 0.483C_2H_4 + 0.233C_3H_8 +$$
$$0.547C_3H_6 + 0.086C_4H_{10} + 0.238C_4H_8 + 0.637C_7H_{14} \qquad (5-29)$$

随着裂解反应的深度不断增加,裂解生成的大分子物质(例如1-庚烯)发生的二次裂解反应已不能忽略。为了模拟高温条件下的二次裂解反应,本章在式(5-29)总包反应基础上,补充式(5-30)用来描述二次裂解反应。

$$\mathrm{C_7H_{14}} \longrightarrow 0.7C_2H_4 + 0.7C_3H_6 + 0.875C_4H_8 \qquad (5-30)$$

在裂解反应过程计算中,上述裂解反应均按照一阶不可逆反应进行计算。式(5-29)所示反应的指前因子 $A_{\mathrm{C_{10}H_{22}}} = 5\times10^{15}\,\mathrm{s}^{-1}$,活化能 $E_{\mathrm{C_{10}H_{22}}} = 59000\mathrm{cal/mol}$;式(5-30)所示反应的指前因子 $A_{\mathrm{C_7H_{14}}} = 4\times10^{15}\,\mathrm{s}^{-1}$,活化能 $E_{\mathrm{C_7H_{14}}} = 61000\mathrm{cal/mol}$。这两步反应的温度系数均为0。

5.1.1.3 燃料喷射过程模型

经过冷却通道吸热后的碳氢燃料通常采用声速喷嘴注入燃烧室。燃料在声速喷嘴内的计算,一方面以壅塞作为出口条件,为冷却通道的计算提供出口压力边界条件;冷却通道内压力一般高于 2MPa,燃烧室内压力一般为数个大气压,因此燃料喷嘴一般均处于壅塞状态。另一方面,燃料在喷嘴出口的状态为燃烧室内与空气掺混规律的计算提供了初始条件。本章基于真实气体状态方程,假设燃料在冷却通道出口至喷嘴出口的加速过程为绝热等熵膨胀过程。与冷却通道内的驻留时间相比,喷嘴内的驻留时间可以忽略不计,因此可以假设为冻结流,即燃料组分在喷嘴内保持不变。如图 5-2 所示,在冷却通道出口截面 2 和喷嘴出口截面 cr 之间,满足如下方程:

$$h_o = h_{f,2} + \frac{1}{2} U_{f,2}^2 = h_{f,cr} + \frac{1}{2} a_{f,cr}^2 \tag{5-31}$$

$$s_{f,2} = s_{f,cr} \tag{5-32}$$

$$\dot{m}_f = \rho_{f,2} U_{f,2} A_{c,2} = \rho_{f,cr} a_{f,cr} A_{cr} \tag{5-33}$$

$$h_f = h(T_f, p_f) \tag{5-34}$$

$$\rho_f = \rho(T_f, p_f) \tag{5-35}$$

$$a_f = \sqrt{\frac{C_{pf}}{C_{vf}} \left(\frac{\partial p_f}{\partial \rho_f} \right)_{T,yi}} \tag{5-36}$$

式中　h_o——喷嘴内燃料总焓;

　　　A_{cr}——喷嘴出口面积;

　　　a_f——燃料的声速,在真实气体假设下,可按式(5-36)进行计算。

喷嘴内流动的求解过程由于 RK-PR 状态方程的复杂性,需要采用二分法或牛顿迭代等数值方法通过迭代求解,具体过程可见图 5-4。

5.1.2　考虑散热的超声速燃烧过程模型

在完整的飞行器系统设计的前期阶段,采用计算效率高的方法来较为准确地预测发动机性能具有非常重要的意义。在超燃冲压发动机研发初期,科研人员采用准一维超声速燃烧室模型来预测燃烧室内具有有限速率化学反应的流动过程,并对超声速燃烧室的总体性能进行评估。但这些准一维模型在计算时都假设恒定的壁面温度,并认为燃烧室通过壁面的热流直接传递到环境中,并未考虑再生冷却/回热带来的影响。

为了描述再生冷却/回热过程对发动机性能的影响,有必要建立考虑散热的超声速燃烧过程模型。超声速燃烧过程模型主要由气流准一维流动控制方程、壁面摩擦和散热、燃料与空气的超声速掺混以及化学反应等模块构成。

本章采用与文献[6,7]类似的建模方法,并基于如下假设:

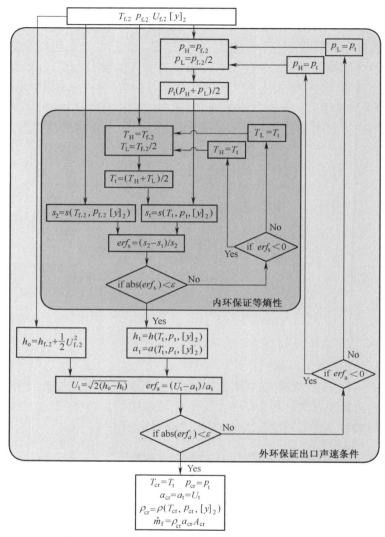

图 5-4　真实气体等熵喷嘴二分法迭代计算流程

（1）准一维流动假设，即所有变量和型面几何参数均为轴向位置 x 的函数；

（2）稳态流动；

（3）流动参数在横截面方向是均匀的；

（4）采用理想气体假设。

5.1.2.1　基本控制方程

微分形式的准一维控制方程推导过程如下：

准一维稳态流动的连续性方程:

$$\frac{1}{\dot{m}}\frac{\mathrm{d}\dot{m}}{\mathrm{d}x} = \frac{1}{\rho}\frac{\mathrm{d}\rho}{\mathrm{d}x} + \frac{1}{U}\frac{\mathrm{d}U}{\mathrm{d}x} + \frac{1}{A_{\mathrm{comb}}}\frac{\mathrm{d}A_{\mathrm{comb}}}{\mathrm{d}x} \qquad (5-37)$$

在式(5-37)中,燃烧室型面变化 $\mathrm{d}A_{\mathrm{comb}}/\mathrm{d}x$ 和燃料注入引起的质量变化 $\mathrm{d}\dot{m}/\mathrm{d}x$ 是已知的。注入的燃料认为在当地与主流场瞬间"混合"。这种"混合"的意义更多体现在某种数学意义上的流场平均,是准一维模型不得不引入的一种假设,因为某一个位置只能有一组气动参数。但这种"混合"与燃料和空气的掺混不同,后者直接影响燃烧反应,通过掺混模型强制给出某一位置有多少燃料可以参与化学反应。燃料与空气的掺混模型将在下一节详细给出。

准一维稳态流动的动量方程:

$$\frac{1}{p}\frac{\mathrm{d}p}{\mathrm{d}x} + \frac{\gamma Ma^2}{U}\frac{\mathrm{d}U}{\mathrm{d}x} + \frac{2\gamma Ma^2\, C_{\mathrm{f}}}{D} + \frac{\gamma Ma^2(1-\varepsilon)}{\dot{m}}\frac{\mathrm{d}\dot{m}}{\mathrm{d}x} = 0 \qquad (5-38)$$

式中　ε——燃料喷射速度在 x 方向的分量与当地气流速度之比;

　　　D——气流通道的水力直径;

　　　C_{f}——壁面摩擦系数。

考虑到燃烧室内气流温度较高,压力较低,且主要组分为空气或燃气,采用理想气体状态方程已能够获得满意的精度,故本章在燃烧室计算中沿用理想气体状态方程,其微分形式:

$$\frac{1}{p}\frac{\mathrm{d}p}{\mathrm{d}x} = \frac{1}{\rho}\frac{\mathrm{d}\rho}{\mathrm{d}x} + \frac{1}{T}\frac{\mathrm{d}T}{\mathrm{d}x} - \frac{1}{\overline{M_{\mathrm{w}}}}\frac{\mathrm{d}\overline{M_{\mathrm{w}}}}{\mathrm{d}x} \qquad (5-39)$$

式中　$\overline{M_{\mathrm{w}}}$——混合物的平均摩尔质量。

混合物的平均摩尔质量方程的微分形式:

$$\frac{\mathrm{d}\overline{M_{\mathrm{w}}}}{\mathrm{d}x} = -\overline{M_{\mathrm{w}}}^2\left(\sum_i \frac{1}{M_{\mathrm{w},i}}\frac{\mathrm{d}y_i}{\mathrm{d}x}\right) \qquad (5-40)$$

式中　y_i、$M_{\mathrm{w},i}$——组分 i 的质量分数和摩尔质量。

忽略在流动方向的分子扩散,组分 i 的守恒方程

$$\frac{\mathrm{d}y_i}{\mathrm{d}x} = \frac{\dot{\omega}_i\, M_{\mathrm{w},i}}{\rho U} + \frac{1}{\dot{m}}\frac{\mathrm{d}\dot{m}_{i,\mathrm{added}}}{\mathrm{d}x} - \frac{y_i}{\dot{m}}\frac{\mathrm{d}\dot{m}}{\mathrm{d}x} \qquad (5-41)$$

式中　$\mathrm{d}\dot{m}_{i,\mathrm{added}}$——微元体注入的组分 i 的质量流率;

　　　$\dot{\omega}_i$——单位体积内组分 i 的摩尔生成或消耗速率;

　　　$\mathrm{d}\dot{m}$——微元体内注入的所有组分的质量流率。

等式右边第一项表示由化学反应引起的组分 i 的质量分数变化,第二项表示由组分 i 的直接注入引起的质量分数变化,第三项表示由质量注入(包括组分 i 和其他组分)引起的对组分 i 质量分数的稀释作用。

忽略流动方向的导热、分子扩散和辐射,能量守恒方程:

$$\frac{\mathrm{d}h}{\mathrm{d}x} = \frac{1}{\dot{m}} \frac{\mathrm{d}\sum_i \left(h_{o,i}\, \dot{m}_i\right)_{\text{added}}}{\mathrm{d}x} - \frac{q_w\, P_w}{\dot{m}} - \frac{h_o}{\dot{m}} \frac{\mathrm{d}\dot{m}}{\mathrm{d}x} - U\frac{\mathrm{d}U}{\mathrm{d}x} \tag{5-42}$$

式中 $\mathrm{d}\sum_i \left(h_{o,i}\, \dot{m}_i\right)_{\text{added}}$ ——组分注入所添加的总焓;

$q_w\, P_{wdx}$ ——通过壁面散失热量。

$$h_o = h + \frac{1}{2}U^2 \tag{5-43}$$

$$\frac{\mathrm{d}h}{\mathrm{d}x} = \sum_i h_i \frac{\mathrm{d}y_i}{\mathrm{d}x} + c_p \frac{\mathrm{d}T}{\mathrm{d}x} \tag{5-44}$$

将上述标准形式的微分方程联立求解,可以得到准一维控制方程的求解形式:

$$\frac{\mathrm{d}y_i}{\mathrm{d}x} = \frac{\dot{\omega}_i\, M_{w,i}}{\rho U} + \frac{1}{\dot{m}} \frac{\mathrm{d}\dot{m}_{i,\text{added}}}{\mathrm{d}x} - \frac{y_i}{\dot{m}} \frac{\mathrm{d}\dot{m}}{\mathrm{d}x} \tag{5-45}$$

$$\frac{\mathrm{d}\overline{M_w}}{\mathrm{d}x} = -\overline{M_w}^2 \left(\sum_i \frac{1}{M_{w,i}} \frac{\mathrm{d}y_i}{\mathrm{d}x} \right) \tag{5-46}$$

$$\frac{\mathrm{d}\rho}{\mathrm{d}x} = \rho \left[\frac{1}{\dot{m}} \frac{\mathrm{d}\dot{m}}{\mathrm{d}x} - \frac{1}{U} \frac{\mathrm{d}U}{\mathrm{d}x} - \frac{1}{A_{\text{comb}}} \frac{\mathrm{d}A_{\text{comb}}}{\mathrm{d}x} \right] \tag{5-47}$$

$$\frac{\mathrm{d}p}{\mathrm{d}x} = -\frac{pU^2\,\overline{M_w}}{R_u T} \left[\frac{1}{U} \frac{\mathrm{d}U}{\mathrm{d}x} + \frac{2C_f}{D} + \frac{(1-\varepsilon)}{\dot{m}} \frac{\mathrm{d}\dot{m}}{\mathrm{d}x} \right] \tag{5-48}$$

$$\frac{\mathrm{d}U}{\mathrm{d}x} = \frac{1}{\alpha} \left\{ -\frac{1}{A_{\text{comb}}} \frac{\mathrm{d}A_{\text{comb}}}{\mathrm{d}x} + \frac{1 + \gamma M^2(1-\varepsilon) - \dfrac{h_o}{(Tc_p)}}{\dot{m}} \frac{\mathrm{d}\dot{m}}{\mathrm{d}x} + \right.$$
$$\frac{1}{Tc_p} \left[-\sum_i h_i \frac{\mathrm{d}y_i}{\mathrm{d}x} + \frac{1}{\dot{m}} \sum_i \left(h_{o,i,\text{added}} \frac{\mathrm{d}\dot{m}_{i,\text{added}}}{\mathrm{d}x} \right) \right] -$$
$$\left. \frac{1}{\overline{M_w}} \frac{\mathrm{d}\overline{M_w}}{\mathrm{d}x} + \frac{2C_f U^2\,\overline{M_w}}{R_u TD} - \frac{q_w\, P_w}{TC_p\,\dot{m}} \right\} \tag{5-49}$$

$$\frac{\mathrm{d}T}{\mathrm{d}x} = T \left[\frac{1}{p} \frac{\mathrm{d}p}{\mathrm{d}x} - \frac{1}{\rho} \frac{\mathrm{d}\rho}{\mathrm{d}x} + \frac{1}{\overline{M_w}} \frac{\mathrm{d}\overline{M_w}}{\mathrm{d}x} \right] \tag{5-50}$$

$$\alpha = \frac{1}{U} - \frac{U \, \overline{M_{\mathrm{w}}}}{R_{\mathrm{u}} T} + \frac{U}{T C_{\mathrm{p}}} \tag{5-51}$$

$$h_{\mathrm{o}} = h + \frac{1}{2} U^2 \tag{5-52}$$

当燃料注入、掺混、化学反应、散热和壁面摩擦等已知时,可采用常微分方程组求解器(ODE Solver)对上述微分方程组进行求解。具体的求解方法在后面会详细介绍。

5.1.2.2　燃料掺混与燃烧

在准一维方程中出现的质量添加项 $\dot{m}_{i,\,\mathrm{added}}$ 表示注入到燃烧室主流场中的真实的质量。然而,添加的燃料并不能直接用于燃烧化学反应的计算,因为能够参与化学反应的燃料是通过与空气的掺混过程控制的,也就是说,只有与空气掺混的燃料才能进行燃烧反应。为了刻画这种特性,在准一维模型中引入混合效率的概念来表征混合过程沿着 x 方向的变化规律。可用于燃烧反应的燃料质量:

$$\dot{m}_{\mathrm{fc}} = \eta_{\mathrm{m}} \, \dot{m}_{\mathrm{f}} \tag{5-53}$$

式中　$\dot{m}_{\mathrm{fc}}$ ——可用于燃烧反应的燃料质量;

　　　$\dot{m}_{\mathrm{f}}$ ——注入的真实燃料质量;

　　　η_{m} ——混合效率,它在喷嘴位置处的值为 0,代表掺混的起始位置,而在定义的混合长度 L_{mix} 处的值为 1,代表掺混完成。

在真实流场中,燃料的注入以及与空气的掺混过程是极为复杂的,受到燃料气化、蒸发以及与流场波系等作用的耦合影响。在准一维模型中,一般采用简化的掺混模型对复杂的掺混过程进行半定量的描述。下面采用文献[8]提供的方法对 $L_{\min}$ 和 η_{m} 进行计算,具体过程如下:

$$Ma_{\mathrm{c}} = \frac{U_{\mathrm{f}} - U_{\mathrm{a}}}{a_{\mathrm{f}} + a_{\mathrm{a}}} \tag{5-54}$$

$$f(Ma_{\mathrm{c}}) = 0.25 + 0.75\exp(-3Ma_{\mathrm{c}}^2) \tag{5-55}$$

$$\left(\frac{L_{\mathrm{mix}}}{d_{\mathrm{f}}}\right) = \frac{K}{f(Ma_{\mathrm{c}})} \left(\frac{\rho_{\mathrm{f}} \, U_{\mathrm{f}}}{\rho_{\mathrm{a}} \, U_{\mathrm{a}}}\right)^{0.5} \tag{5-56}$$

$$\eta_{\mathrm{m}} = b(1 - \exp(-(c\bar{x})^d)) \tag{5-57}$$

$$\bar{x} = \frac{x - L_{\mathrm{inj}}}{L_{\mathrm{mix}}} \tag{5-58}$$

式中　U_f、a_f、ρ_f——燃料喷嘴出口的速度、声速和密度,可以通过喷嘴模型的计算获取;

$\quad\quad U_a$、a_a、ρ_a——喷油点 L_{inj} 位置主流场的速度、声速和密度;

$\quad\quad b = 1.06492$;

$\quad\quad c = 3.69639$;

$\quad\quad d = 0.80586$;

$\quad\quad K$——常数;其取值和燃料喷射方式有关,可通过高维的 CFD 模拟结果加以归纳。对于采用支板向后进行燃料喷射的情形,可取 $K = 390$;对于其他的喷注形式,K 值需要进一步通过实验进行校准。

通过掺混模型可以得到可用于燃烧反应的燃料质量。组分 i 的单位体积摩尔生成速率 $\dot\omega_i$ 可根据具体的反应机理进行计算。由于碳氢燃料与空气燃烧反应的详细机理十分复杂,涉及上百种组分和上千步基元反应,计算量较大,并不适合直接用于准一维模型。本书采用总包反应和经过简化的半总包反应来替代详细的燃烧反应机理。其中,半总包反应机理参考相关文献的总体结构,在甲烷和丙烷的基础上,补充了其他常见烃类物质的机理,使其适用于裂解后的燃料,具体可见表 5-1 中反应速率的计算采用 cm - s - mol - K 单位体系,活化能 E_a 的单位为 cal/mol。

表 5-1　碳氢燃料半总包燃烧反应机理[9]

序号	反应式 不同燃料的全局反应	反应系数	指前因子 A	温度系数 β	活化能 E_a/(cal/mol)
1	$CH_4 + \{N_2\} \longrightarrow CH + 3H + \{N_2\}$	$a = 0.8, b = 0.8$	3.00×10^9	0	25000
1	$C_2H_6 + \{N_2\} \longrightarrow 2CH + 4H + \{N_2\}$	$a = 0.8, b = 0.8$	2.50×10^9	0	25000
1	$C_2H_4 + \{N_2\} \longrightarrow 2CH + 2H + \{N_2\}$	$a = 0.8, b = 0.8$	4.00×10^9	0	22000
1	$C_3H_8 + \{N_2\} \longrightarrow 3CH + 5H + \{N_2\}$	$a = 0.8, b = 0.8$	4.80×10^9	0	25000
1	$C_3H_6 + \{N_2\} \longrightarrow 3CH + 3H + \{N_2\}$	$a = 0.8, b = 0.8$	7.00×10^9	0	22000
1	$C_4H_{10} + \{N_2\} \longrightarrow 4CH + 6H + \{N_2\}$	$a = 0.8, b = 0.8$	4.00×10^9	0	25000
1	$C_4H_8 + \{N_2\} \longrightarrow 4CH + 4H + \{N_2\}$	$a = 0.8, b = 0.8$	8.00×10^9	0	22000
1	$C_7H_{14} + \{N_2\} \longrightarrow 7CH + 7H + \{N_2\}$	$a = 0.8, b = 0.8$	9.00×10^9	0	22000
1	$C_{10}H_{22} + \{N_2\} \longrightarrow 10CH + 12H + \{N_2\}$	$a = 0.8, b = 0.8$	4.35×10^9	0	24000
	全局反应				
2f	$H_2 + N_2 + \{CH\} \longrightarrow \{CH\} + 2NH$	$a = 0.1, b = 1.0, c = 2.0$	1.00×10^{15}	0	78000
2b	$2NH + \{CH\} \longrightarrow H_2 + N_2 + \{CH\}$	$a = 2.0, b = 2.0$	1.95×10^{15}	0	0
3f	$\{O\} + N_2 + HO_2 \longrightarrow 2NO + H + \{O\}$	$a = 0.1, b = 0.5, c = 1.0$	1.60×10^9	0.5	43900

（续）

序号	反应式	反应系数	指前因子 A	温度系数 β	活化能 $E_a/(\text{cal/mol})$
	不同燃料的全局反应				
3b	$2NO + H \longrightarrow N_2 + HO_2$	$a=1.1, b=1.0$	2.50×10^{10}	0	8000
	基元反应				
4	$H_2 + O_2 \longleftrightarrow H_2O + O$		3.00×10^{13}	1	38000
5	$H_2 + O \longleftrightarrow H + OH$		2.50×10^{15}	0	6000
6	$H + O_2 \longrightarrow O + OH$		4.00×10^{14}	0	18000
7f	$\{N_2\} + O_2 \longrightarrow 2O + \{N_2\}$		1.00×10^{18}	0	122239
7b	$\{H_2\} + 2O \longrightarrow O_2 + \{H_2\}$		4.00×10^{18}	0	0
8	$H_2 + 2H \longleftrightarrow 2H_2$		4.00×10^{20}	−1	0
9	$H + O_2 \longleftrightarrow HO_2$		1.00×10^{15}	−1.15	0
10	$OH + HO_2 \longleftrightarrow H_2O + O_2$		1.00×10^{13}	0	0
11	$H + HO_2 \longleftrightarrow H_2 + O_2$		6.50×10^{13}	0	0
12	$O + HO_2 \longleftrightarrow OH + O_2$		2.50×10^{13}	0	0
13	$CO + OH \longleftrightarrow CO_2 + H$		1.51×10^7	1.28	−758
14	$\{N_2\} + 2CH \longleftrightarrow C_2H_2 + \{N_2\}$		1.50×10^{17}	0	−758
15	$C_2H_2 + O_2 \longleftrightarrow 2CO + H_2$		3.00×10^{15}	0	19000
16	$CH + OH \longleftrightarrow CO + H_2$		3.00×10^{13}	0	000
17	$CH + O \longleftrightarrow CO + H$		3.00×10^{12}	0.6	0
18	$CH + NO \longleftrightarrow NH + CO$		1.00×10^{11}	0	0
19	$N_2 + O \longleftrightarrow N + NO$		9.00×10^{13}	0	75000
20	$N + O_2 \longleftrightarrow NO + O$		6.30×10^9	1	6300
21	$NO + H \longleftrightarrow N + OH$		1.00×10^{12}	0	48000
22	$NH + O \longleftrightarrow NO + H$		2.50×10^4	2.64	0
23	$NH + NO \longleftrightarrow N_2 + OH$		2.00×10^{15}	−0.8	0

注：反应 2f、反应 3f 和反应 7f 表示正向反应，反应 2b、反应 3b 和反应 7b 表示逆向反应。

对于各种燃料的第一步全局反应，指前因子 A 的数值对应的反应压力为 5atm。压力变化时，相应的指前因子可按下式进行计算：

$$A_p = A_{5atm}\left(\frac{p}{5}\right)^{0.7} \tag{5-59}$$

式中　p——压力（atm）。全局反应中 a、b、c 的数值为经验拟合的反应系数，用于反应进度的计算，[X]、[Y]、[Z]为反应物的浓度，则有

$$q_{\mathrm{f}} = A\,T^{\beta}\exp(-E/R_{\mathrm{u}}T)\,[X]^{a}\,[Y]^{b}\,[Z]^{c} \tag{5-60}$$

对于除反应 7f 和 7b 以外的基元反应,均按可逆反应进行计算,反应 k 的进度为

$$q_{k} = k_{\mathrm{f},k}\prod_{i=1}^{I}[X_{i}]^{v'_{i,k}} - k_{\mathrm{b},k}\prod_{i=1}^{I}[X_{i}]^{v''_{i,k}} \tag{5-61}$$

式中　$k_{\mathrm{f},k}$、$k_{\mathrm{b},k}$——正向、逆向的反应速率常数,$k_{\mathrm{f},k}$ 可按阿伦尼乌斯公式求得

$$k_{\mathrm{f},k} = A_{k}\,T^{\beta_{k}}\exp(-E_{k}/R_{\mathrm{u}}T) \tag{5-62}$$

其中,R_{u} 的单位与活化能对应($\mathrm{cal/(mol\cdot K)}$);$k_{\mathrm{b},k}$ 可根据热力学平衡进行计算;$v'_{i,k}$ 和 $v''_{i,k}$ 分别 ρ 表示反应 k 中组分 i 在反应物和生成物中的化学计量数。

$$k_{\mathrm{b},k} = \frac{k_{\mathrm{f},k}}{K_{\mathrm{c},k}} \tag{5-63}$$

$$K_{\mathrm{c},k} = K_{\mathrm{p},k}\left(\frac{p_{\mathrm{atm}}}{R_{\mathrm{u}}T}\right)^{\sum\limits_{i=1}^{I}v_{i,k}} \tag{5-64}$$

$$K_{\mathrm{p},k} = \exp\left(\sum_{i=1}^{I}v_{i,k}\frac{S_{i}^{\circ}}{R_{\mathrm{u}}} - \sum_{i=1}^{I}v_{i,k}\frac{H_{i}^{\circ}}{R_{\mathrm{u}}T}\right) \tag{5-65}$$

$$\dot{\omega}_{i} = \sum_{k=1}^{K}v_{i,k}\,q_{k} \tag{5-66}$$

$$v_{i,k} = v''_{i,k} - v'_{i,k} \tag{5-67}$$

式中　p_{atm}——一个大气压;

S_{i}°、H_{i}°——组分 i 在大气压下的摩尔熵和摩尔焓,具体单位与式中 R_{u} 保持一致。

式中,组分 i 的单位体积摩尔生成速率 $\dot{\omega}_{i}$ 可根据式(5-66)求得。

5.1.3　耦合传热过程计算分析模型

超燃冲压发动机的耦合传热过程包括:热量从燃烧室内高温气流向燃烧室壁面的传递过程、热量在燃烧室固体结构中的传导过程,以及冷却通道内侧壁面的对流换热过程。下面将分别进行介绍。

对于再生冷却燃烧室而言,壁面热流的预测十分重要。壁面热流不仅是燃烧室能量方程的一个源项,也是冷却通道的热量输入来源。已有研究表明[10],当假设超燃冲压发动机燃烧室内壁为黑体时,由辐射产生的热流约为壁面总热流的 5.2%~7.8%。考虑到燃烧室通道有限的几何尺寸导致的壁面间辐射互相反射吸收,由辐射引起的热流基本可以忽略。因此,超声速燃烧室内的换热机制主要为对流换热。

本章采用参考焓方法[11]对燃烧室壁面的对流换热进行预测。将燃烧室中心气流参数和内壁面温度作为已知条件,通过以下公式可以对壁面热流进行估算。

$$h^* = \frac{h + h_w}{2} + 0.22r\frac{U^2}{2} \qquad (5-68)$$

$$r = \sqrt[3]{Pr^*} = \sqrt[3]{\frac{\mu^* c_p^*}{\lambda^*}} \qquad (5-69)$$

$$q_w = \frac{0.0287pU\overline{M_w}(h_{aw} - h_w)}{R_u T^* Pr^{*0.4}Re_x^{*0.2}} \qquad (5-70)$$

$$h_{aw} = h + \frac{U^2}{2} \qquad (5-71)$$

$$Re_x^* = \frac{pU\overline{M_w}x}{R_u T^* \mu^*} \qquad (5-72)$$

$$C_f = \frac{0.0574}{Re_x^{*0.2}}\frac{T}{T^*} \qquad (5-73)$$

式中　h_w——壁面温度所对应的气流焓值;

　　　r——气流恢复系数。

式中带 * 标示的变量均以参考温度 T^* 为定性温度,参考温度 T^* 可通过式(5-68)和式(5-69)迭代求得,气流的黏度 μ 和导热系数 λ 可近似按 Sutherland 公式进行计算,气流的定压比热 c_p 和比焓 h 可根据当地的组分信息,按照理想气体混合物的热力性质计算方法进行计算。计算雷诺数时,参考长度 x 采用典型的平板流动假设。此外,动量方程中的壁面摩擦系数 C_f 可根据式(5-73)进行计算。

燃烧室内高温气流传递到燃烧室壁面的热量通过导热的方式传递到冷却通道壁面,再通过冷却剂的对流换热将热量吸收。如图 5-3 所示,忽略轴向导热后,热量在厚度为 θ 的燃烧室壁面的传导过程可近似按一维稳态导热问题求解:

$$T_w = T_{wc} + \frac{q_w\theta}{\lambda_w} \qquad (5-74)$$

式中　T_w、T_{wc}——燃气侧和冷却侧的壁面温度;

　　　λ_w——壁面材料的导热系数。

再生冷却超声速燃烧室的壁面材料一般选择导热性能较好的耐高温金属材料,且一般为薄壁结构,有利于热量的传递。本书选用镍基高温合金作为燃烧室壁面的材料,其最高工作温度可达 1250K,其导热系数随温度的变化如表 5-2 所列。

表 5-2　典型镍基高温合金导热系数

T/K	350	450	550	650	750	850	950	1050	1150
$\lambda_w/(W/(m \cdot K))$	11.4	12.7	13.9	15.5	16.9	18.1	19.4	21.3	24

如图 5-2 所示,超声速燃烧室的冷却通道一般采用多通道并联结构。冷却通道内的对流换热为具有肋片的单面加热问题。考虑肋效应的冷却壁面与燃料之间的对流换热可按牛顿冷却公式进行计算:

$$\Phi_c = A_t \, \eta_t \, h_c (T_{wc} - T_f) \tag{5-75}$$

式中　Φ_c——冷却通道换热通量;

$\quad\quad h_c$——对流换热系数;

$\quad\quad T_{wc}$——冷却通道壁面温度;

$\quad\quad T_f$——燃料温度;

$\quad\quad A_t$——总换热面积,包括肋面积 A_f 和肋基面积 A_b;

$\quad\quad \eta_t$——总肋片换热效率,其计算公式为

$$\eta_t = \frac{A_b + \eta_f A_f}{A_b + A_f} \tag{5-76}$$

$$\eta_f = \frac{\text{th}(mH')}{mH'} \tag{5-77}$$

$$m = \sqrt{\frac{2h_c}{\lambda_w \delta}} \tag{5-78}$$

$$H' = \sigma + \frac{\delta}{2} \tag{5-79}$$

式中　η_f——肋效率;

$\quad\quad \sigma$——冷却通道高度;

$\quad\quad \delta$——冷却通道肋厚。

关于碳氢燃料在超临界状态下的流动换热关联式的研究较多,通过与单管加热的试验对比表明,当燃料不发生裂解时,可近似采用统一的关联式对其换热特性进行描述。当燃料发生裂解反应后,提高了燃料吸热能力,可理解为一定程度的传热强化。但由于裂解反应的发生会导致燃料组分及物性的剧烈变化,对换热的具体影响十分复杂,目前尚没有公开发表的适用于裂解区的换热关联式。根据文献[12],本书采用式(5-80)作为冷却通道内对流换热计算的关联式,并通过式(5-81)进行对流换热系数的计算。虽然该换热关联式可能在燃料裂解区对换热系数的预测存在一定的不确定性,但燃料自身的裂解吸热过程并没有被忽略,并已在冷却通道内燃料裂解反应模型中加以体现。计算中未裂解的正癸烷黏度和导热

系数可使用 REFPROP 计算,裂解后燃料的黏度和导热系数可采用 Chung 方法进行估算,具体可参考文献[13]。

$$Nu_f = 0.027 Re_f^{0.8} Pr_f^{0.33} \left(\frac{\mu_f}{\mu_w}\right)^{0.14} \tag{5-80}$$

$$h_c = \frac{Nu_f \lambda_f}{D_r} \tag{5-81}$$

这样,利用上述模型即可将冷却通道与燃烧室耦合在一起,便于进行耦合传热的分析。

5.1.4　耦合传热过程求解方法

在前面几节我们分别推导了冷却通道和超声速燃烧室的 ODE 方程的求解形式。对于给定的初始条件,上述等式右侧的项均为已知量,只要采用微分方程求解器对右侧项沿 x 轴积分,即可求得下一位置处的变量值,因此,燃烧室和冷却通道独立求解的实质是已知初值的 ODE 求解问题。但源项中存在的燃烧和裂解化学反应使上述微分方程组具有较强的刚性,需要采用刚性求解器才能快速、精确地进行求解。本章采用劳伦斯·利弗摩尔国家实验室(Lawrence Livermore National Laboratory)开发的 SUNDIALS(Suite of Nonlinear and Differential/Algebraic Equation Solvers)非线性工具包,它共包含 6 个求解器,其中,CVODE 求解器能够求解刚性或非刚性的 ODE 初值问题。SUNDIALS 还提供了基于 Matlab 环境的 sundialsTB 工具包,允许在 Matlab 环境中调用 CVODE 求解器,使用十分方便。

在燃烧室 ODE 求解器的设置中,考虑到燃烧多步反应具有较强的刚性,故采用 BDF(Backward Differentiation Formulas)方法搭配 Newton 非线性求解器进行求解;而在冷却通道 ODE 求解器的设置中,由于裂解反应被简化为两步总包反应,因此刚性较弱,故采用 Adams 方法搭配 Functional 非线性求解器进行求解。两者在求解过程中,都保持相对误差在 10^{-10} 量级,绝对误差在 10^{-12} 量级。

在超声速燃烧室中,由于气流始终保持超声速,因此,在燃烧室入口给定流场的所有初值,既满足 ODE 求解器的需要,也符合超声速流动的物理实际,即超声速燃烧室的流场求解过程只需要一次 ODE 求解即可。然而,在冷却通道中,燃料流动过程一般为亚声速流动,只有在末端燃油喷嘴出口才能达到声速,而 ODE 求解器需要给定冷却通道入口所有变量的初值,这与物理实际不符。对于流量给定的冷却通道系统而言,入口压力实际是通过出口壅塞条件匹配的,并不能"事先给定"。因此,为了得到符合物理实际的冷却通道稳态流场解,就需要通过多次冷却通道与燃料喷嘴的迭代求解过程,具体迭代方法已在前文详细介绍。

冷却通道与燃烧室耦合求解的目标是通过两组流场的迭代寻找到能同时满足

冷却通道和燃烧室的热流边界条件(包含壁面温度和热流分布)。作为最终的热流边界条件(或壁面温度边界条件),应满足如下要求:

(1) 在这组热流边界条件下,冷却通道模型反算的壁面温度应与壁面温度边界条件完全一致;

(2) 在这组壁面温度边界条件下,燃烧室模型得出的壁面热流应与热流边界条件完全一致;

(3) 在这组热流边界条件下,燃油喷嘴的出口参数应与燃烧室计算中燃料喷射的参数完全一致,形成再生冷却过程的闭环。冷却通道系统与燃烧室耦合求解的迭代计算流程如图 5-5 所示。

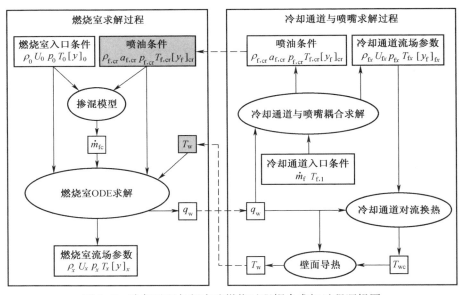

图 5-5　冷却过程与超声速燃烧过程耦合求解过程逻辑图

为了使冷却过程与燃烧过程的耦合求解过程更加形象化,图 5-6 在再生冷却燃烧室中标注了冷却过程与燃烧过程的主要参数传递过程,其中,用圆括号标注的参数表示待求参数,否则为已知参数。在本章的计算中,首先假设一组适当的燃烧室内壁面温度和一组喷油条件(如图中有深色底纹的变量),在已知的入口条件下,进行燃烧室准一维 ODE 方程的求解,得到燃烧室流场参数和壁面热流 q_w 的准一维分布。然后,以燃烧室计算得到的壁面热流 q_w 为热边界条件,进行冷却通道与燃料喷嘴的耦合求解,得到喷嘴出口的喷油参数和冷却通道内的准一维流场参数,再经过冷却通道内对流换热计算和燃烧室内壁面导热计算,即可求得新的燃烧室内壁面温度。至此,燃烧室和冷却通道的第一次计算已经完成。以新求得的内壁面温度和喷油参数作为输入,可进行燃烧室的第二次计算,并得出新的壁面热流,继而可以进行第二次冷却通道的计算,如此反复迭代。

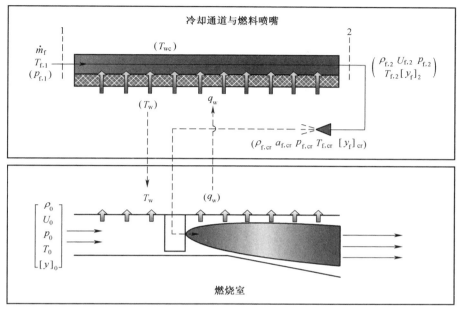

图 5-6　冷却通道系统与燃烧室耦合求解参数传递过程示意图

　　随着迭代次数的增加,燃烧室和冷却通道的流场参数逐渐趋于稳定,当流场主要变量的残差达到收敛指标时,就可以认为计算收敛,即找到了再生冷却超声速燃烧室和冷却通道的稳态流场解。流场变量 X 的残差 $\mathrm{RES}(X)$ 可按下式定义:

$$\mathrm{RES}(X) = \frac{\sqrt{\sum i \left[X(i,N) - X(i,N-1) \right]^2}}{\sqrt{\sum i X(i,N)^2}} < 10^{-6} \qquad (5-82)$$

式中　i——沿轴向 x 方向的第 i 个网格;
　　　　N——第 N 次迭代。

5.2　冷却与燃烧过程耦合关系及影响分析

5.2.1　冷却与燃烧耦合效应影响分析

　　由于再生冷却过程与燃烧过程之间存在强烈的耦合关系,所以再生冷却不仅能够起到热防护的作用,同时也对发动机性能有显著的影响。利用上一节介绍的燃烧冷却耦合模型可以对再生冷却发动机进行性能分析,并与绝热壁面条件下的超燃冲压发动机进行性能对比,从而得到再生冷却过程对发动机性能的影响规律。

再生冷却过程对发动机性能的影响主要表现在以下两个方面。①再生冷却过程改变了燃烧室的热边界条件。首先,从燃烧室壁面散失的热量被燃油冷却过程加以回收,并通过高温燃油回注给燃烧室;而在被动热防护的燃烧室中,通过壁面散失的热量直接传递到外界环境中,没有被回收利用。其次,再生冷却过程使冷却通道与燃烧室之间能够很快建立热平衡,与被动热防护的燃烧室相比,再生冷却燃烧室的壁面热流和壁面温度在绝对值和分布特性上均有所不同。②再生冷却过程会显著地改变燃料状态。燃料在冷却通道内吸热、升温、裂解过程会改变其组分和热力状态,从而影响其与空气的掺混和燃烧过程,最终影响燃料在燃烧室中的释热规律。

为了更好地说明再生冷却过程对超燃冲压发动机性能的影响,以如下所述的算例为例进行详细地说明,并在图5-7所示的再生冷却超声速燃烧室内进行不同边界条件下燃烧室特性分析。

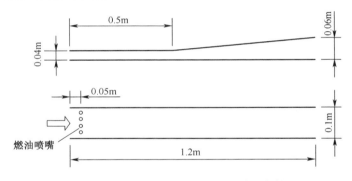

图5-7 再生冷却超声速燃烧室通道几何构型

模拟 $Ma=8$ 飞行工况,燃烧室来流参数与前文一致。对比以下三种工况的燃烧室参数分布:

(1)壁面温度为1300K时被动散热条件下冷态燃料直接注入;

(2)绝热壁面条件下冷态燃料直接注入;

(3)再生冷却注入方式,采用冷却剂流动方向与气流方向一致的顺流冷却方式,冷却剂初始温度均为280K。燃料注入当量比均为1.0,掺混长度均假设为1.5m。

燃烧室温度、压力、马赫数和燃烧效率的对比结果如图5-8~图5-11所示;再生冷却工况的壁面热流密度以及燃料温度和壁面温度分别如图5-12和图5-13所示。其中,燃烧效率的定义式如下[14]:

$$\eta_c = \frac{x_{H_2O} + x_{CO_2}}{\left[x_{H_2O} + x_{CO_2} \right]_{ideal}} \tag{5-83}$$

分子表示实际燃烧反应产物中 H_2O 和 CO_2 的摩尔分数之和,分母表示燃料与空气中氧气完全反应生成的 H_2O 和 CO_2 的摩尔分数理论值之和。

由不同边界条件下燃烧室计算结果的对比可知,再生冷却燃烧室具有最短的点火延迟,在等直段内就能完成燃料的引燃,这主要是由于再生冷却过程使注入燃料的温度和组分发生了剧烈变化,较高的注入温度和小分子烯烃的生成使点火延迟大幅缩短;而冷态燃料直接注入的工况均在扩张段内才实现燃烧,这主要与燃料的点火延迟较大有关。相比绝热壁面工况,固定壁面温度时,由于燃烧室仍通过壁面向环境散热,导致其起燃位置更加靠后。点火延迟越大,起燃位置越靠后,导致燃烧室内峰值压力越低。

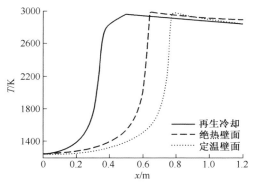

图 5-8　燃气温度分布

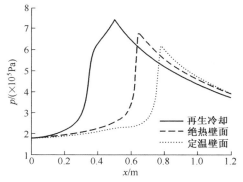

图 5-9　燃气压力分布

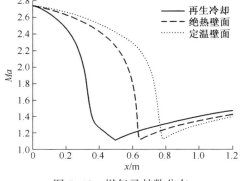

图 5-10　燃气马赫数分布

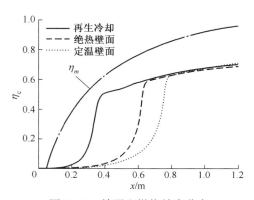

图 5-11　掺混和燃烧效率分布

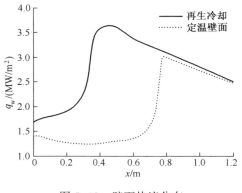

图 5-12　壁面热流分布

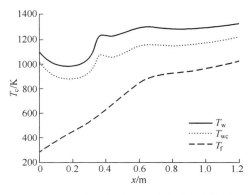

图 5-13　再生冷却壁面温度和冷却剂温度

从能量守恒的角度分析,再生冷却工况和绝热壁面工况都没有向环境的散热损失,而定温壁面工况会向环境散热,使发动机可利用的总能量降低。从燃烧室出口气流的温度和马赫数来看,再生冷却工况的出口温度低于绝热壁面工况,这是因为再生冷却过程会将燃烧室后部的热量通过冷却过程吸收,回注至燃烧室前部。但再生冷却工况的出口马赫数高于绝热壁面工况,说明气流在燃烧室出口具有更高的动能,从而使总的能量保持守恒。对于定温壁面工况而言,其出口静温和马赫数都较低,说明壁面散热会降低燃烧室性能。

三种工况最终在燃烧室出口的燃烧效率基本相当,约为 70%,但都远低于燃烧室出口的掺混效率(96%)。计算结果显示,在燃烧室出口,仍有大量 OH 和 CO 没有完全转化为 H_2O 和 CO_2,这主要与扩张的通道构型导致气流压力迅速降低,以及燃烧室总长度较短有关。

从再生冷却工况与定温壁面工况的热流对比可知,由于燃料的冷却作用,再生冷却燃烧室的壁面温度低于定温壁面的假设壁温,导致其热流密度明显增大,这也是再生冷却发动机的重要特征之一。在高热流密度的加热作用下,燃料在冷却通道内的温度迅速升高,并在温度高于 800K 时开始发生明显的吸热裂解反应,使温度快速升高的趋势有所缓和。最终在冷却通道出口处,燃料温度约为 1000K,并已趋于完全裂解,对应的壁面最高温度也达到了普通高温合金材料的耐温极限。

为了直观地比较不同的热边界条件对燃烧室和发动机性能的影响,本书采用理想燃油比冲来表征发动机性能。假设进气道入口截面和尾喷管出口截面的有效截面积相等,则理想燃油比冲可按下式进行计算:

$$I_{sp} = \frac{\dot{m}_{out} U_{out} - \dot{m}_{in} U_{in}}{\dot{m}_f g} \qquad (5-84)$$

式中　下标 in——进气道入口参数,可根据飞行高度和马赫数估算;

下标 out——尾喷管出口参数,可按照冻结流假设将燃烧室出口气流等熵膨胀到环境压力得到。

不同热边界条件下发动机理想燃油比冲如表 5-3 所列。与前文分析结果一致,定温壁面工况由于散热损失的影响,比冲较绝热壁面工况低 6.4%。而绝热壁面工况和再生冷却工况的比冲基本相当,再生冷却工况略高,这得益于更短的点火延迟使其在等直段实现了更高的燃烧峰值压力。

表 5-3　不同工况下发动机理想燃油比冲对比

发动机工况	定温壁面	绝热壁面	再生冷却
I_{sp}/s	776	829	833
性能偏差/ %	−6.4	—	+0.5

虽然再生冷却燃烧室的提出更多是基于燃烧室壁面热防护的考量,但从上述计算和分析结果可知,再生冷却燃烧室还具有众多优势。从实现点火与稳燃的角度来看,与冷态燃料直接注入的燃烧方式相比,再生冷却燃烧室具有更高的燃料注入温度,能够产生更易着火的小分子碳氢组分。在高马赫数工况,燃料与空气掺混后可实现自燃,此时,再生冷却燃烧室能够有效缩短燃料的点火延迟,这为缩短燃烧室长度,降低发动机质量创造了有利条件;在低马赫数工况,燃烧室通常采用强制点火和稳燃系统来维持发动机的正常燃烧,此时,再生冷却燃烧室也能够有效降低强制点火和稳燃的难度,从而提高发动机工作的稳定性。从能量利用角度来看,与采用被动散热的燃烧室相比,再生冷却燃烧室通过燃料冷却对壁面散热的有效回收,能够实现与理想绝热壁面燃烧室相同甚至更好的性能。

与经典的超声速燃烧室准一维模型相比,本书提出的再生冷却与超声速燃烧耦合的燃烧室准一维模型的主要特征如表 5-4 所列。

表 5-4　多种超声速燃烧室准一维模型特征对比

发表或拟发表的准一维模型	O'Brien et al, 2001[14]	Birzer, Doolan, 2009[8]	Torrez et al, 2013[15]	本书
掺混和化学反应模型	指定长度后瞬间掺混+基于燃烧机理的有限速率模型	指数掺混模型+组分热力学平衡燃烧模型	基于先验知识的火焰面降阶模型 MASIV	指数掺混模型+基于燃烧机理的有限速率模型
燃烧模态	超燃	超燃	超燃、亚燃	超燃
适用的燃料	氢、碳氢	氢	氢、碳氢	氢、碳氢
热边界条件	恒定壁温	恒定壁温	恒定壁温	再生冷却

（续）

发表或拟发表的准一维模型	O'Brien et al, 2001[14]	Birzer, Doolan, 2009[8]	Torrez et al, 2013[15]	本书
ODE 求解	VODPK	fourth-order Runge-Kutta	Matlab ode23tb	sundialsTB CVODE
模型优点	开辟了有限速率化学反应在准一维模型中的应用	简化了化学反应模型,加快了计算速度	覆盖多种燃烧模态;对湍流火焰、激波作用等复杂现象描述更为准确	能够有效反映再生冷却过程中燃烧室和冷却通道的耦合效应,包括回热效应和燃料状态变化效应
模型缺点	掺混模型过于简单,与实际过程明显不符	无法反映不完全燃烧效应;对碳氢燃料不适用	需要不同燃料燃烧特性的先验知识,引入再生冷却的难度较大	暂时还未发展亚燃模态的计算方法

5.2.2　回热视角下冷却对发动机性能影响分析

对于理想的超燃冲压发动机,再生冷却这一将壁面散热重新注入燃烧室的过程可以视为回热过程,且取热位置的温度越低回热效果越明显。为了凸显回热的效应,本书将再生冷却通道布置于发动机喷管壁面,即从膨胀过程中而非燃烧过程中进行热能回收。膨胀过程的回热可以描述为燃料携带燃气向喷管壁面散失的热量重新回注燃烧室的过程。为了更好地描述回热式膨胀过程,本书将对回热式膨胀过程与等熵膨胀过程进行对比。由于压比对膨胀过程的影响很大,为了更精确地衡量回热对膨胀过程的影响,两种膨胀形式设置为相同的压比。

两种膨胀形式下布雷顿循环的温熵图如图 5-14 所示,回热式膨胀过程的喷管入口温度 $T_{4\text{rec}}$ 明显高于等熵膨胀过程的喷管入口温度 T_4,因为回热过程将更多的热量带入燃烧室。由热力学第一定律可知,面积 $a\text{-}c\text{-}g\text{-}f\text{-}b\text{-}a$ 等于面积 $c\text{-}g\text{-}f\text{-}e\text{-}d\text{-}c$。而点 b 和点 d 在同一条等压线上,所以点 d 必须低于点 b 这样才能满足面积相等的条件。也就是说,回热式膨胀过程的排气温度低于等熵膨胀过程。

进一步地,利用一些热力学和数学的方程来对比 T_{9s} 和 T_9 的大小关系。对于等熵膨胀过程,排气温度可以通过压比和比热比得到。

$$T_{9s} = T_4 \left(\frac{p_9}{p_4}\right)^{\frac{\gamma-1}{\gamma}} \tag{5-85}$$

式中　T_4——喷管入口温度(K);

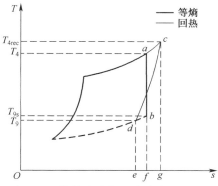

图 5-14 等熵膨胀与回热式膨胀温熵图

p_4——喷管入口压力（Pa）；

p_9——外界环境压力（Pa）；

γ——燃气的比热比。

为了衡量燃料在喷管的吸热量，定义回热度为

$$\xi = \frac{Q_{\text{rec}}}{c_p(T_4 - T_{9\text{s}})} \tag{5-86}$$

式中　Q_{rec}——单位质量燃气向燃料的散热量（J/kg）；

c_p——燃气的定压比热（J/(kg·K)）。

注意，式（5-86）的分母是等熵膨胀的焓降，所以压比相同的条件下燃料的吸热量与回热度为线性关系。

假设燃气散热过程存在一个平均温度 T_{ave}，这样根据熵的定义可知换热过程的熵增为

$$\Delta s = -\frac{Q_{\text{rec}}}{T_{\text{ave}}} \tag{5-87}$$

注意，由于对于燃气热量是向外散失的，所以用负号表示熵是减少的。假设燃气温度降低是线性的，则平均温度可表示为

$$T_{\text{ave}} = \frac{T_{4\text{rec}} + T_9}{2} \tag{5-88}$$

忽略回热过程对超声速燃烧的影响，燃料的吸热量可以等效为燃气在喷管入口处的焓增。这样，回热条件下喷管入口的燃气温度为

$$T_{4\text{rec}} = T_4 + \frac{Q_{\text{rec}}}{c_{\text{p}}} \tag{5-89}$$

联立式（5-87）、式（5-88）和式（5-89），可以得到喷管入口温度的表达式为

$$T_{4\mathrm{rec}} = \frac{T_4 - \dfrac{1}{2} T_9 \dfrac{\Delta s}{C_p}}{1 + \dfrac{1}{2} \dfrac{\Delta s}{C_p}} \qquad (5-90)$$

考虑到

$$\Delta s = C_p \ln\left(\frac{T_9}{T_{4\mathrm{rec}}}\right) - R_g \ln\left(\frac{p_9}{p_4}\right) \qquad (5-91)$$

因此,回热式膨胀过程的排气温度等于

$$T_9 = T_4 \frac{C}{1 + B + B \cdot C} \qquad (5-92)$$

其中

$$B = \frac{1}{2} \frac{\Delta s}{C_p} \qquad (5-93)$$

$$C = e^{\frac{\Delta s}{C_p}} \left(\frac{p_9}{p_4}\right)^{\frac{\gamma-1}{\gamma}} \qquad (5-94)$$

对比式(5-85)和式(5-92),利用基本的数学知识可知,只要燃气在膨胀过程的熵变为负值,回热式膨胀过程的排气温度就会低于等熵膨胀过程,从而符合通过温熵图得到的结论。

对于等熵膨胀过程,燃气动能的增加量等于其焓降,即

$$\Delta KE_s = c_p(T_4 - T_{9s}) \qquad (5-95)$$

对于回热式膨胀过程,燃气的焓降一部分用于转化为动能,另一部分则传递给了燃料,所以

$$\Delta KE_{\mathrm{rec}} = c_p(T_{4\mathrm{rec}} - T_9) - Q_{\mathrm{rec}} = c_p(T_4 - T_9) \qquad (5-96)$$

由于回热过程能够将排气温度降得更低,所以相比于等熵喷管,一个理想的回热式喷管能够在相同压比下将燃气中更多的热能转换为动能,从而提高喷管的性能。当然,因为上述基于零维模型的分析过于理想化,同时超燃冲压发动机又具有很强的分布参数特性,因此利用更高维度的模型进行热力学分析是十分有必要的。

为了验证上述理论的正确性并评估回热可能带来的性能增益,建立带有绝热燃烧室的准一维回热式喷管模型。如图5-15所示,燃料从燃料箱中经泵增压后进入喷管壁面的冷却通道中吸收燃气向壁面散失的热量,然后高温的燃料由支板喷入燃烧室中燃烧加热空气。由于喷管中散失的热量回注燃烧室,燃气能够以更高的温度开始膨胀。

为了简化问题,超燃冲压发动机回热式喷管准一维模型采用以下假设条件:

(1)准一维流动,喷管中所有的变量和截面积都是关于 x 的函数;

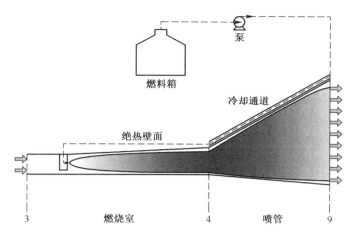

图 5-15　回热式喷管系统简图

（2）定常流动，并且不考虑燃气在喷管中的化学反应；

（3）燃气与燃料均为理想气体；

（4）燃烧室为绝热壁面条件；

（5）不考虑喷管中的膨胀波系。

根据假设条件可以得到散热条件下燃气的膨胀过程的控制方程，其中质量方程为

$$\frac{1}{\rho}\frac{\mathrm{d}\rho}{\mathrm{d}x} + \frac{1}{u}\frac{\mathrm{d}u}{\mathrm{d}x} + \frac{1}{A}\frac{\mathrm{d}A}{\mathrm{d}x} = 0 \qquad (5-97)$$

式中　ρ——燃气的密度（kg/m³）；

　　　u——燃气的速度（m/s）；

　　　A——喷管的截面积（m²）。

动量方程为

$$\frac{1}{\rho}\frac{\mathrm{d}p}{\mathrm{d}x} + u\frac{\mathrm{d}u}{\mathrm{d}x} + \frac{2u^2 C_\mathrm{f}}{D_\mathrm{h}} = 0 \qquad (5-98)$$

式中　C_f——喷管壁面的摩擦系数；

　　　D_h——喷管的水力直径（m）。

能量方程为

$$\frac{c_\mathrm{p}(T)\mathrm{d}T}{\mathrm{d}x} + u\frac{\mathrm{d}u}{\mathrm{d}x} + \frac{\dot{q}_\mathrm{w}(x)\cdot P_\mathrm{w}}{\dot{m}} = 0 \qquad (5-99)$$

式中　$c_\mathrm{p}(T)$——燃气的定压比热，为温度 T 的函数（J/(kg·K)）；

$\dot{q}_w(x)$ ——沿着 x 方向某一点的热流密度（W/m²）；

P_w ——喷管的湿周（m）；

$\dot{m}$ ——燃气的质量流量（kg/s）。

状态方程为

$$\frac{1}{p}\frac{\mathrm{d}p}{\mathrm{d}x} = \frac{1}{\rho}\frac{\mathrm{d}\rho}{\mathrm{d}x} + \frac{1}{T}\frac{\mathrm{d}T}{\mathrm{d}x} \tag{5-100}$$

燃料冷却过程的控制方程与燃气膨胀过程类似。其中，质量方程为

$$\frac{1}{\rho_f}\frac{\mathrm{d}\rho_f}{\mathrm{d}x} + \frac{1}{u_f}\frac{\mathrm{d}u_f}{\mathrm{d}x} + \frac{1}{A_c}\frac{\mathrm{d}A_c}{\mathrm{d}x} = 0 \tag{5-101}$$

式中 ρ_f ——燃料的密度（kg/m³）；

u_f ——燃料在冷却通道中的速度（m/s）；

A_c ——冷却通道的截面积（m²）。

动量方程为

$$\dot{m}_f\frac{\mathrm{d}u_f}{\mathrm{d}x} + A_c\frac{\mathrm{d}p_f}{\mathrm{d}x} + \frac{1}{2}\frac{f}{D_{hc}}\dot{m}_f u_f = 0 \tag{5-102}$$

式中 f ——冷却通道壁面的摩擦系数；

D_{hc} ——冷却通道的水力直径（m）；

$\dot{m}_f$ ——燃料的质量流量（kg/s）。

能量方程为

$$\frac{c_{pf}(T)\mathrm{d}T}{\mathrm{d}x} + u_f\frac{\mathrm{d}u_f}{\mathrm{d}x} = \frac{\dot{q}_w P_w}{\dot{m}_f} \tag{5-103}$$

式中 $c_{pf}(T)$ ——燃料的定压比热，为温度 T 的函数（J/(kg·K)）。

上述定压比热由 CHEMKIN-II[16] 提供的方法计算：

$$c_{pi} = \frac{R_u}{M_{Wi}}(a_{1i} + a_{2i}T + a_{3i}T^2 + a_{4i}T^3 + a_{5i}T^4) \tag{5-104}$$

$$c_p = \sum_{i=1}^{N} c_{pi} Y_i \tag{5-105}$$

本书中，燃气向壁面散热的热流密度 q_w 为输入值，其基准值同样由 Eckert 参考焓方法计算。利用傅里叶导热定律和燃料在冷却通道中的对流换热关系计算燃气侧的壁面温度，进而利用参考焓方法得到燃气向燃料传递的热流密度。这样，反复迭代后即可得到两个场的稳态解，具体计算流程见文献[17]。

回热式喷管在不同回热度下沿 x 方向的温度分布如图 5-16 所示。由图可知，喷管入口温度随回热度的增加而提高，这是由于更多的热量从喷管转移到了燃烧

室。同时,喷管的排气温度随回热度的增加显著降低。也就是说,回热度的提高会导致更高的入口温度和更低的出口温度。根据热力学第一定律,更低的排气温度意味着更多的热能用于转换为动能,这可以由图 5-16 证明。

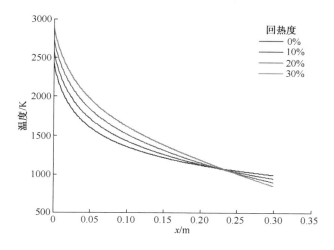

图 5-16　温度分布随回热度的变化

图 5-17 显示了不同回热度下回热式喷管沿 x 方向的速度分布。很明显,当喷管入口速度相同时,喷管的排气速度随回热度的增加而提高。这证明了回热度的增加确实有利于膨胀过程中热能向动能的转换,而更高的排气速度意味着更大的推力和更高的比冲。这表明,回热式喷管的性能明显优于壁面绝热的喷管。

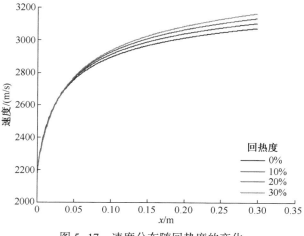

图 5-17　速度分布随回热度的变化

表 5-5 表明使用回热式喷管的超燃冲压发动机在飞行条件、进气道压比和燃料当量比完全相同的条件下具有比使用绝热喷管更高的比冲。随着回热度从10%提高到 30%,回热式喷管的比冲从 3023.3s 提高到 3331.7s,比冲增益由5.48%提高到16.24%。由于空气和燃料的质量流量不变,比冲的增加也就意味着比推力和总推力的提高。这说明在燃料温升极限下尽可能提高回热度有利于提高发动机的性能。

表 5-5 绝热喷管与回热式喷管性能对比

喷管形式	性能	回热度/%		
		10	20	30
绝热喷管	比冲/s	2866.3		
回热式喷管	比冲/s	3023.3	3180.3	3331.7
	增益/%	5.48	10.96	16.24

本节对回热式膨胀过程进行了零维的热力学分析,同时建立了准一维膨胀-冷却耦合模型并对回热式喷管和绝热喷管的温度和速度场进行了计算与对比。通过上述分析得到以下结论:

(1)回热过程能够有效改变喷管内温度场和速度场的分布,从而提高超燃冲压发动机喷管性能,进而提升发动机的比冲、推力。

(2)喷管入口温度随回热度的增加而提高,同时排气温度随回热度的增加而下降;在相同喷管入口速度的条件下,回热度的增大有利于提高喷管的排气速度。

5.3 再生冷却发动机能量梯级利用过程分析

再生冷却超燃冲压发动机中燃料不再直接喷入燃烧室参与燃烧,而是首先在冷却通道中吸热裂解,然后小分子裂解气再进入燃烧室。这样,燃料的能量利用实际上可以分为两部分,即吸热裂解过程和燃烧释热过程,从而实现能量的梯级利用。本节主要介绍再生冷却过程对超燃冲压发动机实现燃料能量梯级利用的原理与影响。

5.3.1 能量梯级利用视角下发动机工作过程

继吴仲华教授 20 世纪 80 年代提出著名的物理能梯级利用原理之后,金红光院士等[18]站在总能系统角度,提出了物理能与化学能梯级利用原理。总能系统的研究突破了仍局限于物理能梯级利用的研究范畴,引入了化学反应过程中化学能的能量转化利用问题。通过化学反应过程与热力循环的有机集成,突破了传统能源动力系统物理能"温度对口、梯级利用"的单一模式。提出采用间接燃烧的能量释放新机理,改变了通过简单燃烧方式来实现燃料化学能转化利用的传统方式,从而降低燃料燃烧过程能量释放侧的品位,减小燃烧过程的损失。物理能与化学能综合梯级利用原理如图 5-18 所示。

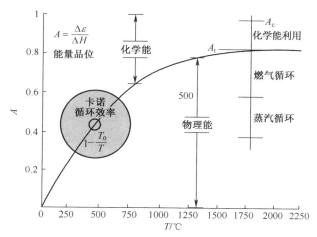

图 5-18　化学能与物理能梯级利用机理示意图

通过与化学反应过程相结合,新的能量释放方式可实现品位 A_c 到中间品位 A_m 的燃料化学能梯级释放和有效利用,如图 5-18 卡诺循环效率曲线上方所示。当具有中间品位 A_m 的燃料化学能通过燃烧转化为物理能时,由于此时燃料的化学能品位已在化学反应过程中从 A_c 下降到 A_m,进而燃烧过程中化学能与物理能之间的品位差也由直接燃烧时的(A_c-A_t)降低到(A_m-A_t),从而减小燃烧过程能的损失。换言之,与传统的直接燃烧方式相比较,新的能量释放方式通过化学能梯级释放,可以使燃料在燃烧前实现其化学能的有效利用。

对于吸热型碳氢燃料超燃冲压发动机而言,燃料在进入燃烧室燃烧之前,首先发生吸热型化学反应生成氢气、甲烷、乙烯等小分子气体混合物,然后气体混合气再进入燃烧室进行燃烧。燃料先后经历吸热型化学反应和裂解产物燃烧两个化学反应过程,吸热型化学反应和裂解产物燃烧过程刚好构成了燃料间接燃烧过程。吸热型化学反应过程的存在,实现了超燃冲压发动机燃料化学能的梯级利用。

在超燃冲压发动机中,燃料通过吸热型化学反应和燃烧反应这样两个化学反应过程来实现化学能的梯级释放。因此,燃料能量的转化势必与其发生化学反应的作功能力(Gibbs 自由能变化 ΔG)和物理能的最大作功能力(物理㶲)紧密相关。下面利用热力学体系一般㶲函数和 Gibbs 自由能函数的概念,建立吸热型化学反应和燃烧反应过程中燃料物质能、化学反应 Gibbs 自由能和物理能的品位关系的基本方程,来描述超燃冲压发动机化学能与物理能综合梯级利用过程中能的品位变化规律。

对于吸热型化学反应和燃烧这样的化学反应的微分过程,其化学反应 Gibbs 自由能变化 ΔG 和热㶲变化 ΔE 之间的关系可以表达为

$$dE = dG + TdS\left(1 - \frac{T_0}{T}\right) \tag{5-106}$$

式(5-106)中表明燃料的最大作功能力 dE 由两部分组成:一部分是化学反应的作功能力 dG,另一部分是过程产生的热㶲。

为了简化分析,将吸热型碳氢燃料燃烧过程假定为定温放热反应过程和反应释放出的热与工质之间的传热过程。这样,碳氢燃料定温放热反应的 Gibbs 自由能变化和燃料㶲变化可分别表示如下:

$$\Delta G = \Delta H - T\Delta S \tag{5-107}$$

$$\Delta E_f = \Delta H - T_0\Delta S \tag{5-108}$$

由式(5-107)和式(5-108)可进一步得到:

$$\Delta E_f = \Delta H \eta_c + \Delta G(1 - \eta_c) \tag{5-109}$$

式中　η_c——卡诺循环效率。

式(5-109)表明,燃料㶲由两部分组成,燃烧过程输出的热㶲 $\Delta H\eta_c$ 和燃烧过程的㶲损失 $\Delta G(1-\eta_c)$。同时,上式不仅揭示了燃料㶲 E_f 与化学反应作功能力 ΔG 之间的关系,也揭示出减小燃烧损失的途径,即减小 $\Delta G(1-\eta_c)$。这样,通过减少燃烧损失的途径可使 $\Delta G(1-\eta_c)$ 中的一部分化学能通过新的能量释放方式进行有效利用,而不是以损失的形式被简单地"烧掉"。

而对于吸热型碳氢燃料超燃冲压发动机而言,吸热型碳氢燃料在冷却通道内吸热裂解为 H_2、CH_4 和 C_2H_4 等裂解混合气的过程,实际为间接燃烧过程。首先吸热型碳氢燃料与空气不直接接触,而是先进行吸热型反应,然后裂解生成的产物再进入燃烧室进行氧化放热反应。两个反应整合后的功能相当于燃料的直接燃烧反应,即燃料化学能释放通过两个过程来实现。因此,下面我们关注吸热型化学反应过程和超燃冲压发动机热力循环两者的有机结合对超燃冲压发动机的影响,是如何实现化学能梯级利用的。

5.3.2　能量梯级利用效果分析

为了便于比较直接燃烧方式与间接燃烧超燃冲压发动机可供利用的热㶲之间的差异,我们设定大分子吸热型燃料直接燃烧或小分子裂解气体混合物燃烧的反应温度一样,即对于无论是直接燃烧还是间接燃烧,高温燃烧产物的热㶲品位 η_c 相同。吸热型碳氢燃料裂解反应方程式可统一表示为

$$\text{航空煤油} \longrightarrow V_{c1} H_2 + V_{c2} CH_4 + \cdots + V_{c7} C_4 H_{10} + V_{c8} C_4 H_8 + V_{c9} C_5 +$$

$$(5-110)$$

那么,对于直接燃烧和间接燃烧两种不同的能量释放方式,其热㶲可分别表示如下,其中碳氢燃料直接燃烧的可供利用的热㶲:

$$\Delta E_{\text{ths}} = \Delta H_s \, \eta_c \qquad\qquad (5-111)$$

裂解气体混合物间接燃烧可供利用的㶲为

$$\Delta E_{\text{thc}} = \Delta H_c \, \eta_c - \Delta H_{\text{en}} \, \eta_{\text{en}} \qquad\qquad (5-112)$$

式中　ΔH_c ——间接燃烧过程的裂解产物混合气燃烧的反应焓,其不是各裂解反应物燃烧的平均反应焓,而是各反应生成物燃烧反应焓值加权求和的结果,加权系数为 1mol 燃料裂解生成的各裂解产物的摩尔数,即式(5-110)中的 V_{ci};

ΔH_{en} ——吸热型裂解反应所需的反应热;

η_{en} ——提供吸热型反应所需反应热的热源品位。

考虑到吸热型碳氢燃料裂解反应转化深度,在超燃冲压发动机实际运行过程中,仅有部分燃料发生吸热型反应生成小分子气体混合物,则参与燃烧反应的为未裂解完全的大分子吸热型碳氢燃料和部分裂解的小分子气体的混合物,未裂解的吸热型碳氢燃料仍然发生直接燃烧反应,而裂解后的小分子气体混合物发生间接燃烧反应。因此,参与燃烧反应的未裂解燃料和裂解产物组成的燃料裂解混合物可供利用的热㶲为

$$\Delta E_{\text{thmix}} = (1 - Z) \Delta E_{\text{ths}} + Z \Delta E_{\text{thc}} = \Delta H_s \, \eta_c + Z(\Delta H_c \eta_c - \Delta H_s \, \eta_c - \Delta H_{\text{en}} \eta_{\text{en}})$$

$$(5-113)$$

对比式(5-111)和式(5-113),相比于所有的吸热型碳氢燃料均进行直接燃烧反应,有吸热型反应发生的间接燃烧过程可利用的热㶲增量为

$$\Delta E_{\text{th}} = \Delta E_{\text{thmix}} - \Delta E_{\text{ths}} = Z \eta_c (\Delta H_c - \Delta H_s) - Z \Delta H_{\text{en}} \eta_{\text{en}} \qquad (5-114)$$

由式(5-114)可见,基于能量守恒方程,ΔH_c 可由 ΔH_s 和 ΔH_{en} 所决定,因此,增加的热㶲 ΔE_{th} 与吸热型反应深度 Z、燃烧反应产物品位 η_c、提供吸热型反应所需反应热的热源品位 η_{en} 和吸热型反应过程的反应热 ΔH_{en} 有关。

吸热型碳氢燃料超燃冲压发动机热㶲增加的原因一方面是由于提供的吸热型反应所需反应热 ΔH_{en} 增加了裂解产物的燃烧热值,另一方面是由于吸热型反应所需反应热 ΔH_{en} 的热源品位 η_{en} 比燃烧反应产物的品位 η_c 低。对于热裂解吸热型反应而言,裂解反应热温度一般在 700 ~ 1100K,而燃烧反应产物的温度一般在 2500K 以上。

下面再来对比分析一下吸热型反应发生后,超燃冲压发动机化学能梯级利用过程的变化。式(5-109)两端同时除以 ΔH 可以得到燃料品位的表达式,其中裂

解前大分子高能密度吸热型碳氢燃料的品位为

$$A_s = \eta_c + \frac{\Delta G_s}{\Delta H_s}(1 - \eta_c) \qquad (5-115)$$

裂解产物的品位为

$$A_c = \eta_c + \frac{\Delta \overline{G_c}}{\Delta \overline{H_c}}(1 - \eta_c) \qquad (5-116)$$

其中,式(5-115)和式(5-116)中右端第二项中 $B=\Delta G/\Delta H$ 的物理意义表征了化学反应 Gibbs 自由能的品位,卡诺循环效率 η_c 代表了物理能品位。式(5-115)中所示 $\Delta \overline{G_c}$ 和 $\Delta \overline{H_c}$ 分别为裂解产物摩尔平均 Gibbs 自由能和摩尔平均燃烧热值。

式(5-115)和式(5-116)表明燃料能的品位 A_f 的有效利用不仅与 η_c 有关,而且还与 $B(1-\eta_c)$ 紧密相关。对于已有的航空发动机而言,燃烧过程都是将燃料的化学能直接转换为物理能,仅将燃料能的品位简单地直接转化为物理能的品位 (η_c) 进行利用,$B(1-\eta_c)$ 被视作能的品位损失而被"消耗掉了"。既然 $B(1-\eta_c)$ 是构成燃料能的品位 A_f 的有效组成部分,就不应该仅仅消极地将其单纯地视为燃烧反应过程的品位损失。实际上,通过与不同化学反应过程的整合,$B(1-\eta_c)$ 可以获得有效利用。由此说明,燃料能的品位 A_f 只有充分利用 $B(1-\eta_c)$ 和 η_c,才能实现燃料物质能的综合有效梯级利用。并可推得裂解前的大分子高能密度吸热型碳氢燃料的品位 A_s 始终大于裂解反应生成的小分子产物的品位 A_c,即 $A_s>A_c$。

从上面的分析可以看出,吸热型化学反应过程的存在,恰恰实现了吸热型碳氢燃料化学能的梯级利用。即在直接燃烧前,通过增加吸热型碳氢燃料化学反应过程,使得吸热型碳氢燃料化学能品位首先降低到裂解混合气的化学能品位,即由 A_s 降为 A_c。因此,通过吸热型化学反应实现了逐级利用吸热型碳氢燃料的化学能,有助于降低蕴含在大分子吸热型碳氢燃料里的化学能与最终要转化的能量之间的品位损失。

由此可见,化学回热超燃冲压发动机相比于已有的其他类型的航空发动机,虽然基本热力循环均为 Brayton 循环,但是特别之处在于燃烧过程分为吸热型反应和裂解气燃烧两个过程来完成,实现了化学能的梯级利用。化学回热通道提供了实现能量梯级利用的化学反应器,其功能类似化学回热燃气轮机循环蒸汽重整过程中的重整反应器。间接燃烧的存在带来了多方面的优势,一方面:燃料的热值得到提高,燃气侧温度将进一步升高,使发动机出口绝对速度增加,推力相应提高,比冲也相应提高;另一方面:化学回热通道出口的燃料温度升高,并生成了的更高热值的小分子产物,其释热能力更强,使得进入燃烧室内的燃料品位降低,整个发动机燃烧过程的烟损失减少。

下面来具体分析一下超燃冲压发动机燃烧过程㶲损失减少和发动机可用㶲增加的关系。对于超燃冲压发动机大分子碳氢燃料直接燃烧反应,基于过程的㶲平衡关系有:

$$\Delta E_{fs} = \Delta E_{ths} + \Delta E_{Ls} \tag{5-117}$$

式中　ΔE_{fs}——直接燃烧反应大分子碳氢燃料㶲;

　　　ΔE_{Ls}——直接燃烧反应大分子碳氢燃料热㶲损失。

对于吸热型碳氢燃料吸热型反应过程的㶲平衡关系为

$$\Delta E_{fs} + \Delta E_{en} = \Delta E_{fc} + \Delta E_{Len} \tag{5-118}$$

式中　ΔE_{fc}——裂解产物混合气燃料㶲;

　　　ΔE_{en}——吸热型反应热㶲输入;

　　　ΔE_{Len}——吸热型反应过程㶲损失。

吸热型反应生成的裂解产物混合物燃烧反应过程的㶲平衡关系有

$$\Delta E_{fc} = \Delta E_{thc} + \Delta E_{Lc} \tag{5-119}$$

式中　ΔE_{Lc}——吸热型反应生成的裂解混合物燃烧反应过程的㶲损失。

由于设定吸热型碳氢燃料间接燃烧放热反应温度与直接燃烧反应温度相同,即燃烧产物有相同的高温燃气热品位 η_c,并根据式(5-109),则吸热型碳氢燃料直接燃烧的燃料㶲 ΔE_{fs} 和吸热型反应生成的小分子气体混合物间接燃烧的燃料㶲 ΔE_{fc} 可以分别进一步写为

$$\Delta E_{fs} = \Delta H_s \eta_c + \Delta G_s (1 - \eta_c) \tag{5-120}$$

$$\Delta E_{fc} = \Delta H_c \eta_c + \Delta G_c (1 - \eta_c) \tag{5-121}$$

式中　$\Delta H_s \eta_c$——大分子吸热型碳氢燃料的燃烧过程可供利用的热㶲;

　　　$\Delta H_c \eta_c$——小分子裂解产物的燃烧过程可供利用的热㶲。

考虑到吸热型碳氢燃料转换深度,仅有部分吸热型碳氢燃料发生吸热型反应,即随着吸热型反应深度的不同,参与间接燃烧的吸热型碳氢燃料比例在不断发生变化,则发生燃烧反应的吸热型碳氢燃料裂解混合物燃料㶲为

$$\Delta E_{fmix} = (1 - Z) \Delta E_{fs} + Z \Delta E_{fc} = (1 - Z) [\Delta H_s \eta_1 + \Delta G_s (1 - \eta_1)]$$
$$+ Z [\Delta H_c \eta_1 + \Delta G_c (1 - \eta_1)] \tag{5-122}$$

式(5-122)表明吸热型碳氢燃料裂解混合物的燃料㶲由两部分组成:一部分为未裂解吸热型碳氢燃料的燃料㶲,另一部分为小分子裂解产物的燃料㶲。

相对于吸热型碳氢燃料传统直接燃烧,超燃冲压发动机小分子裂解产物间接燃烧的相对收益 ξ 可表示为

$$\xi = \frac{\Delta E_{th}}{\Delta H_s B_s (1 - \eta_1)} \tag{5-123}$$

式中　$\Delta H_s B_s (1 - \eta_1)$——碳氢燃料直接燃烧过程化学能损失;

ξ——相对收益,表示经间接燃烧过程回收利用的可用㶲占直接燃烧化学能损失的百分比。分析式(5-123)可得燃烧反应 Gibbs 自由能的品位 B 在决定间接燃烧的相对收益 ξ 方面起着重要作用。对于吸热型碳氢燃料冷却超燃冲压发动机,由于吸热型反应的存在构建了间接燃烧过程,整个发动机热力过程的化学能品位将得到梯级利用。燃烧反应 Gibbs 自由能的品位 B 的有效利用将提升物理能作功能力;同时,燃烧反应 Gibbs 自由能品位的充分利用将减小燃料化学能转化为物理能过程的品位损失。

例如,图 5-19 即为根据碳氢燃料裂解实验数据[20]计算出的不同反应压力下,相对收益率随反应温度的变化规律。由图可知,裂解反应温度的提高有利于碳氢燃料吸热生成小分子气态产物,这是因为无论是烯烃还是烷烃,碳原子数越少化学能品位越低,如图 5-20 所示。提高裂解温度有利于提高产物中小分子产物的

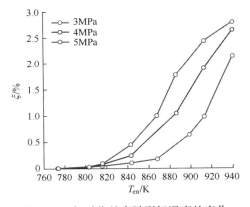

图 5-19 相对收益率随裂解温度的变化

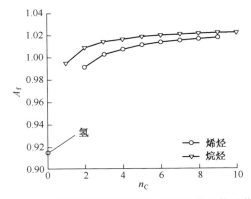

图 5-20 不同碳原子数烷烃、烯烃的化学能品位

比例,从而降低混合气的平均化学能品位,如图 5-21 所示。这样便降低了燃料化学能品位与燃烧热品位的差,进而提高相对收益率。同理,增大反应压力也可以在相同反应温度的条件下提高相对收益率,因为提高反应压力同样有利于提高裂解深度,降低生成物的平均化学能品位[21]。

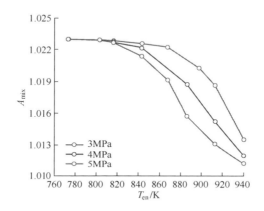

图 5-21 裂解气平均品位随裂解温度变化规律

5.4 本章小结

本章主要分析了再生冷却对超燃冲压发动机性能的影响。通过建立燃烧冷却耦合准一维模型,分析了冷却与燃烧的耦合效应。主要体现在以壁面传热为纽带的大分子燃料通道内裂解过程与小分子裂解气超声速燃烧过程之间存在强烈的耦合作用,必须综合考虑与计算。对喷管进行壁面冷却能够实现针对膨胀过程的回热。膨胀过程的回热能够显著提升发动机性能,且取热温度越低、取热量越大性能增益越明显。对于碳氢燃料超燃冲压发动机,再生冷却过程实际也是燃料的能量梯级利用过程。通过构建将大分子碳氢燃料先裂解为小分子裂解气,然后再进行燃烧的两级化学能量释放过程,可以显著降低燃料化学㶲因燃烧造成的㶲损失,提升燃料能量的相对收益率,进而提升发动机能量利用水平与循环效率。

参考文献

[1] Cismondi M, Mollerup J. Development and application of a three-parameter RK-PR equation of state [J]. Fluid Phase Equilibria, 2005, 232(1): 74-89.

［2］ Amal M, Roda B, Celine L, et al. Development of a detailed kinetic model for the combustion of biomass［J］. Fuel, 2019, 242: 756-774.

［3］ PinkowskiN, Ding Y, Johnson S, et al. A multi-wavelength speciation framework for high-temperature hydrocarbon pyrolysis［J］. Journal of Quantitative Spectroscopy & Radiative Transfer, 2019, 225: 180-205.

［4］ Ward T A, Ervin J S, Zabarnick S, et al. Pressure effects on Flowing Mildly-Cracked n-decane［J］. Journal of Propulsion and Power, 2005, 21(2): 344-355.

［5］ Ward T, Ervin J S, Striebich R C, et al. Simulations of flowing mildly-cracked normal alkanes incorporating proportional product distributions［J］. Journal of Propulsion and Power, 2004, 20(3): 394-402.

［6］ ZhangD, Feng Y, Zhang S, et al. Quasi-One-Dimensional model of Scramjet combustor coupled with regenerative cooling［J］. Journal of Propulsion and Power, 2016, 32(3): 687-697.

［7］ Cheng K L, Qin J, Sun H C, et al. Performance assessment of a Closed-Recuperative-Brayton-Cycle based integrated system for power generation and engine cooling of hypersonic vehicle［J］. Aerospace Science and Technology, 2019, 87: 278-288.

［8］ Birzer C H, Doolan C J. Quasi-One-Dimensional model of hydrogen-fueled Scramjet combustors［J］. Journal of Propulsion and Power, 2009, 25(6): 1220-1225.

［9］ Kundu K P, Penko P F, Yang S L. Reduced reaction mechanisms for numerical calculations in combustion of hydrocarbon fuels［C］.Aerospace Sciences Meeting & Exhibit.36th, Reno, 1998.

［10］ 艾青, 夏新林, 孙凤贤. 壁面热特性对超声速燃烧室热环境的影响［J］. 工程热物理学报, 2009, 30(8): 1373-1375.

［11］ Heiser W H, Pratt D T. Hypersonic Airbreathing Propulsion［M］. Reston: AIAA, 1994.

［12］ 段艳娟. 超燃冲压发动机主动热防护结构及性能优化研究［D］. 哈尔滨: 哈尔滨工业大学, 2012.

［13］ 童景山. 流体热物性学［M］.北京: 中国石化出版社, 2008.

［14］ O'Brien T F, Starkey R P, Lewis M J. Quasi-one-dimensional high-speed engine model with finite-rate chemistry［J］. Journal of Propulsion and Power, 2001, 17(6): 1366-1374.

［15］ Torrez S M, Dalle D J, Driscoll J F. New method for computing performance of choked reacting flows and ram-to-scram transition［J］. Journal of Propulsion and Power, 2013, 29(2): 433-445.

［16］ Kee R J, Rupley F M, Miller J A. CHEMKIN-Ⅱ: A fortran chemical kinetics package for the analysis of gas phase chemical kinetics［R］. Sandia National Lab., Rept. SAND89-8009B, Albuquerque, 1989

［17］ Cheng K L, Feng Y, Jiang Y G, et al. Thermodynamic analysis for recuperation in a Scramjet nozzle with wall cooling［J］. Applied Thermal Engineering, 2017, 121: 153-162.

［18］ 金红光, 洪慧, 王宝群. 化学能与物理能综合梯级利用原理［J］. 中国科学 E 辑, 2005, 35(3): 299-313.

［19］ Zhang D, Cheng K L, Zhang S L, et al. Graphical exergy analysis for a Scramjet thermodynamic performance evaluation［J］. International Journal of Exergy, 2016, 21(2): 136-156.

［20］ Zhou W X, Jia Z J, Qin J, et al. Experimental study on effect of pressure on heat sink of n-decane［J］. Chemical Engineering Journal, 2014, 243: 127-136.

［21］ Qin J, Cheng K L, Zhang S L, et al. Analysis of energy cascade utilization in a chemically recuperated scramjet with indirect combustion［J］. Energy, 2016, 114: 1100-1106.

第6章　热防护方法提升途径及新方向

本书前几章对碳氢燃料超燃冲压发动机的热环境、热防护基本方式以及其最佳冷却方式——再生冷却方法进行了详细的介绍。不难发现，碳氢燃料超燃冲压发动机经过多年的发展，目前其热防护技术已经成为限制其性能提升的关键，如何有效地提升热防护系统的性能，开发热防护方法新方向成为高超声速推进技术领域的研究人员必须面临的一个问题。

高超声速推进热防护技术未来的发展大体可分为两个方面。一个方面是在现有技术基础上有所突破，进行更加深入的发展，如对跨临界化学反应流动换热过程的进一步深入理解等。另一个方面则是需要引入新技术和新思想，打破现有的体系，如引入低阻强化换热方法、组合冷却技术等。

本章对现有技术基础的突破部分不做赘述，主要从引入新技术和新思想的角度对碳氢燃料超燃冲压发动机热防护系统的提升途径及新方向进行介绍。

6.1　热防护效果提升新技术思路简介

对于碳氢燃料超燃冲压发动机来说，其传统热防护技术主要为再生冷却技术，这一冷却技术属于强制对流换热外冷却技术，由于超声速燃烧的特殊性，其相对热载荷(热流密度与冷却流量的比值)极大，且具有很强的分布参数特性。针对上述特性，可以引入强制对流换热调控手段以及针对外冷却的辅助冷却手段来提升单一再生冷却技术的性能。

引入强制对流换热调控手段主要是在再生冷却通道内部引入能够打破热边界层、流动边界层以及化学反应分层的扰流强化换热结构，从而起到能够调控换热和化学反应进程的目的，为再生冷却系统的优化提供新的设计裕度。需要注意的是，对流换热调控手段往往伴随着压力损失的加剧，这对于发动机来说是需要特别注意的，因此这里的换热调控手段一般是低阻换热调控手段。

引入辅助冷却手段主要思路是根据冷却的三种原理，一种为吸热型冷却，一种为隔热型冷却,另外一种为辐射散热型冷却。由于辐射散热型冷却仅适用于热载荷较低的区域,因此超燃冲压发动机可以采用的组合冷却手段一般是吸热型冷却和隔热型冷却的结合,而这种结合又分为主动型冷却方式间的结合和主被动冷却方式间的结合,从而出现了再生/膜复合冷却、再生/发汗复合冷却和主/被动复合热防护等几种方式。

综合以上思路,本书主要介绍以下几种热防护提升新技术:

（1）低阻强化换热调控技术;

（2）主/被动复合热防护技术;

（3）再生/膜复合冷却技术;

（4）再生/发汗复合冷却技术。

6.2 低阻强化换热调控技术

在本书第3章已经详细地阐述过,超燃冲压发动机的再生冷却通道是单侧加热的,且相对热载荷极大(热载荷与冷却剂流量的比值),冷却通道中的热分层和化学反应分层现象十分严重,对冷却通道的传热和燃料热沉的利用十分不利,再生冷却系统的冷却能力因此受限;另外,冷却通道内压力与冷却剂的临界压力较为接近,这也就导致在冷却通道中,冷却剂在通道横截面上物性的变化较为剧烈,在热流密度较高的情况下可能会产生超临界压力下的"伪膜态沸腾",从而产生传热恶化[1]。严重的传热恶化会烧毁冷却通道结构,甚至破坏发动机结构。

低阻强化换热调控手段是以一些特殊结构来破坏再生冷却通道的热边界层和流动边界层以及化学反应分层,从而起到调控换热的作用。

在超燃冲压发动机再生冷却研究中,冷却通道强化换热调控的研究刚刚兴起,研究结论尚少,哈尔滨工业大学的曹杰、李欣硕士率先开展了相关的研究。目前的研究中,一般根据低阻和强化换热两方面的需求来选取强化换热调控手段,以微肋和凹陷涡为主。图6-1是凹陷涡在超燃冲压发动机再生冷却通道中的一种布置方式,研究发现(图6-2和图6-3),凹陷的加入能够大大提升通道的换热水平,当前单排等间距布置的方式使传热性能为光滑通道的1.64倍,而压力损失仅为1.33倍;凹陷的加入能够大大缓解热分层现象,并抑制传热恶化,但不能彻底消除传热恶化。

图6-4是微尺度肋结构在再生冷却通道当中的排布示意图。图6-5和图6-6分别为光滑通道与带肋通道的沿程壁面温度和换热系数分布。通过与光滑通道的换热情况对比研究表明,在通道底面加入微肋结构能将通道综合传热能力提高近70%。同时,微肋结构的加入能够推迟传热恶化的发生,并且减弱通道内的热分层。

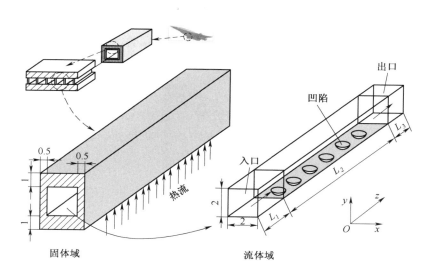

图 6-1　带有凹陷涡结构的再生冷却通道示意图(单位:mm)

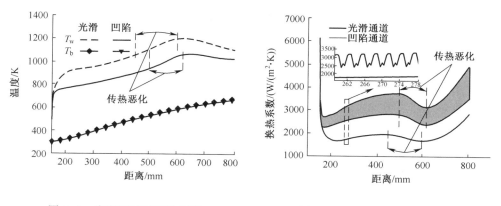

图 6-2　光滑通道和凹陷通道　　　　图 6-3　光滑通道和凹陷通道
　　　　内沿程温度分布　　　　　　　　　　　内沿程换热系数

　　总体来说,超燃冲压发动机再生冷却通道的低阻强化传热调控研究刚刚起步,涉及超临界碳氢燃料在微小通道内的跨临界、湍流传热及热裂解等过程,较为复杂。后续加强这方面研究,揭示低阻强化热换调控手段对冷却通道内化学反应流动换热特性的影响,将会对再生冷却系统性能的提升大有裨益,更多低阻强化换热调控技术的相关内容可详见参考文献[2-8]。

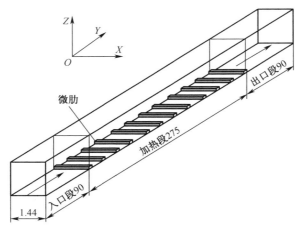

图 6-4　带有微肋的再生冷却通道结构示意图(单位:mm)

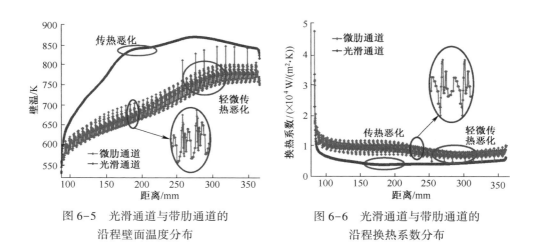

图 6-5　光滑通道与带肋通道的
沿程壁面温度分布

图 6-6　光滑通道与带肋通道的
沿程换热系数分布

■6.3　主/被动复合热防护技术

　　主/被动复合热防护是将耐高温材料的部分隔热功能与再生冷却相结合,实现主动热防护和被动热防护的优势互补,可使发动机在更高马赫数安全运行。

　　主/被动复合热防护技术的原理如图 6-7 所示,耐高温复合材料层被放置在金属燃烧室壁面的内侧。高温燃气流经由复合材料组成的燃烧室通道,而外层的冷却通道仍然是金属。复合材料层单纯依靠本身的耐高温特性来承受燃烧室传导过来的热量,称为被动层;主动冷却通道仍和原来主动热防护相同,金属壁面称为主动层。这种结构的优势在于:降低燃烧室热流密度,从而降低冷却剂热沉的需求;为主动冷却系统的结构设计提供了更大裕度;主动结构工作温度降低,机体强度要求降低;在被动热防护基础上加上主动热防护可使耐热材料的温度适当降低,从而降低对被动结构的强度和刚度要求。

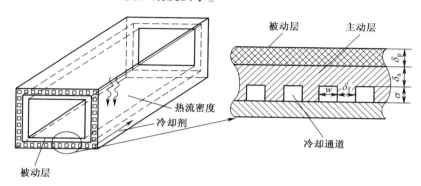

图 6-7　主/被动结合热防护结构示意图

国内哈尔滨工业大学段艳娟、张聪博士对主/被动复合热防护技术进行了初步的方案研究,针对这一复合热防护技术提出了设计方法,如图 6-8 所示。其主要设计思路为:在当前超燃冲压发动机主动热防护的热流水平下,评估被动热防护结构分担不同热载荷时的壁面温度水平,分析其在降低燃烧室热载荷水平方面的优势。通过确定被动结构承担热载荷比例,获得被动材料的导热系数和厚度之间的关系,给出被动热防护结构的合理厚度,通过其导热系数以及耐热温限从现有材料体系里选取。

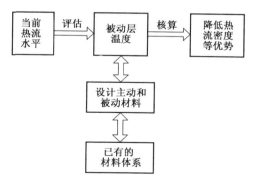

图 6-8　主被动复合热防护总体设计方法

和主动热防护相比,被动复合热防护的被动层相当于承担了主动热防护的一部分热负荷,分担热载荷的比例由主动层和被动层的结构来确定,而且被动层材料的物性也会影响热载荷比例。确定主动层与被动层的载荷比例是主被动复合热防护方案的核心设计原则。图6-9和图6-10分别是主被动复合热防护技术下超燃冲压发动机燃烧室壁面的温度和热流密度分布图。从图上可以看到,主被动复合热防护技术在原理上具有非常大的优势,但是在面向更高马赫数超燃冲压发动机实际应用中还需要特别关注金属壁面与非金属材料的热变形协调问题、接触热阻问题等,更多主被动复合热防护技术的相关内容可参考文献[9-14]。

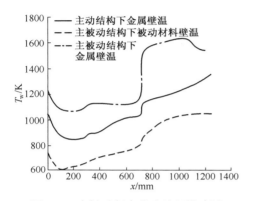 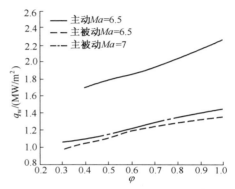

图6-9　主被动复合热防护超燃冲压
发动机燃烧室壁面温度分布

图6-10　主被动复合热防护超燃冲压
发动机燃烧室壁面热流密度分布

■6.4　再生/膜复合冷却技术

气膜冷却由于结构简单、冷却效果好、减阻、不易结焦等特点,被认为是非常有前途的辅助冷却方式之一[15-17]。由于发动机飞行马赫数较高,导致来流空气总温过高而无法直接作为气膜冷却的冷却剂($Ma=5$时,来流空气总温可达1200K),因此燃料是唯一可行的气膜冷却剂。然而,携带气膜冷却所需的额外燃料对发动机的影响将超过气膜冷却给发动机带来的增益。对于碳氢燃料超燃冲压发动机而言,由于燃烧室主流温度较高,相较于高温主流,高温燃料作为气膜冷却剂将仍具有冷却能力,因此可以采用再生冷却通道出口部分裂解或未裂解的高温燃料(700~1000K)作为气膜冷却的冷却剂,在不增加额外燃料质量流量的前提下,采用碳氢燃料作为冷却剂的再生/气膜复合冷却方法。

再生/气膜复合冷却原理如图6-11所示。首先,燃料经由燃料泵的加压进入冷却通道进行再生冷却,燃料流经冷却通道并不断吸热升温至其临界温度以上,之后,冷却通道出口的高温高压燃料分为两个部分:一部分燃料直接喷入燃烧室中进行燃烧;另一部分燃料(具体数值需要结合发动机性能做详尽的研究)经过一系列降压增速等手段,最终通过燃烧室壁面上布置的一个或多个气膜冷却环平行喷注到燃烧室壁面进行超声速气膜冷却。

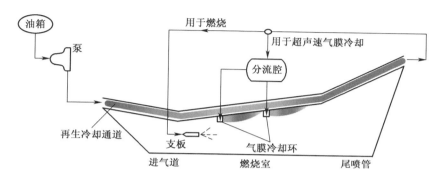

图 6-11　再生/膜复合冷却方案示意图

对于超燃冲压发动机再生/气膜复合冷却方面,日本研究者研究了再生/气膜组合冷却方式对氢燃料超燃冲压发动机性能的影响[18]。对于碳氢燃料超声速气膜冷却相关的研究仍处于尚在起步的阶段。目前,哈尔滨工业大学左婧滢、章思龙等[19]建立了碳氢燃料超燃冲压发动机再生/气膜复合冷却一维计算模型,基于该模型评估了相较于单一再生冷却而言再生/气膜复合冷却方式对发动机整体冷却性能的影响。

如图 6-12 所示对比了再生冷却和再生/气膜复合冷却两种冷却方式主流侧壁面温度。从图中可以看到,气膜冷却的加入能够有效降低沿程的壁面温度值,将主流侧壁面温度的最大值降低 60K 左右。如图 6-13 和图 6-14 所示对比了两种冷却方式下再生冷却通道中燃料沿程平均温度及沿程裂解率,加入气膜冷却能够有效降低冷却通道内燃料的温度,从沿程裂解率的对比能够直观地看出气膜冷却的加入使得冷却通道出口处燃料裂解率降低 16.7%, 极大地提高了再生冷却通道中作为冷却剂的燃料的使用裕度。

从图 6-12 和图 6-14 两种冷却方式的对比中能够直观地看到相较于单一再生冷却方式,再生/气膜复合冷却在不增加额外燃料质量流量的前提下仍具有良好的冷却能力:一方面,气膜冷却的加入为再生冷却带来显著的增益,提升了再生冷却通道中燃料的冷却能力;另一方面,能够有效降低壁面热流以及壁面温度,起到有效保护燃烧室壁面的作用。

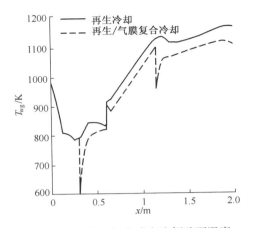

图 6-12 两种冷却方式主流侧壁面温度
分布

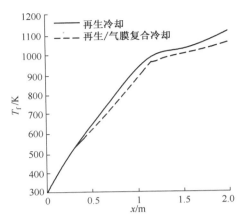

图 6-13 两种冷却方式冷却通道内燃料
平均温度

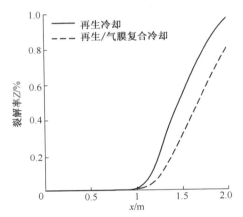

图 6-14 两种冷却方式再生通道内燃料裂解率分布

6.5 再生/发汗复合冷却技术

发汗冷却与气膜冷却相同,同样也是一种对处于高温条件下的壁面进行冷却,使之不被烧毁同时延长其使用寿命的冷却方法[20]。一般情况下,冷却剂在压力的驱动下流过多孔材料或者层板制成的壁面,渗入到高温主流,在受保护壁面形成一层均匀且连续的膜结构,从而起到保护壁面的作用。发汗冷却技术作为非常有效的保护暴露在高温环境下部件的一种重要热防护措施,已经在许多军用技术以及民用需求方面获得特殊应用,如火箭发动机喷管、航空发动机燃烧室、燃气轮机叶片等部件[21-24]。再生冷却与发汗冷却的结合,可以在受保护壁面形成一层连续均匀的膜结构,进而保护壁面,减轻再生冷却的负担,是未来一种有效提升发动机整体冷却性能的组合冷却方案。

图 2-8 给出了发汗冷却原理示意图,其中壁面为层板结构或者多孔介质材料;当多孔板两端存在温度梯度时,气体将从冷端流向热端,从层板中溢出受热壁面,形成一层连续且均匀分布的膜结构,以保护燃烧室内壁,使之不被高温主流所烧毁,并减轻再生冷却的压力。由此可知,再生/发汗组合冷却方案是一种共用冷却剂通道的主动冷却方式,相比于再生冷却,不同之处在于局部冷却通道壁面为层板结构或者多孔介质材料;相比于再生/气膜组合冷却,其孔径更密集和细小,可视为气膜冷却的一种极限形式,这种形式相比于一般气膜冷却,能够形成更均匀且连续的隔热屏障,因此具有更优异的冷却性能[25]。

但是值得指出的是,由于发汗冷却材料疏松多孔,当受热面出现局部过热时,会引起该处的局部流阻增加,发汗介质在此处的流量减小,使发汗介质不经过热区而由相通的多孔流道流向别处,继而出现局部过热处的扩大和恶化,导致燃烧室的内表面出现烧蚀[26]。另外,对于液体火箭发动机应用而言,燃烧室高温高压的恶劣工作环境,也对发汗冷却材料的强度提出了更高要求。由于这些缺陷,发汗冷却方式在可重复使用液体火箭发动机等场合的应用也受到了阻碍。特别地,对于碳氢燃料超燃冲压发动机而言,还要考虑燃料在发汗冷却孔隙结构中的高温结焦问题,一旦结焦发生,部分发汗孔将被堵塞,会产生局部过热烧毁现象,致使整个冷却过程的失败。

因此,再生/发汗组合冷却方案一方面带来了冷却性能的提升,并有助于减小壁面摩擦阻力;同时,考虑到碳氢燃料在发汗冷却孔隙结构中的结焦风险,也不可避免烧蚀和材料强度极限等隐患,相比于再生/气膜组合冷却方案的可靠性更低,其在未来的应用依然面临着挑战。

参考文献

[1] 章思龙. 碳氢燃料超燃冲压发动机再生/膜复合冷却特性研究[D]. 哈尔滨:哈尔滨工业大学, 2016.

[2] Chung J, Tully L, Kim J H, et al. Evaluation of open cell foam heat transfer enhancement for liquid rocket engines[C].42nd AIAA/ASME/SAE/ASEE Joint Propulsion Conference & Exhibit,Sacramento,2013.

[3] Betti B, Nasuti F, Martelli E. Numerical evaluation of heat transfer enhancement in rocket thrust chambers by wall ribs[J]. Numerical Heat Transfer Part a Applications, 2014, 66(5):488-508.

[4] 唐丽君. 超临界压力下低温甲烷在肋片冷却圆管中的强化传热的数值模拟研究[D]. 杭州:浙江大学,2014.

[5] Xu K, Tang L, Meng H. Numerical study of supercritical-pressure fluid flows and heat transfer of methane in ribbed cooling tubes[J]. International Journal of Heat & Mass Transfer, 2015,84:346-358.

［6］谢凯利．小尺度矩形通道内碳氢燃料流动及强化传热研究［D］．哈尔滨:哈尔滨工业大学,2015.

［7］曹杰．超临界碳氢燃料流动及凹陷强化传热数值研究［D］．哈尔滨:哈尔滨工业大学,2017.

［8］Li Xin,Qin Jiang,Zhang Silong,et al. Effects of micro-ribs on the thermal behavior of transcritical n-Decane in asymmetric heated rectangular mini-channels under near critical pressure［J］. Journal of Heat and Transfer, 2018,140:122402-1.

［9］Willard C, Giel D, Raffoul C. Scramjet /Ramjet design and integration trade studies using SRHEAT,［C］. 45th AIAA/ASME/SAE/ASEE Joint Propulsion Conference & Exhibit,Dener,2009.

［10］王厚庆，何国强，刘佩进，等．主动冷却超燃冲压发动机最大工作马赫数评估［J］．固体火箭技术, 2010,33(4):377-381.

［11］Bouquet C,Lacombe A,Hauber B. Ceramic matrix composites cooled panel development for advanced propulsion systems［C］. 45th AIAA/ASME/ASCE/ AHS/ASC Structures, Structural Dynamics & Materials Conference,California,2004.

［12］Bouchez M, Beyer S. PTAH-SOCAR fuel-cooled composite materials structure for dual-mode ramjet and liquid rocket engines-2009 status［C］. 6th AIAA/DLR/DGLR International Space Planes and Hypersonic Systems and Technologies Conference,Bremen,2009.

［13］Fellner M, Supancic P. Thermal shock failure of brittle materials［J］.Key Engineering Materials, 2002, 223: 97-106.

［14］Valdevit L, Vermaak N, Hsu K. Design of actively cooled panels for Scramjets［C］. 14th AIAA/AHI Space Planes and Hypersonic Systems and Technologies Conference,Canberra,2006.

［15］Cary A M,Hefner J N. Film-cooling effectiveness and skin friction in hypersonic turbulent flow［J］. AIAA Journal, 1972, 10(9): 1188-1193.

［16］Peng W, Jiang P X. Effect of shock waves on supersonic film cooling with a slotted wall［J］. Applied Thermal Engineering, 2014, 62(1):187-196.

［17］Peng W, Sun X K, Jiang P X. Effect of coolant inlet conditions on supersonic film cooling［J］. Journal of Spacecraft and Rockets, 2015, 52(5):1456-1464.

［18］Kanda T, Masuya G, Ono F, et al. Effect of film cooling/regenerative cooling on scramjet engine performances ［J］. Journal of Propulsion and Power, 1994, 10(5): 618-624.

［19］Zuo J, Zhang S, Qin J, et al. Performance evaluation of regenerative cooling/film cooling for hydrocarbon fueled scramjet engine［J］. Acta Astronautica, 2018,148:57-68.

［20］Reynolds O. Note on thermal transpiration［C］. Proceedings of the Royal Society of London,Londn,1879.

［21］Chen F,Bowman W J,Bowersox R. Effect of transpiration cooling on nozzle heat transfer［J］. Journal of spacecraft and rockets,1996,33(3): 453-455.

［22］Landis J A,Bowman W. Numerical study of a transpiration cooled rocket nozzle［C］. 32nd Joint Propulsion Conference and Exhibit,Vista,1996.

［23］Liu Y Q,Jiang P X,Xiong Y B,et al. Experimental and numerical investigation of transpiration cooling for sintered porous flat plates［J］. Applied Thermal Engineering,2013,50(1):997-1007.

［24］Pallares J, Grau F X. A modification of a Nusselt number correlation for forced convectionin porous media［J］. International Communications in Heat and Mass Transfer, 2010, 37(9):1187-1190.

［25］熊宴斌．超声速主流条件发汗冷却的流动和传热机理研究［D］．北京:清华大学, 2013.

［26］郑宽．气膜冷却在超燃冲压发动机上的应用及影响因素研究［D］．哈尔滨:哈尔滨工业大学,2016.

图 1-4　热流计实物照片

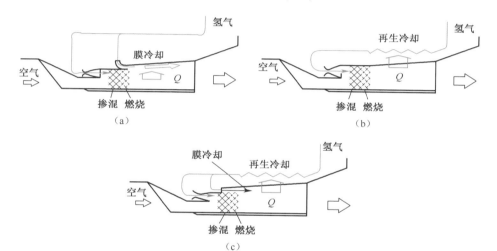

图 2-5　三种冷却系统示意图

(a)膜冷却;(b)再生冷却;(c)组合冷却。

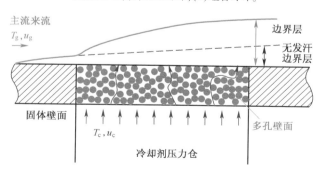

图 2-8　发汗冷却原理示意图[41]

u_g—燃气流速;u_c—冷却流速。

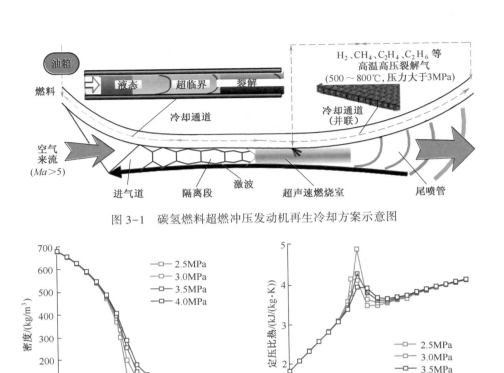

图 3-1　碳氢燃料超燃冲压发动机再生冷却方案示意图

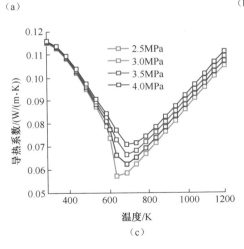

图 3-2　不同近临界压力下正癸烷物性随温度变化(正癸烷为航空煤油主要替代物之一)

(a)密度;(b)定压比热;(c)导热系数。

高超声速冲压发动机热防护技术

彩二

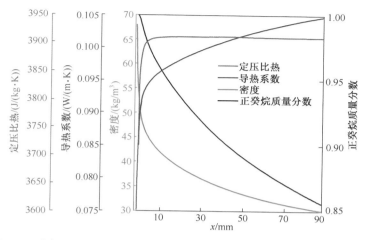

图 3-3 冷却通道内流体密度、导热系数、定压比热与正癸烷质量分数变化

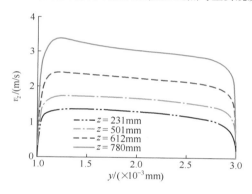

图 3-15 光滑通道内沿程 4 个不同位置处通道中心线上速度分布

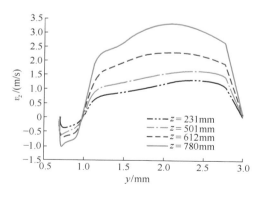

图 3-16 凹陷通道内沿程 4 个不同位置处通道中心线上速度分布

高超声速冲压发动机热防护技术

彩三

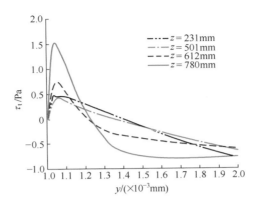

图 3-17　光滑通道内沿程 4 个不同位置处通道中心线上湍流切应力分布

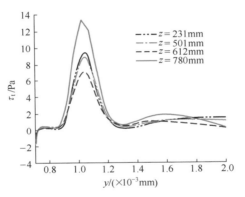

图 3-18　凹陷通道内沿程 4 个不同位置处通道中心线上湍流切应力分布

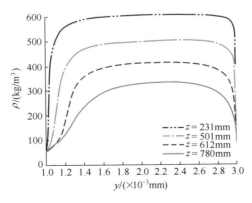

图 3-19　光滑通道内沿程 4 个不同位置处通道中心线上密度分布

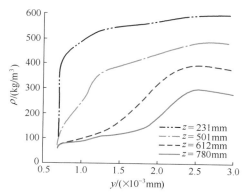

图 3-20　凹陷通道内沿程 4 个不同位置
处通道中心线上密度分布

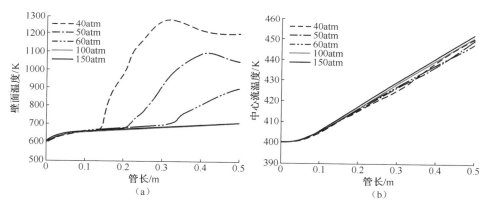

图 3-21　热流密度为 $1MW/m^2$ 时不同压力下的壁面温度和流体温度沿程变化（$1atm=1.01\times10^5Pa$）
（a）壁面温度；（b）中心流温度。

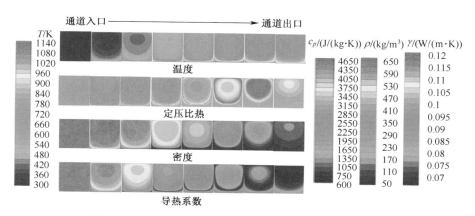

图 3-23　冷却通道内热分层作用下流体温度与物性分布

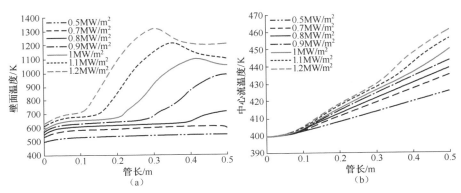

图 3-24　压力为 5MPa 时不同热流密度下的壁面温度和中心流温度沿程变化

（a）壁面温度；（b）中心流温度。

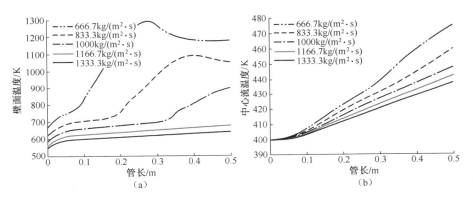

图 3-25　压力为 60atm 时不同质量流速下的中心流温度

（a）壁面温度；（b）中心流温度。

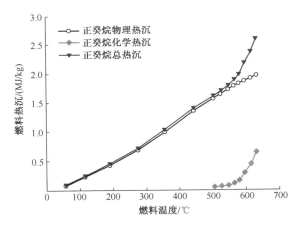

图 3-27　背压 3MPa，入口流速 40mL/min 下，正癸烷物理、化学热沉与温度的变化曲线

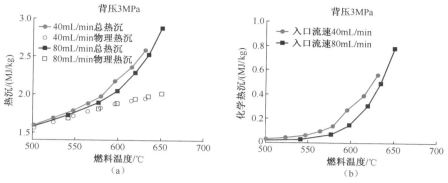

图 3-29　入口流速对正癸烷热沉的影响

（a）正癸烷物理热沉和总热沉；（b）正癸烷化学热沉。

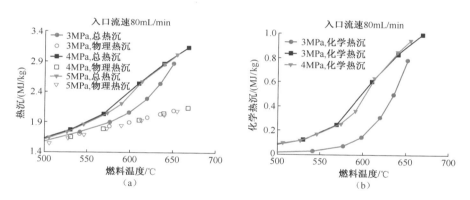

图 3-30　出口压力对正癸烷热沉的影响

（a）不同压力下正癸烷总热沉及物理热沉；（b）不同压力下正癸烷化学热沉。

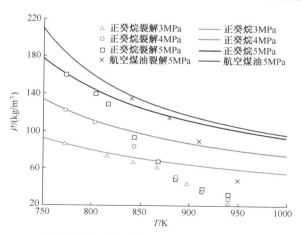

图 3-32　正癸烷和某型航空煤油及其裂解混合油气的密度对比

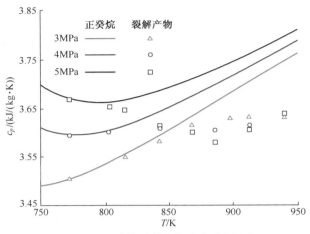

图 3-33　正癸烷及其裂解产物定压比热

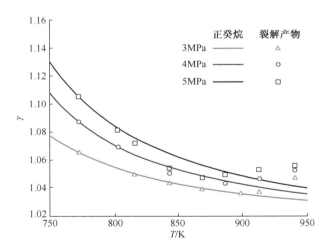

图 3-34　正癸烷及其裂解产物比热比

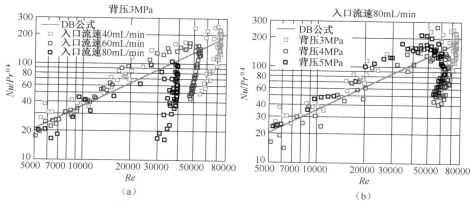

图 3-37 裂解条件下 $Nu/Pr^{0.4}$ 与 Re 的关系曲线

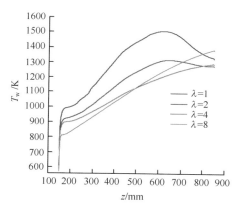

图 4- 0 不同高宽比下燃气侧壁面温度沿程分布(背压 3MPa)

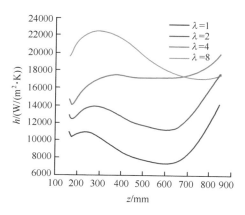

图 4-31 不同高宽比下换热系数沿程分布(背压 3MPa)

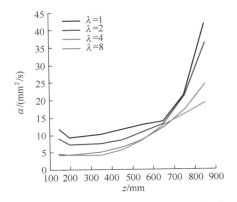

图 4-32 不同高宽比下平均热扩散系数沿程分布(背压 3MPa)

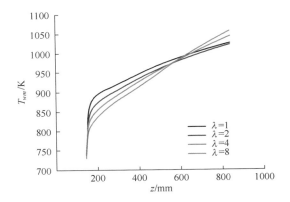

图 4-33 化学反应区不同高宽比下冷却通道湿周温度沿程分布

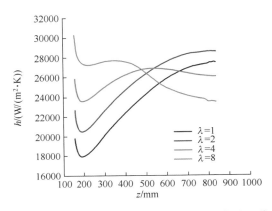

图 4-34 化学反应区不同高宽比下换热系数沿程分布

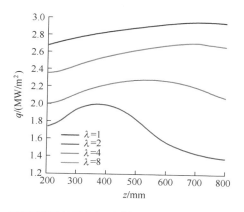

图 4-35　不同高宽比下冷却通道被加热面中心线热流密度分布

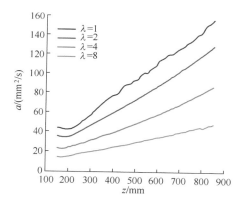

图 4-36　不同高宽比下平均热扩散系数沿程分布

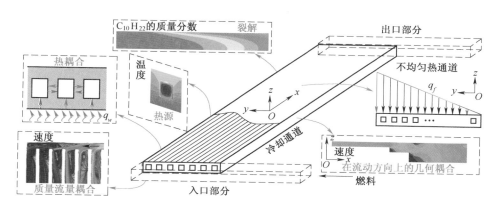

图 4-41　碳氢燃料并联通道流量分配问题分析

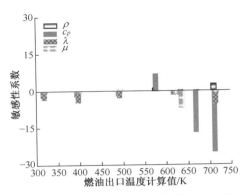

图 4-43　油温偏差对不同物性敏感性系数

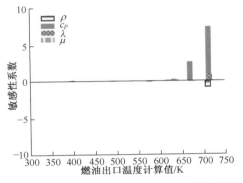

图 4-44　偏差管流量对不同物性敏感性系数

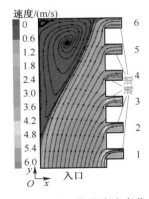

图 4-55　入口分流腔速度分布

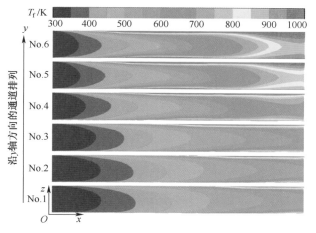

图 4-56 跨临界温区 U 型并联通道中心面温度云图

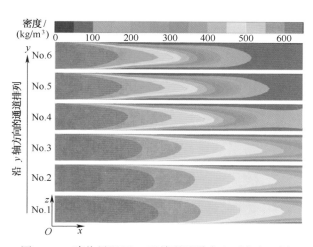

图 4-57 跨临界温区 U 型并联通道中心面密度云图

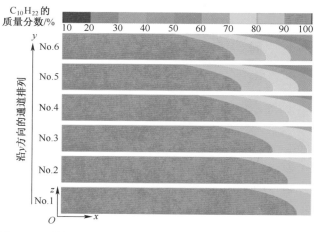

图 4-62 裂解温区 U 型并联通道中心面正十烷质量分数云图

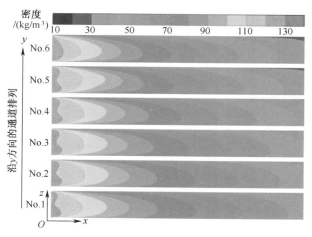

图 4-63 裂解温区 U 型并联通道中心面密度云图

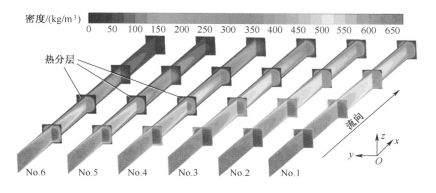

图 4-65　热流诱因算例不同通道中密度云图

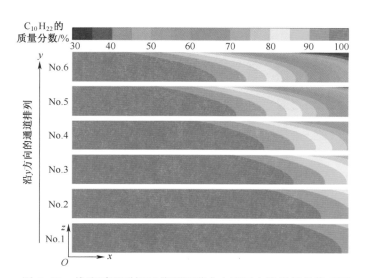

图 4-67　热流诱因裂解区并联通道中心面正十烷质量分数云图

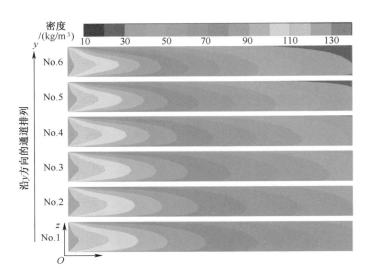

图 4-68 热流诱因裂解区并联通道中心面密度云图

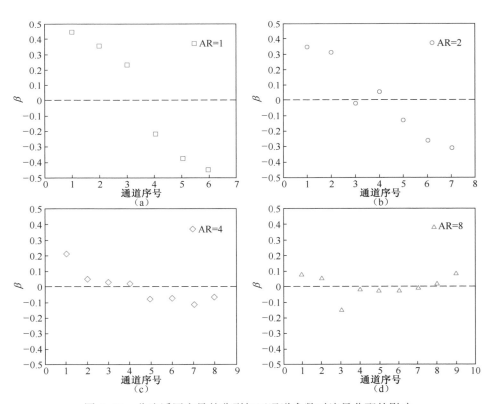

图 4-69 分流诱因主导的非裂解区通道参数对流量分配的影响

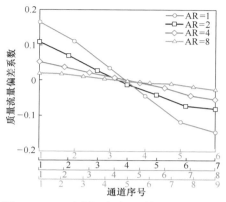

图 4-70　U 型分汇流腔下裂解区流量分配

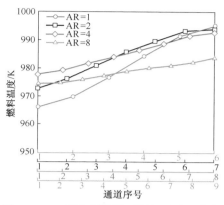

图 4-71　U 型分汇流腔下裂解区油温分布

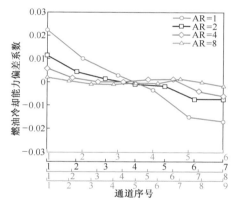

图 4-72　U 型布置裂解区燃料热沉利用分布

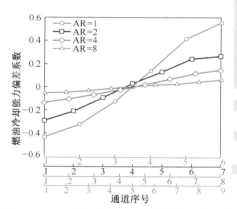

图 4-73　U 型布置下裂解区燃料转化率分布

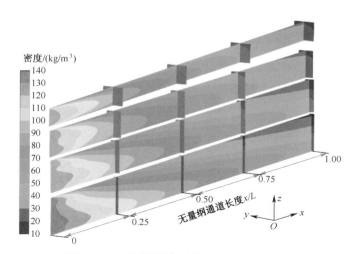

图 4-74　不同算例中最热通道的密度云图

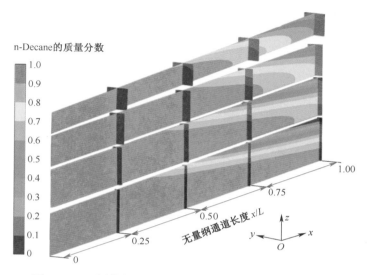

图 4-75　不同算例中最热通道的 n-Dencae 质量分数云图

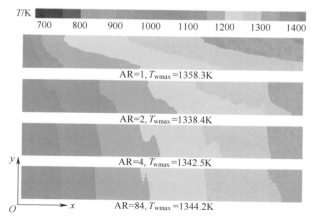

图 4-76　U 型分汇流腔作用裂解区壁面温度

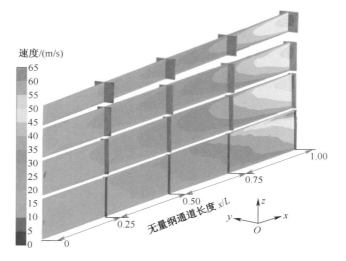

图 4-77 不同算例中最热通道速度分布云图

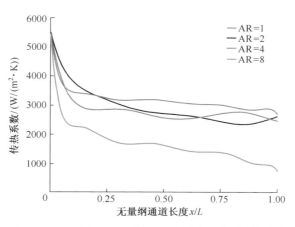

图 4-78 U 型分汇流腔作用下裂解区上壁面换热系数

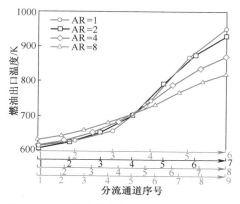

图 4-79　不同通道高宽比时的出口油温分配

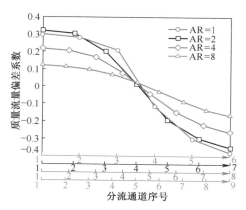

图 4-80　不同通道高宽比时的流量分配

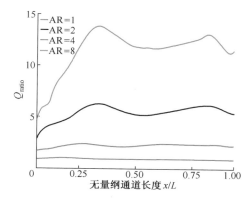

图 4-81　侧面和顶/底面之间换热量之比

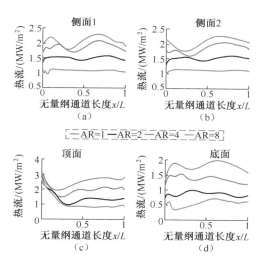

图 4-82 最热通道各内壁面的热流

(a) 侧面 1；(b) 侧面 2；(c) 顶面；(d) 底面。

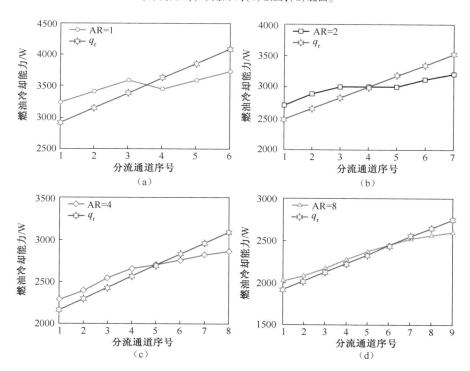

图 4-84 不同高宽比时的燃油热沉利用分配

(a) AR＝1；(b) AR＝2；(c) AR＝4；(d) AR＝8。

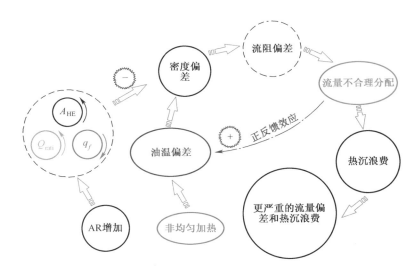

图 4-86 非均匀加热时并联通道参数对流量分配影响规律

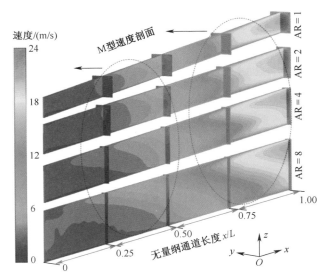

图 4-87 不同高宽比最高温通道中速度

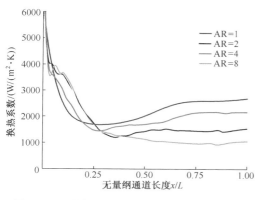

图 4-88　最热通道中上壁面上平均换热系数

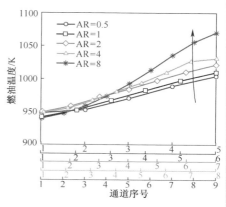

图 4-89　热流诱因裂解算例油温分布

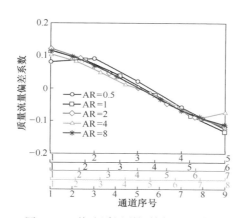

图 4-90　热流诱因裂解算例流量分布

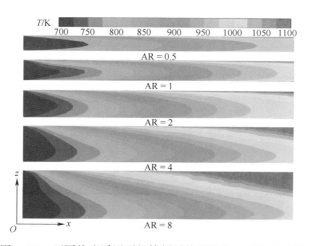

图 4-91　不同热流诱因裂解算例最热通道中心面温度云图

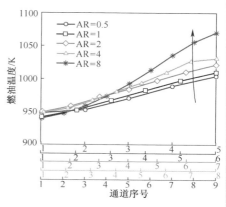
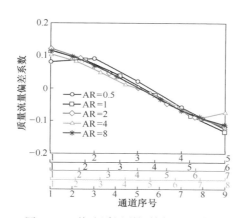
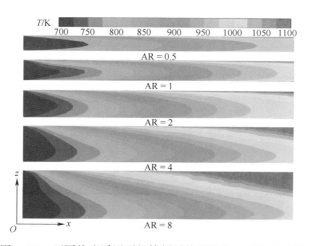

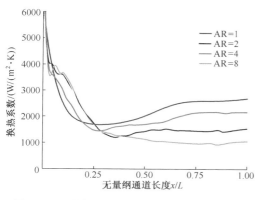

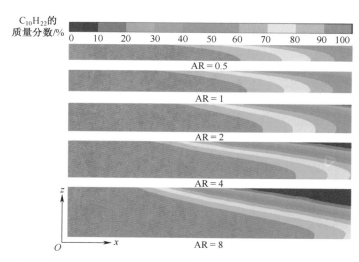

图 4-92　不同热流诱因裂解算例最热通道中心面正十烷质量分数云图

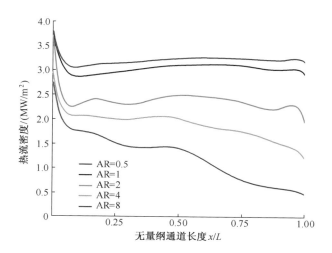

图 4-93　不同热流诱因裂解算例最热通道顶面热流密度

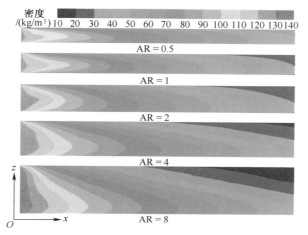

图 4-94　不同热流诱因裂解算例最热通道中心面密度云图

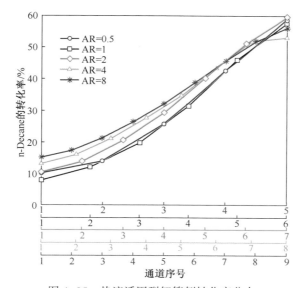

图 4-95　热流诱因裂解算例转化率分布

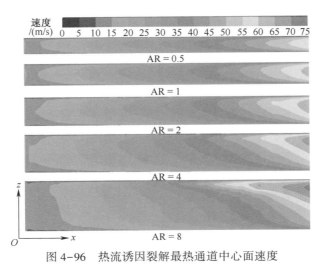

图 4-96　热流诱因裂解最热通道中心面速度

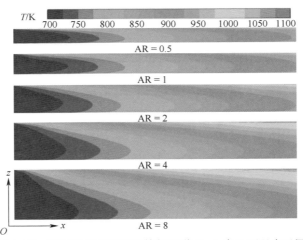

图 4-97　不同热流诱因裂解算例通道 No.1 中心面温度云图

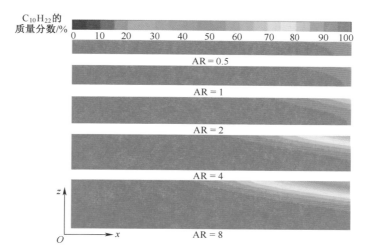

图 4-98　不同热流诱因裂解算例通道 No.1 中心面正十烷质量分数云图

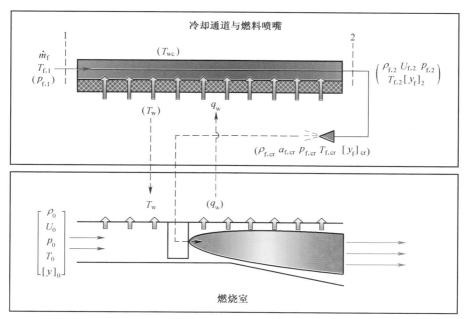

图 5-6　冷却通道系统与燃烧室耦合求解参数传递过程示意图

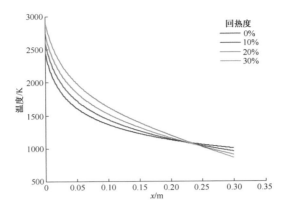

图 5-16　温度分布随回热度的变化

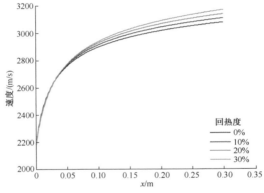

图 5-17　速度分布随回热度的变化

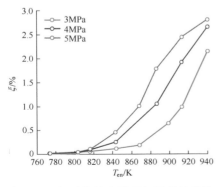

图 5-19　相对收益率随裂解温度的变化　图 5-21　裂解气平均品位随裂解温度变化规律